新版 ごみ読本

廃棄物学会 編

中央法規

まえがき

　21世紀を迎えて、なお続く世界の人口増加、途上諸国を中心とする飛躍的な経済発展のなかで、限りある資源を人類共通の財産として保全、活用することが国際社会の大きな命題となっています。

　しかし、こうした地球規模の命題も、産業、技術分野での対応以上に、私たちの生活態様、環境に関する考え方にその解決の基軸があることは明らかであり、「ごみ」はその私たちの生活態様や考え方の結果を如実に現すものとしてわかりやすく、かつ身近なものです。

　廃棄物学会では、この「ごみ」問題を解決しようと思う方やごみと資源、環境、そして自らの生活との関わりなどの基礎を勉強しようと思う方々のために、入門の書として『ごみ読本』を1995(平成7)年に、その改訂版を1998(平成10)年に刊行してきましたが、この度、新たな時代に対応できる構成、内容として再編し、この『新版 ごみ読本』を刊行することになりました。

　私たちは、戦後の復興、経済発展のなかで、ある種の「豊かさ」を獲得してきました。そのなかで、大量生産、大量消費の結果として大量のごみを排出し、多くの環境問題を引き起こしてきました。また、その反省に立った、ごみが引き起こす環境問題への対応、そこで問われてきた「豊かさ」の問い直しに関わる多くの努力が市民の間や地域で展開されてきました。

　このような展開のなかで、ごみ問題の構造、制度、技術、対策費用、社会実践などをわかりやすく紹介できる入門書が必要との多くの方々の声が、初版『ごみ読本』を生み出しました。しかし、その刊行から8年の年月の間で、循環型経済社会に向けてのさまざまな場での動向、ダイオキシン問題を中心とする廃棄物処理・処分における環境・健康リスク対応の進展、そこからの教訓など急激な情況変化があり、こうした情況に対応できるものとして、この『新版 ごみ読本』を世に出すことになりました。

　『ごみ読本』は、ごみ問題の入門書として市民、行政、企業人に、そして

大学などの教材として活用していただいてきました。この『新版 ごみ読本』も同様に，多くの方々の座右の書として広く愛読されることを願ってやみません。同時に，暮らしや生産活動などのなかで，ごみ問題を意識している多くの方々，ごみ問題への対応を実践されている方々などの「暮らし・ものづくり・実践」の視点から本書に対する助言を頂けることをお願い申し上げる次第です。

2003年6月

廃棄物学会企画委員長　青山　俊介

目次

まえがき

第1章　ごみ処理の歴史とごみ問題……………………………………1

　　第1節　「ごみ」とは？　1
　　第2節　時代の変遷とごみ処理　2
　　第3節　汚物掃除法時代　—明治・大正・昭和初期のごみ処理—　5
　　第4節　清掃法時代　—戦後のごみ問題とごみ処理—　11
　　第5節　廃棄物の処理及び清掃に関する法律（廃棄物処理法）時代　12
　　第6節　廃棄物の処理事業と役割　23
　　第7節　高度化する廃棄物処理システムと清掃事業　36
　　第8節　循環型社会におけるごみ処理の役割　37

第2章　ごみとリサイクルの法制度……………………………………41

　　第1節　ごみとリサイクルの法制史　41
　　第2節　法律の体系　46
　　第3節　循環型社会形成推進基本法　48
　　第4節　廃棄物の処理及び清掃に関する法律（廃棄物処理法）　50
　　第5節　資源の有効な利用の促進に関する法律（資源有効利用促進法）　59
　　第6節　個別リサイクル法　64
　　第7節　その他の廃棄物関連法　73
　　第8節　諸外国の法制度　75

第3章　ごみ処理と資源化の技術　…………79

第1節　わが国におけるごみ処理の全体像　79
第2節　ごみの収集システムと技術　87
第3節　中間処理技術　99
第4節　資源化技術　142
第5節　最終処分の技術　159

第4章　ごみ問題と環境リスク　…………175

第1節　ごみ処理とダイオキシン問題　175
第2節　ダイオキシン類と対策技術　193
第3節　廃棄物と環境リスク　204

第5章　地方自治体のごみ行政の現状　…………215

第1節　ごみ処理にかかる経費　215
第2節　ごみ行政を取り巻く社会環境の変化　227
第3節　ごみ行政と協働　239

第6章　リサイクルの現状　…………253

第1節　リサイクルの定義と類型　253
第2節　再生資源の市場の現状　257
第3節　主要な品目のリサイクルの実態　269
第4節　リサイクル促進の課題　285

第 7 章　循環型社会システムへの課題 ……………………291
　　第 1 節　循環型社会とはどのような社会か　292
　　第 2 節　循環型社会構築のための方法　304
　　第 3 節　拡大生産者責任　314
　　第 4 節　循環型社会システムの国際的側面　326
　　第 5 節　おわりに　337

あとがき　339
索引　341
執筆者一覧
廃棄物学会のご案内

第1章
ごみ処理の歴史とごみ問題

第1節　「ごみ」とは？

　「ごみ」の表現方法もいろいろあるが，「ごみ」という言葉は江戸時代のごみ関係の文献（町解等）をみると，「ごみ」を「塵芥」「ちりあくた」「あくた」「ごみ」等と呼び，このなかでも「塵芥」という言葉が多く使われている。

　明治に入って，1887（明治20）年公布の「塵芥取締規則」，1900（明治33）年公布の「汚物掃除法」でも「塵芥」という言葉が使われており，1954（昭和29）年公布の「清掃法」まで，法律用語でも，「ごみ」すなわち「塵芥」であった。

　1955（昭和30）年に発行された岩波書店の『広辞苑』によると，ごみ（塵芥）とは，「ちり，あくた，ほこり，又，つまらないもの，無用のもの」とあり，形も小さく，量もわずかな印象を受ける。塵も芥も中国の十進法の単位で種々の説があるものの「塵」も「芥」もいずれも文字どおり微小，微量ということになる。

　今日，「ごみ」という言葉にこのようなイメージを抱く人は少ないであろう。この約30年間にわれわれはめざましい経済の高度成長と石油ショックも体験してきたわけであるが，ともかくも，われわれの身のまわりには物資が豊富にあふれている感がある。

多くの耐久消費財もやがては廃棄されて「ごみ」となる運命にあるが，40年前には自動車が「ごみ」になるとは全く考えられなかったし，その頃だろうか米国では自動車がごみとして捨てられているという新聞記事にびっくりした方も多かったであろう。

最近では，発展途上国の人がわが国のごみ埋立処分場をみて，その量もさることながら，捨てられているものが自分の国ではまだ十分使用に耐える，すなわち，ごみの山が宝の山であると驚いたという記事もあった。

こうしてみると，ごみとは社会環境に大きく左右され，例えば社会の物資流通量，個人の経済力，人口密度あるいは土地空間の値段等により，ごみになったり，宝になったりする場合があるといえる。

このように，われわれがごみとしてとらえていたイメージは時代の流れとともに「ちり，あくた，ほこり」から変わってきており，一概にとらえることは難しいが，あえて定義づければ，「人間の生活にいかに価値のあるものであっても，所有主が不要なものとして排出した固形のものすべてがごみである」という大まかな定義も許されるであろう。

第2節　時代の変遷とごみ処理

1　江戸時代以前のごみ処理

ごみ処理は，太古の時代からあったと考えられるが，その系統的な研究はまだ行われていない。しかし，ごみ処理は自然の分解過程にゆだねる太古の昔の"ごみ捨て場"から始まったといえる。わが国の本格的な考古学は，1877（明治10）年米国の動物学者エドワード・モースが横浜に上陸して東京に向かう途中，大森海岸で初めて貝塚を発見したことから開眼されたといわれている。以来，日本各地で発掘されている約1900か所の貝塚は縄文時代の人類が自然から採取した鳥獣魚介類の食べかすといわれる骨や貝殻の捨て場

であった。少なくとも筆者はこれまで「貝塚はごみ捨て場」という認識で貝塚を考えていた。しかし，1993（平成5）年，福岡市の一隅，それも廃棄物埋立処分場建設に関わる工事中に偶然にも「貝塚」が発見された。推定4000年前の縄文期の貝塚であった。筆者は，当時のごみ処理がどう行われていたかという関心事で，すなわち「貝塚＝ごみ捨て場」という視点でその貝塚発掘調査現場に赴いた。しかし，その期待はみごとに裏切られた。そこで見たものは，ガレキ等はほとんどなく，貝だけが堆積した層で，幼貝がほとんどなく，4種類程度の成貝のみの層であった。しかも，発掘した200m程度の

写真1-1　縄文期の貝塚に葬られていた人骨

範囲の貝塚のなかに，人骨8体が整然と葬られていた(写真1-1)。発掘していた学芸員の説明によると，「当時，貝塚には，生ける者は死すという原始宗教的な意味での共通点があり，このため，貝の死骸と人骨を同じ所に葬ったのではないだろうか」とのことであった。"貝塚は元来，ごみ捨て場ではなかったのである"。この仮説を立証するには，今後のさらなる調査が必要であるが，人骨が貝と同じところにそれも丁重に葬られ，かつ，4000年間，乱開発されることなく，今日まで見守られていた姿に，"ごみ"と"人間"が共生する方法が存在しているように思えた。

　それでは，いつの時代から貝塚はごみ捨て場になったのであろうか。恐らく，社会の階層化が進み，人骨を別途に葬る墳丘墓の文化が芽生えた頃から貝塚はごみ捨て場になり，いわゆる廃棄物の処理場となったのかもしれない。いずれにしても，古い時代のごみ処理方法はこれからの考古学の発展に期待するところが大きいが，生活様式が自然の恵みを十分に受け，自然の物を食

しながら集落単位で生活していた時代には，ごみ処理は，"ごみ捨て場"という身近な存在で，"自然の分解メカニズム"に依存した形で十分機能していたと考えられる。恐らく，自然の恵みも必ずしも豊富ではなく，極力利用し，捨てる物も少なかった時代の処理方法と考えられる。

　このように，ごみ処理の問題は人類の歴史とともに始まったといっても過言ではない。太古においても，一定の場所に投棄するという形で行われていた。縄文期の「投棄」と「葬る」という概念は，今後の研究の成果に期待したいところであるが，ごみ処理が本格的に社会問題化したのは，古くは平安時代に「清掃丁」なる職掌が設けられた前後といえよう。しかし，ごみを捨て場や河川，空き地に投棄するだけのごみ処理の時代は，古墳時代から大和，飛鳥，奈良時代を経て明治の初めまで続けられていたのである。

2　江戸時代のごみ処理

　ごみの処理が本格的に社会問題化したのは，江戸等の大都市が発展し，大量のごみを処理しきれなくなった近世以後と考えられる。都市化に伴う大量のごみ，すなわち，量との闘いである。

　では，100万人もの巨大な人口を擁し，世界最大の都市として栄えた江戸のごみはどのように処理されたのであろうか。詳細は，伊藤好一著『江戸の夢の島』に譲るとして，初期の頃には，江戸では会所と呼ぶ各町共通の空き地にごみを捨ててから処理していたという。集められたごみは，東京湾に運び，埋め立てられていたようで，1655（明暦元）年には，各町が共同してごみを集め，船に積み河川を利用して永代浦（深川富岡八幡の先）へ運び，そこを埋め立てるようにとの命令が出されている。その後，ごみの埋め立てを利用して土地造成を進めようという考えが生まれ，八代将軍徳川吉宗の時代，1724（享保9）年には，永代浦の埋め立てが完了した。そのため，さらに本所猿江材木蔵あと，深川越中島の先というように次第に場所を変えてごみによる土地造成を推進していたようである。そして，これらのごみは専門の請

負業者によって収集処理されており，これを取り締まるため，芥改役という役人を設け，清掃事業にあたらせたと記録されている。

　以上のように，歴史的にみれば，太古時代にはあまり問題にならなかったごみも生活レベルが向上し，庶民の生活力が旺盛になれば，生活につきもののごみは出る一方である。都市化が進んだ古都では，すでにごみの量の多さとその後の始末には相当に手を焼いていたのである。そして，江戸時代，当時世界最大の都市，江戸では，町々の裏方にある窪地や空き地に塵芥を無造作に捨てさせていたものの，とうていさばききれない量に達し，町の美観が損なわれる一方であった。このため，町奉行は触れ書きまで出して，ごみ処理を本格的に実行するように「ごみ捨て場」を次々に開設し，「処理」を行うようになったのである。

第3節　汚物掃除法時代―明治・大正・昭和初期のごみ処理―

　明治時代になり，1879（明治12）年には警視庁から市街掃除規制法が出され，市街の清掃の方法が明示されたが，ごみ処理の方法は江戸時代と大差はなかった。明治20年代末にペストが大流行したため，汚物，特にし尿処理が重視され，1900（明治33）年には，汚物掃除法が制定されてごみの処理は市町村の責任であることが明らかにされ，焼却が推奨されたのである。汚物掃除法を直接のきっかけとして各地でごみ焼却への動きが出てくるが，溝入茂著の『ごみの百年史』によれば，日本最初の焼却炉の出現は，1897（明治30）年敦賀に建設された焼却炉が現在知られているもののなかで最も古いとしている。しかし，なぜ，敦賀に最初の焼却炉が築かれたかは不明な点が多いものの，これを契機に北陸地方で他に先駆けて次々と焼却炉が建設されている。一方，自治体として，本格的にごみ焼却に取り組んだのが大阪市である。当時の処理方法は海中投棄と農地還元が主であった。しかし，海中投棄していたごみが風向きによって大阪港区域に漂着するため，大阪市は，汚物掃除法

の施行を機に，1899〜1900（明治32〜33）年頃，試験的焼却炉を築き，焼却を開始している。しかし，本格的な焼却炉の建設は1903（明治36）年で焼却能力は26トン/日，焼却人夫は10人であった。同じ頃，京都市，神戸市でも私設焼却場でごみ焼却を行っており，明治30年代後半には関西は"ごみ焼却文化圏"を形成していた。一方，東京市においては，1900（明治33）年，外国炉導入を企画したが，コスト高のため，当時は，あきらめざるを得なかったのである。1911（明治44）年には東京中心部のごみを市当局が直接収集するようになった。この当時，東京から排出されるごみは，1日約800トン程度であったが，その後，第一次世界大戦等により日本経済が大きく発展するとともに，ごみの量も飛躍的に増大した。このため，汚物の科学的処理方式に関する研究も進められ，1924（大正13）年には大崎に塵芥焼却場が建設された。その後，1931（昭和6）年のごみ分別収集開始，焼却工場の増設等により，徐々にごみ処理事業の近代化が進められるようになった。

　一方，汚物掃除法の施行によって，ごみ処理が市町村業務として定着するのに伴い，ごみに関してのさまざまな処理法が検討され始めた。焼却法は衛生的であるが，経費がかかりすぎるという財政面から，一般的には地方都市までは普及しなかった。ここで大正末頃までに知られていた処理法を列挙してみよう。

　当時のごみ処分方法は大別して，「原形処理法」と「変形処理法」に区別される。原形処理法というのは収集したごみをそのまま，もしくは多少物理的加工をして処理するものを称し，変形処理法とは，ごみに化学的変化を与えて処理しようとするものである。

　以下，当時の処理法または処理せんとする方式がどのようなものであったかをみることにしよう。

(1)　原形処理法
　① 　陸上投棄
　② 　河海投棄
　③ 　耕地施肥

厨芥のみを処理する方法。荒蕪地に鋤き込み，有機物の分解作用と通気を良好にするため耕地としての価値を高め，かつごみの腐敗醱酵の温度を利用して，野菜の促成栽培を行った。

④ 肥料

　肥料として利用できるのは，厨芥と混合芥を篩別して生じた土塵粉であり，これを多少加工し，あるいは細粉として肥料とする。土塵粉の肥料価値はごみの搬出場所によって異なるが，大阪市における気乾土塵粉の肥料成分は，土塵100中，窒素0.551，燐酸0.587，加里0.765と報告されている。

⑤ 動物飼料

　新鮮な厨芥を養豚，養鶏の飼料として利用。新鮮な厨芥を利用するため毎日収集を実施した。

(2) 変形処理法

① 化学的処理法

　ごみ中の特定分を選別し，場合によっては別に添加物を混ぜ，化学的操作によってごみを変形処理すると同時に，副産物を製造し，経済的にごみを処理しようとするものである。この種の考えは，ごみを原料とする一種の化学工業ともみられるので，当時提案のあったものをあげると次のようなものである。

(a) 製紙原料

　ごみ中の屑物類の繊維質を分類し，これでパルプを製造しようとするものである。加圧の下に希アルカリ液をもって屑物類を処理し，洗浄・漂白しパルプとして使用する。

(b) 肥料原料

　ごみを粉砕し，これに少量の土壌，屠場廃物，魚類廃物，蔗糖系廃物等を添加し，細菌を培養して種付を行い，アンモニアおよび固定窒素を生成させるために，27〜32℃で数日間保持する。次に，これを乾燥して粉砕するか，あるいは圧搾して液体部を肥料とするものである。

(c) 乾留による諸製品原料

これはごみを適当な状態の下に乾留し、酢酸、メチルアルコール、タール、アンモニア、アセトーレ、および乾留ガス等を得ようとするものである。

1923（大正12）年頃、東京市に汚物調査会が設置され、当時同委員の一人、岸博士が提案したのがこの方法である。この案は東京市の一般ごみより不燃物を選別除去し、さらに、可燃物中の竹、木、わら類を燃料として利用し、その他を低温、低圧により乾留し種々の化学的製品を得ようとするものである。この提案は実地試験を繰り返し、良好な成績を修めた。

② 焼却処理法

当時のごみ焼却処理法で、最も広く行われたものは野天焼却法と工場焼却法であった。

(a) 野天焼却法

当時としては、ごく普通の処理法であり、ごみを広大な空き地に運搬し堆積して火を点じ、そのまま放置して自然に焼却する。この上に新しいごみを順次積み込めば間断なく燃え続き、いわゆる万年火として永久に消火せず、ばいじんはそのまま埋め立てもしくは盛土したのである。

(b) 工場焼却法

ごみ焼却炉による焼却は今日一般化して、あらためて書く必要はないであろう。しかし大正期の文献中に、「焼却に当たりその発生熱を利用して、発電をなし、又は低圧蒸気、温湯を作り、之により浴場、温水プール、洗濯場、乾燥工業等に利用することも出来る」（原文のまま）とある。

すでにして、いかに当時の為政者、学者がごみの資源化と住民対策について思考していたかをうかがうことができる一文である。

一方、1914（大正3）年に勃発した第一次世界大戦を契機にわが国も重化

学工業化の進展をいっそう高めていくことになった。

　技術者の養成も本格的になり，工科系の大学，高専の数は飛躍的に増えていった。技術者のうち何人かは，やがてごみ処理の分野に入っていく者もあったが，ほとんどはし尿処理が中心で，日本におけるごみ焼却技術がとりあげられた例は，戦前ではほんのわずかであった。

　むしろ，明治以来のつながりか，衛生関連（し尿・汚物処理）のなかで，何人かの工学士たちが，「ごみ焼却」という中間処理に取り組み始めた。そして，当時ごみ処理の中心であった最終処分（埋め立て）に関しては，投棄，野焼き，臭い物に蓋式の方法でもっぱら生活圏から圏外への排除方法が中心で，埋め立てには科学的なメスが入れられることはなかった。

　ごみ焼却に最初に科学的視点をもって取り組んだのは大阪市であった。大阪市は，明治時代に福崎，長柄に焼却場を建設して大半のごみを焼却していたが，大正時代になって木津川焼却場（第一工場自然通風式炉，第二工場通風式炉）を築いた。そして，この二つの工場を使って1919（大正8）年に大阪市は，ごみ焼却実験を行っている。

　この結果は「塵芥処理方法調査報告」としてまとめられている。この調査は，焼却実験にとどまらず，ごみ処理のさまざまな方法，外国の事例，日本および外国の特許，ごみ発電計画など，ごみ処理の全容をまとめあげた意欲的なものであったという。作業にあたったのは，大阪市の3人の技師，岸本寛治，岩橋天亮，中島信蔵である。当時大阪市こそ日本のごみ焼却の技術的中心を形成していたといえる。その後，「都市塵芥」を使ってごみ発電や乾留実験を行っている。今いうＲＤＦ化構想の走りともいうべく各種の実験を大阪市の焼却工場や京都大学における小規模実験装置を用いて行ったのである。試行錯誤の実験を行いながら，焼却炉によって炉温1000〜1200℃の高温燃焼の実験に成功し，この時点で，彼らはごみ焼却技術者として，日本では最先端の技術者に成長した。しかし，ごみという複雑な組成のものは机上の計画どおりには進まず，必ずしも彼らの技術は普及しなかったし，社会情勢も彼らに味方しなかったため，岩橋らが払った代償も大きいものがあったよ

うである。

　こうした苦労の結果，時代の流れのなかで失敗を重ねつつもごみ焼却の要請はあり，民間でのごみ焼却炉への関心は高くなり，技術開発への挑戦がなされた。そして，ごみ焼却炉関連の特許件数も増加し，この傾向は第二次世界大戦の大きな影がみえるまで続いた。周知のようにわが国の当時のごみは水分が多いため，「いかにして水分の多いごみを安定的に燃やすか」という大きな命題への挑戦であった。まさにこの命題に対しての工夫が，「焼却炉＝特許」という形で，開発が進んだ背景かもしれない。

　一方，1933（昭和8）年には東京市深川塵芥処理工場からの煤煙問題による「ゴミ戦争」を経ながらも技術調査会を設置したり，焼却改良実験等を繰り返しながら，高熱焼却の技術を習得していった（写真1-2）。

　しかし，ごみ処理も第二次世界大戦の戦時体制の大きな渦に巻き込まれ，ごみ減量，ごみ再利用が大きくクローズアップされる一方で，急激な物資の不足，人手不足は，ごみ処理，特にごみ焼却の流れを大きく変えていった。1941（昭和16）年の汚物掃除法施行規則の改正で，ごみ焼却の義務が外され，ごみ焼却処理は徐々に規模を縮小していった。一方，多くの都市では野天焼却が続けられていた。しかし，この野天焼却も灯火管制の一環として戦時下の国防上の理由から中止され，1945（昭和20）年には大規模なごみ焼却はすべて終わったのである。唯一，主要な艦艇には航行中に投棄するごみ類によって，索敵の目標となることを防ぐため，焼却炉が設置され，皮肉にも戦争のために否定された焼却が，戦争の最前線で存続していたのである。

　このように，戦前は農村においては，肥料として渇望される塵芥が都市においては汚物の山として集積され，これを処理するため，試行錯誤しながら，焼却を中心とした種々の技術への挑戦が行われ，減量化，無害化のために苦心した時代であった。そして，前述した岩橋をはじめとする多くの先達技術者の結晶ともいえるごみ処理の代表技術「焼却」も，第二次世界大戦という大きな代償の下で，中止のやむなくに至ったのである。

写真1-2　深川塵芥処理工場の全景（1934（昭和9）年当時）

第4節　清掃法時代―戦後のごみ問題とごみ処理―

　戦後のごみ処理の再開は，進駐した米軍からの要求によるものであった。1945（昭和20）年9月末，占領軍は「公衆衛生ニ関スル件」という指令を発し，進駐軍のごみを日本政府の責任で処理するよう求めた。
　これを契機に，大都市では徐々にごみ処理に取り組み始めた。当時のごみ処理は，戦災ごみを中心に収集され，陸上埋め立てや爆撃跡の池の埋め立てが主体であった。そして，焼却場の復旧は1948（昭和23）年，大阪市が最初に着手した。
　また，1947（昭和22）年都市清掃協会（社団法人全国都市清掃会議の前身）が全国の都市を会員に設立され，「汚物掃除法の改正問題」に精力的に取り組み始めた。そして，紆余曲折を経て，1954（昭和29）年4月に「清掃法」が公布され，ごみ処理もようやく新しい時代に入ったのである。この清掃法第2条には，国の義務として「国は，汚物の処理に関する科学技術の向上を図るとともに……」という基本責務が明示され，国庫補助の法的裏付けが出来

上がり，まず，し尿処理施設が対象となった。ごみ処理施設への補助が決まったのは1963（昭和38）年であった。

　こうした社会情勢の変化のなかで，戦後のごみ処理の再開と機械化への取り組みは細々ではあったが着実に開始されていた。それは京都大学医学部を中心として京都大学工学部，大阪市立衛生研究所の共同プロジェクトによる"し尿温熱処理法の研究"である。このごみ焼却炉の開発の序章にも相当する基礎実験の結果は，その後の京都大学工学部岩井重久らによる本格的なごみ焼却炉の改造実験へ活かされていくことになる。そして，バッチ炉の機械化，外国炉導入，連続機械炉へとごみ焼却処理は発展する一方で，ごみ処理の最後の砦でもある埋め立てに関しては，依然科学的メスは入れられていなかったのである。

第5節　廃棄物の処理及び清掃に関する法律（廃棄物処理法）時代

1　高度成長期以降のごみ処理とゴミ戦争

　ごみ処理の第一歩でもある収集運搬も高度成長期を迎えて，昭和30年代前半からは機械化され始めた。それまでは，荷車，牛馬車が主力であったが自動車が普及するにつれて，三輪車，トラック，そしてパッカー車へと転換が図られることになる(写真1-3)。一方，廃棄物，中間処理，資源化，最終処分の関係でごみ処理をみると，図1-1に示すようにこの関係も時代とともに変化しており，今後循環型社会システムの構築を指向するなかで，ごみ処理のあり方も当然変化していくものと考えられよう。1960年代までは，発生した廃棄物を生活圏域から排除することに主眼が置かれ，大都市を除けば直接埋立（最終処分）が主流であった。しかし，高度成長期を迎え，都市化が進むにつれて，埋立地に伴う悪臭，そ族昆虫，浸出水等の二次汚染が社会問題化するなかで，廃棄物の減量・減容化を主眼とした焼却等の中間処理が本格

化したのが，1970年代前半である。もちろんこれを支えるものは悪戦苦闘して前進した国産の全連続式機械炉や海外から技術導入された炉の改良等の焼却技術であった。

一方，第一次のオイルショックを契機として1970年代後半からは中間処理に加え，資源化再利用も注目され，技術的にも種々の試みがなされた。余熱利用やごみ発電機能を有する本格的な連続式の焼却炉の開発やスターダスト'80と銘打った廃棄物からの総合的な資源化システムのパイロット事業も試みられた（図1-2）。資源化システムの技術のなかには技術ストックした後，夢のように散ったものもあったが，焼却技術は着実に確立されていった。中間処理技術の開発によって，埋立廃棄物も生ごみや可燃性主体のごみ質から不燃物主体へと変化しつつ，埋立地から発生する浸出水の水質もガスも変化していった。

写真1-3　札幌市における収集車の変遷

1930年頃

1947年

現在

一方，埋立地は戦後の国土復興と高度成長期のなかでごみ量を増大させ，東京では1957（昭和32）年に夢の島（14号地）での埋立処分がスタートした。1965（昭和40）年には15号地の建設も進められた。昭和40年夏には江東区一帯にハエの大群が襲い小学校の給食も中止されたほどである。この時代のごみ処理の主力であった埋立地の外観は，当時の埋立作業に従事していた都の職員志村幸雄によれば，「山の色が変わった」という言葉に表現される。すなわち，「夏は緑と赤，秋は黄色に変わった！」。当時の厨芥のなかにスイカとミカンがいかに新鮮にかつ目立っていたかを生々しく物語る表現である。このように，最終処分場はいまだ単なる投棄場にすぎなかったのである。もち

図 I-1　廃棄物処理処分の変遷

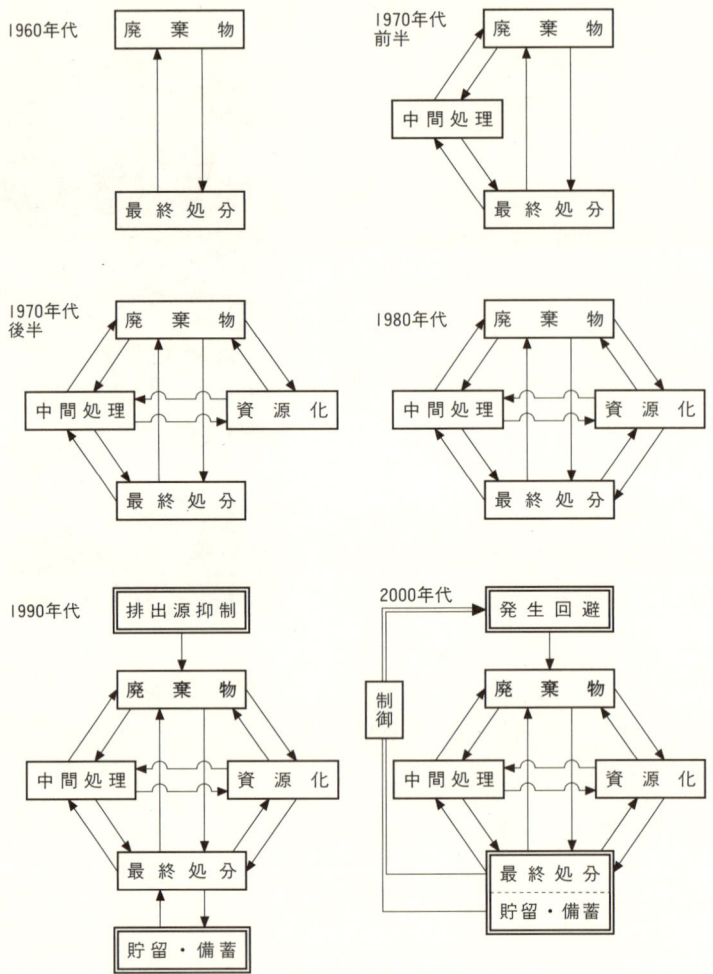

第1章　ごみ処理の歴史とごみ問題　15

図1-2　スターダスト'80（横浜プラント）

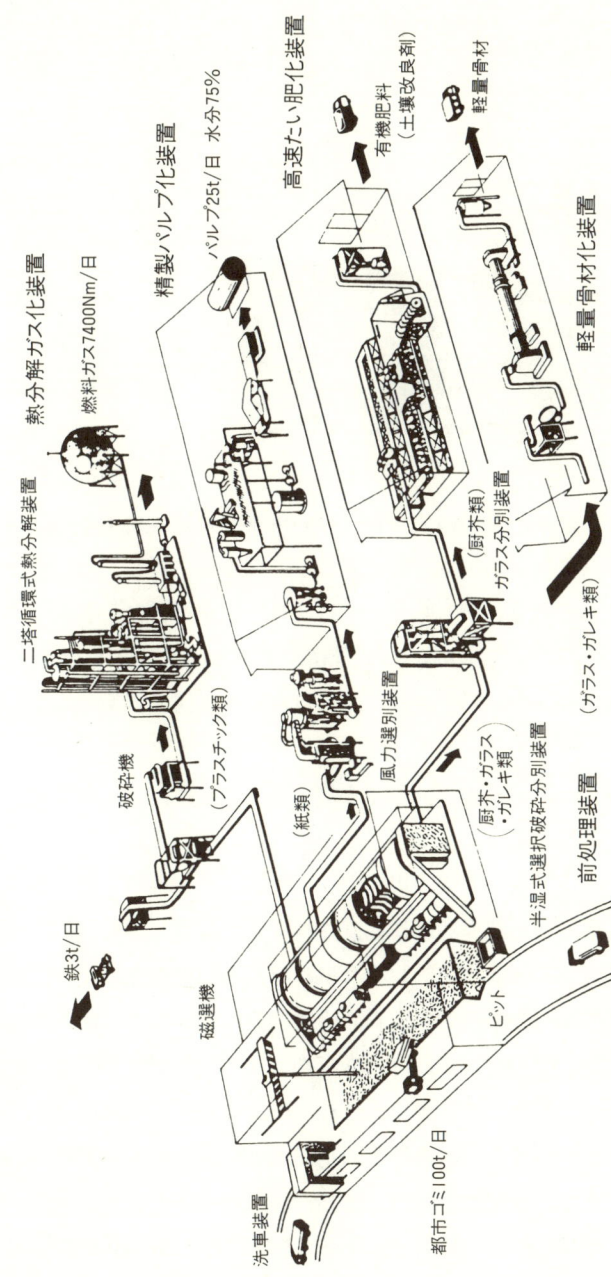

注　横浜プラントは昭和51年から55年までの間実験された。半湿式選択破砕分別装置（100トン/日）をメインに、堆肥、パルプ、鉄、さらに二塔循環式熱分解装置でプラスチックからの燃料ガスの製造を行う計画であった。

写真 1-4　ヘリコプターによるハエ消毒作戦
　　　　　（夢の島，昭和40年）

ろん，浸出水の挙動のみならず，水量や水質の資料も皆無に近く，悪臭，煙，ハエ，ネズミ等々が環境汚染の主体であると考えられていた（写真1-4）。

一方，地方都市は河口低湿地やため池に生ごみを直接投棄したり，野焼きしたりする埋め立て方が主体で，悪臭のする真っ黒い汚水や野焼きによる煙，ハエ，ネズミそしてカラス等々の埋立地から生じる環境汚染に対しては，十分な対策を講じる技術も確立されておらず，「臭い物に蓋」を第一に，悪戦苦闘，試行錯誤の連続であった。当時の様子を福岡市元環境局長岩下彰郎は，「廃棄物学なる確たる文献はあろうはずもなく，市自らがその研究体系づくりをしなければならない時代であった。雨が降れば周辺小路にビブリオが発生し，発生ガスに自然発火し，土中のごみが燃えだす等その対応，地元とのトラブル解決に走り回る毎日であった」と回想している。このように，当時は大阪市・本多淳裕，横浜市・新村藤夫，川崎市・工藤庄八，札幌市・及川藤男，そして東京都清掃研究所・栗原四郎に代表されるように自治体の衛生部や衛生試験所が中心になって対症療法的な取り組みが精力的になされたが，焼却技術に比べると埋立地への系統的な調査，研究は非常に遅れていた。

しかし，1965（昭和40）年以降，廃棄物による公害事例が先進工業国のわが国でも多発し始めた。これまで公害規制のための法律の違反を取り締まっていた警視庁においても，水質汚濁防止法違反に代わって公害規制諸法の違反検挙件数のうち，廃棄物処理法（後述）違反が全体の約95％前後を占めるようになり，水田，畑，山林などに不法に投棄された産業廃棄物は建設廃棄

物を中心に年間数十万トンにものぼるようになったのである。前述のように1963（昭和38）年以降施設整備にかかる計画をたてて，廃棄物処理施設の改善と計画的な整備が図られるようになっていたが，これも遅々たるものであった。しかし，1971（昭和46）年の東京都の「ゴミ戦争」宣言を一つの契機として，わが国でも本格的に廃棄物分野の収集・運搬・処理処分にも科学のメスが入れられるようになった。特筆すべきことはこの時期にごみ処理のなかでも，これまで特に遅れていた埋立地にも科学的な取り組みがなされ，わが国独自の「埋立構造」の概念が開発されるに至ったことである。

　埋立構造の概念の提案は，1966（昭和41）年頃から福岡大学花嶋正孝らのグループが中心となって研究開発していた「好気性埋立」の知見に注目した厚生省（当時）が，1973（昭和48）年から3年間にわたって実施した「好気性埋立処分技術に関する研究」の委託研究の成果によることが大きい。すなわち，官・学または官民学の共同研究の成果である。

　共同研究では，生ごみ中心の埋立地に空気をブロワーで強制通気し，埋立廃棄物の早期分解と浸出水の水質の浄化並びに浸出水の水量の把握を現場スケールのパイロットプラントを用いて明らかにしようと試みたのである。実験を開始した時点では「埋立構造」の明確な概念はもちろんなかった。しかし，3年間の実験を通じて好気性埋立の効果が確認されたと同時に，当時「普通埋立」と称していたもう一方の実験槽もごみ汚水集水用の管の末端が常時開口されていれば外気が集水管を通してごみ層内へ自然流入することがわかったのである。この現象により，埋立層内が従来より好気的に維持でき，その結果分解速度や浸出水の水質も良質化することが明らかとなった。そこで，過去の埋立地の基礎データと埋立地の微生物環境に注目して，埋立地を5分類し，提案したのが「埋立構造」の概念である。そして，埋立構造のなかで「準好気性埋立」の効果に注目した福岡市が，新設する埋立地に準好気性埋立概念を導入し，開設した埋立地がわが国第一号の準好気性埋立場となり，その効果が立証されたのである。1975（昭和50）年4月のことである（写真1-5）。それ以降，わが国の埋立地の基本概念は，「埋立地が好気的であれ

写真 I-5　準好気性埋立地（福岡市，昭和50年）

ば埋立地は良好な浄化槽にもなり得る」へと発展し，埋立地は従来のごみの投棄場から，浸出水や分解活性に主眼を置いた設計へと変遷し，関東学院大学内藤幸穂にいわせれば"これまで「守り」の設計概念が中心だった埋立地もやっと「攻め」の概念へ移りその第一歩を踏み出すことになった"のである。

　福岡市で準好気性埋立の実用化が成功すると，各自治体でも相次いで準好気性埋立構造を有する設計が試みられ，徐々にではあるが埋立地の施設設計面での具体的な技術資料が蓄積されることになった。これと並行し，ごみ汚水も「浸出水」と呼ばれるようになり，浸出水の処理方式の本格的な研究がなされるようになった。これまでは，下水やし尿処理の変法としての位置づけしかなく，単に濃度的に高低が注目されていた浸出水だが，埋立地という微生物活性の高い層内で一定の生物化学処理を受けているため，浸出水原水は下水の生物処理水の分子量の分布に類似していることも明らかになった。この研究成果を受けて，埋立場浸出水独自の処理システムの開発研究がなされ，基本的には，生物処理と化学処理の併用が浸出水の一般的な基本フローとして採用されるに至ったのである。

　以上のように「埋立構造」の開発によってこれまで投棄場にすぎなかった埋立地も，ごみ処理の機能を有する重要かつ不可欠な場所という認知がされるにしたがい，昭和50年代以降環境保全対策も大幅に前進し，1979（昭和54）年に制定された「廃棄物最終処分場指針」が施設の構造面での具体的な技術基準として運用されることになったのである。

周知のように，高度経済成長期のわが国は，著しい発展の裏に「公害」という副産物を生み出した。そして「ゴミ戦争」に代表される社会情勢のなかで，戦後に公布された「清掃法」に代わって，1971（昭和46）年「廃棄物の処理及び清掃に関する法律」が施行され，国および各地方自治体の体制の整備が進められ，やっと「ごみに光」が当たり始めたのである。しかし，これまで，ごみ処理の変遷のなかで，比較的長い歴史を有する「焼却」と昭和40年代後半からの浅い歴史しかない「埋め立て」には，技術レベルと技術者数の格差は大きいものがある。しかしながら，こうした状況下でも多くの先達の苦労の結果，わが国のますますの経済発展の下で，量への対応を主力にしたごみ処理は，著しい発展をみたのである。しかし，世界経済にまで影響力をもったわが国は，量への対応はもちろん，質への対応を考えると廃棄物処理処分，特に収集，運搬，処理処分のプロセス中心のフローでは処し難くなり，1990年代に突入したのである。

2　廃棄物の処理及び清掃に関する法律（廃棄物処理法）の改正

1990年代に入ると「地球環境問題」が注目されるに至り，世界中で環境問題に関心の目が向けられた。そして「Think Globally, Act Locally」で，地球規模の環境問題だけでなく，足元の廃棄物問題が再び注目されることになった。

特に，廃棄物問題は，第一次ゴミ戦争時代（1971年）には，主に都市部を中心としたものであったが，第二次ゴミ戦争時代（1990年代）には，全国津津浦浦でも顕在化し，問題の深刻さは，むしろ地方都市の方が重大であることが明らかとなった。このなかでも，1983（昭和58）年愛媛大学のグループによる飛灰からのダイオキシン検出，1992（平成4）年には，東京都三多摩地区日の出町の処分場におけるしゃ水シートからの漏水問題や，1993（平成5）年には香川県土庄町豊島での産業廃棄物の不法投棄問題での公害調停，そして，1995（平成7）年国内各地で焼却施設によるダイオキシン汚染の指

摘と，年を追うごとに廃棄物問題は再び社会問題となった。

　こうした，社会背景のもとで，廃棄物に関連する法の見直し，強化，改定が世論となり，廃棄物処理法の改正と関連法律が策定施工されるに至った。

　1991（平成3）年の「廃棄物の処理及び清掃に関する法律」の改正は，これまで努力目標であった「排出抑制」「分別」そして「再生」を前提として，ごみの減量やリサイクルの促進を図ることが大きく位置づけられ，これを推進する関連法律が次々に策定された。

　この廃棄物処理法の改正を支援推進するために同年「再生資源の利用の促進に関する法律（再生資源利用促進法）」が策定された。これは，1986年にドイツで制定された「廃棄物回避管理法」が下地になったといえる。この法律は，単なる廃棄物処理法ではなく，できるだけ廃棄するものを減らし，それでもできないものを処理処分しようという思想のもとに策定されている。そして，1991年再びドイツでは「包装廃棄物政令」を公布した。これは，単なる廃棄物処理の法律というより「循環」のための法律といえるものであった。わが国では，このようにドイツの廃棄物関連法を参考にしつつ，これまでの廃棄物関連法のなかにあって，「物品」に焦点をあてた各個，撃破的手法で，現在も種々の関連法が策定されつつある。「拡大生産者責任」が不明確であるとの指摘のなかにありつつも，各省の歩み寄りの新法が誕生している。

　21世紀を目前にした時期を迎え，ごみの中間処理方法の著しい進歩と生活様式の変化のなかで，中間処理されるごみ質も高カロリー化，低含水率化する一方で，埋立地で処分される廃棄物質も変化することとなった。こうした環境保全対策の整備や技術の進歩のなかで，新たな廃棄物問題に対応するために，2000（平成12）年「廃棄物最終処分場指針」（構造指針）も10年ぶりに改定され「廃棄物最終処分場性能指針」へと大きく交替することとなった。まさに，21世紀に向けた，新しい挑戦への第一歩が，廃棄物処理法の改正そして性能指針策定によってスタートした。そして世の中は「循環型社会」構築へと移行することとなった。

3 廃棄物学会設立

　廃棄物問題は，土木学会，機械学会，化学工学会，農学，医学の研究会などで研究，発表されてきた。しかし，「廃棄物」というキーワードで，関係する人々が一堂に集まって学会活動をする場はなかった。廃棄物問題が社会問題化するなかでも発表の場は少なく，学会設立を求める声が高まっていった。ある研究会での席上，南部祥一（当時国立公衆衛生院衛生工学部長）らの「下水，上水に加え，固体の廃棄物分野の学会をそろそろ創る時期ではないだろうか」というひとことが，廃棄物学会設立の一つの契機となった。

　1954（昭和29）年10月「屎尿処理打開全国地区合同協議会」以来，し尿処理対策全国協議会，汚物処理対策全国協議会，廃棄物処理対策全国協議会と名称を変更しながらも毎年1回（あるいは2回），関西地区を中心に，戸田正三，三浦運一，岩井重久らが会長を務め，研究発表会が開催されていた。当時の廃棄物に取り組む研究者や自治体の関係者にとっては，「手弁当主義」の唯一の研究発表の場であった。一方，後発ながら社団法人全国都市清掃会議の主催による自治体の経験交流と学術研鑽の場を提供するための「全国都市清掃研究発表会」が1980（昭和55）年2月に開始されており，その他の学会の廃棄物分野の研究者や関係者も組織すれば，「廃棄物学会」設立も夢ではないという状況であった。こうしたなかで1986（昭和61）年福岡大学で第41回土木学会全国大会（年次講演会）が開催された折，「ごみ屋の集い」なる小集会が企画された。この集会には当時の上下水・廃棄物の研究者を中心に北海道から九州までの参加があり，とにかく「廃棄物学会」の必要性を確認し，各機関，学会との調整を図りつつ，慎重に準備に取りかかろうとの申し合わせがあった。その後1987（昭和62）年（札幌），1988（昭和63）年（広島），1989（平成元）年（名古屋）と土木学会全国大会の折々に「ごみ屋の集い」の小集会を重ね，「廃棄物学会設立準備会（仮称）をつくり設立の準備に取りかかる」との方針が決められた。この間，土木学会に所属する多くの人は，廃棄物学会設立に異存がないこと，いや，むしろ早くつくってほしい気持ち

が強いことが確かめられた。有志を募り，暫定的に国立公衆衛生院の田中勝に設立準備会の事務局をお願いし，花嶋正孝，神山桂一そして青山俊介らが，学会間，公官庁，業界間の調整にあたり，手弁当でかつ自主的に設立のための会議を重ねていった。

　既存組織との調整，そして学会組織のあり方，組織規模等々，頭の痛い難題を一つひとつ克服しながら，心は一つ「ごみ」に取り付かれた有志が，苦汁を飲みつつも「廃棄物学会」を誕生させたのである。1990（平成2）年3月であった。

　廃棄物学会の組織の特徴は，理系，文系を含めた広範な学問組織から構成されており，学会員も住民や自治体のメンバーも参加するもので，最近流行のNPO，NGOとの連携や官民学「共働」を前提として発足した学会であった。ここには，実学としての，また学際的な「ごみ」への想いと実践経験が強く反映されていた。先の南部祥一の想いが実現したのは氏の死去後であった。

　廃棄物学会は，平山直道を初代会長とし，平岡正勝（二代），花嶋正孝（三代）等廃棄物分野の第一線の研究者が担い，バブル経済崩壊後の経済の低迷期のなかでも，徐々にではあるが，会員数を増し，約4300名の組織となり，支部も九州，関西，北海道，東海・北陸と増え，現在に至っている。また，学会活動も広範になり，研究発表会，学会誌発刊，シンポジウム開催，研究部会支援そして国際的にも，APLAS 2000 Fukuoka, PBC 2001 Okayama開催，さらに韓国廃棄物学会，ISWA（国際廃棄物学会），サルジニア等々との連携とその活動範囲を広げつつある。

　このほか，自主的な研究会の主要メンバーとして学会員の活動は著しく，更に，各種法人や財団の廃棄物関連の行政研究や国家プロジェクトへの参加等，学会の活動と研究成果への期待は大きくなっている。

第6節　廃棄物の処理事業と役割

1　ごみ問題の基本対応

　日本のごみ処理体系が本格的に整備されたのは，今から四半世紀前の1970（昭和45）年の公害国会において「廃棄物の処理及び清掃に関する法律」（廃棄物処理法）が制定されて以降といわれている。この処理体系の整備は，昭和30年代からの高度経済成長のなかで次のようなごみ処理に関わる問題状況に対応するものであった。

① 　大量消費―大量廃棄の生活や商業業務活動様式が広がり，大量のごみが発生し，また，プラスチック類などの新たな性状をもつごみが排出されるようになった。

② 　終戦直後には50％を超えていた農業就業人口が今日では10％を大きく下回るといった産業構造の変化と併せて，国民の多くが，そして工業や商業業務機能も都市に集中し，都市部でごみの発生量が著しく増加した。一方，土地の高度利用や家屋の狭小化が進み，ごみを庭先に埋めることや物を貯め置くことが難しくなった。

③ 　同時に，それまでの物を大事にする質実な生活意識が希薄になり，また，何世代にもわたって同じ地域で生活するなかで培われ，地域環境の保全にも協同で対応する機能をもっていた町内会などの地域共同体も機能を喪失していった。

　すなわち，江戸時代から戦前までの就業構造面で農業などの一次産業が過半を占め，都市においても質実な生活や地域共同体，古物業者による有価物の回収などが機能していた時代から都市への集中，大量消費―大量廃棄の生活・産業活動様式が拡大するなかで現出した状況が当時の処理体系が対応を求められた問題状況であった（図Ⅰ-3）。

　こうした問題状況は，都市や工業地域における大気汚染，水質汚染そして

図Ⅰ-3 昭和45年(1970年)当時のごみ問題の構造

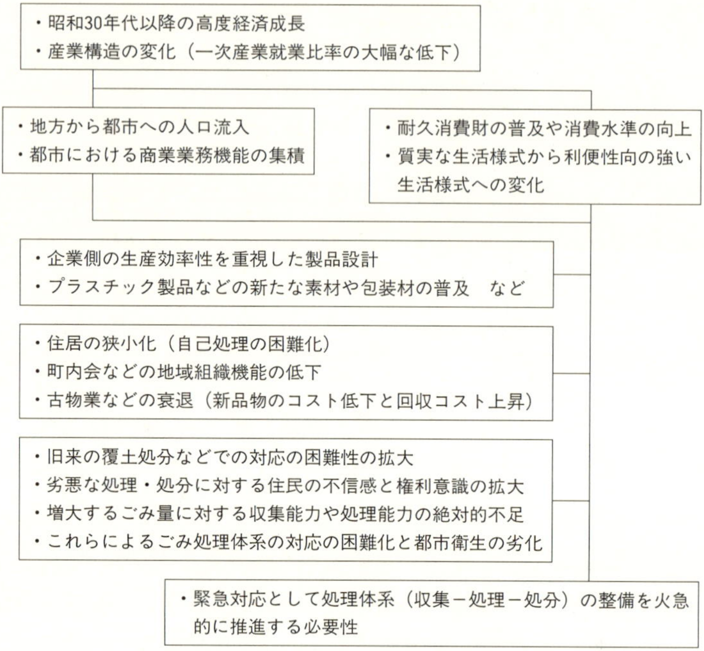

- ・昭和30年代以降の高度経済成長
- ・産業構造の変化（一次産業就業比率の大幅な低下）

- ・地方から都市への人口流入
- ・都市における商業業務機能の集積

- ・耐久消費財の普及や消費水準の向上
- ・質実な生活様式から利便性向の強い生活様式への変化

- ・企業側の生産効率性を重視した製品設計
- ・プラスチック製品などの新たな素材や包装材の普及　など

- ・住居の狭小化（自己処理の困難化）
- ・町内会などの地域組織機能の低下
- ・古物業などの衰退（新品物のコスト低下と回収コスト上昇）

- ・旧来の覆土処分などでの対応の困難性の拡大
- ・劣悪な処理・処分に対する住民の不信感と権利意識の拡大
- ・増大するごみ量に対する収集能力や処理能力の絶対的不足
- ・これらによるごみ処理体系の対応の困難化と都市衛生の劣化

- ・緊急対応として処理体系（収集－処理－処分）の整備を火急的に推進する必要性

産業廃棄物などにおいても同じ構造で現出し，同時期から本格的な対応が始められた。しかし，これらの大気・水質汚染問題などの領域では，当初のエンド-オブ-パイプ型対応（排水や排ガスを処理する対応）からかなり早い段階で上流対応（生産工程や用水合理化，省エネルギー，燃料転換など）に対策の重点の移行が図られた。その結果，当時問題視された状況は，大気汚染における自動車排ガス問題，水質汚染における生活排水問題といった上流対策が遅れている問題領域を除いて大きく改善された。一方，ごみ問題への対応は，1985（昭和60）年前後までの15年近く，焼却場をはじめとする中間処理施設や最終処分場，そして収集車両の拡充などの処理の受皿，処分のための整備といったエンド-オブ-パイプ型対応に終始したといえる。この結果，都市内にごみが滞留することや非衛生な中間処理や埋立処分などの問題状況

はかなり改善されたが，表1-1に示したような大気汚染や水質汚染問題などで図られた上流側の対応への取り組みが遅れたために，汚染負荷の削減，すなわち，ごみ排出量の削減やごみ質の改善などが進まず，増大するごみ量に対応するためにさらに受皿の整備を進めることとなった。

こうした受皿の整備に重点を置き，上流側対応や排出者段階でのエンド-オブ-パイプ型対応が遅れたことは，大気汚染における自動車排ガス対策や水質汚染における家庭雑排水対策と同様に，直接的に企業行為が原因とはならず，消費過程を介在した環境問題であることや排出された段階で排出者の特定が難しくなるといった都市ごみのもつ条件から理解できる面もある。また，1985（昭和60）年前後から，中長期を見通した処理基本計画を立案するなかで市町村段階で可能な上流対策への取り組みも散見されるようになった。そして，1991（平成3）年における廃棄物処理法の改正や再生資源利用促進法の制定から，1995（平成7）年の「容器包装に係る分別収集及び再商品化の促進等に関する法律」（容器包装リサイクル法），1998（平成10）年の「特定家庭用機器再商品化法」（家電リサイクル法）の制定，さらにISO14000シリーズなどの国際的な環境規格化の動きなどを背景に都市ごみ問題の抜本的な解決に向けての対応が始められている。

2　ごみ量の増大と質の変化

戦後の高度成長下でごみ問題が深刻な状況となったのは，直接的には，都市域において大量で，かつそれまでとは質も大きく異なるごみが排出され，その処理が追いつかなくなったことによるもので，この点は，今日においても変わらない。

そこで，この直接的な問題としてあるごみ量の増大と質の変化がどのようにして招来されたかをみてみよう。

図1-4は，全国の都市ごみの発生・排出動向および1人1日当たりの排出量を示したものである。

表 I-1　大気汚染・水質汚染とごみ問題の対応比較

	大気汚染対策	水質汚染対策	ごみ対策
上流側対応	▲ 生産工程の変更改善 ● 省エネルギー対策 ● 燃料転換 ● 燃焼改善 ▲ 低公害エンジン開発 □ 非ガソリン車の開発普及 〔● 公害防止管理者などの資格者設置の義務化〕 〔● 公害防止対策に関する報告などの義務化〕	▲ 生産工程の変更改善 ● 用水合理化 ● 原料などの変更 ▲ 工場の移転	□ 生産工程の変更改善 □ 製品の設計・仕様の改善 　（原材料の変更も） ▲ 消費者などへの製品使用や廃棄方法の徹底 〔□ LCAやごみアセス制度の導入〕 ⎛生産工程で発生する産業廃棄物については，一定水準で上流側対応やエンド－オブ－パイプ型対応も昭和50年代には導入されたが，ここでは，流通・消費過程を経た後に排出されるごみを念頭に評価する⎞
エンド－オブ－パイプ型対応	● 排ガス処理技術の開発とその普及・整備 ● 排ガスの測定・管理とデータの報告 ▲ 自動車排ガスの削減 〔● 排出基準・総量規制・環境基準等の強化〕 〔▲ 自治体や住民と企業との公害防止協定〕 〔● 立ち入り検査などを含めた監視・指導〕 〔▲ 工場移転や協業化のための工業団地整備〕 〔● 排ガス・排水設備整備に対する助成〕 〔● 公害被害に対する排出企業に対する賦課金などの原因者負担制度の導入〕 〔□ 大気対策としての道路整備や交通規制〕	● 排水処理技術の開発とその普及・整備 ● 排水の測定・管理とデータの報告 ● 企業間での共同処理施設整備 ▲ 家庭やビルにおける浄化槽の設置 ▲ 雑排水の負荷削減のための家庭内対策 〔▲ 負荷抑制料金体系〕	▲ 家庭やビルなどでのごみの分別管理や有価物の別途回収への協力 ▲ 有価物回収ルート形成 □ 製造・流通業者による回収―処理システムの形成 □ 製造・流通業者に対するごみ賦課金制度 □ デポジットシステム等の導入 〔▲ 適正処理困難物などの排出規制〕 〔□ ごみ排出を抑制する家庭ごみの有料化などの料金体系の強化〕
排出後の対応	〔▲ 緩衝緑地の整備〕 〔▲ 公害被害者に対する補償制度の導入〕 ▲ 個別公害被害に対する原因企業による補償	● 下水道・し尿処理施設やコミュニティプラント等の整備 〔▲ 河川や湖沼・港湾内等の水質浄化〕	● 収集車両・ごみ処理施設の整備拡充 ▲ 事業系ごみに対する料金徴収 ▲ 収集ごみからの有価物の回収・資源化 ▲ 収集業者の育成

注　●：積極的に推進された対応
　　▲：一定程度実施された対応
　　□：ほとんど実施されなかった対応
　　〔　〕：主に行政対応

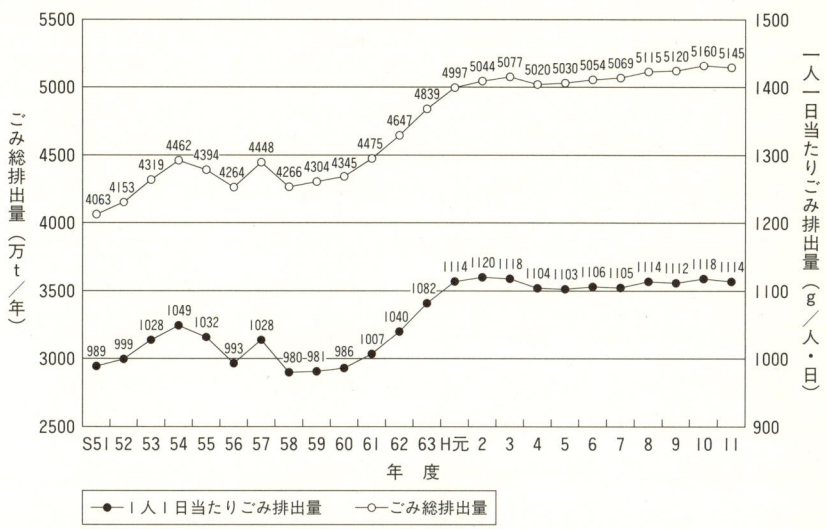

図 I-4　ごみ総排出量と1人1日当たりごみ排出量の推移

(グラフ：ごみ総排出量（万t/年）と1人1日当たりごみ排出量（g/人・日）の推移、昭和51年度～平成11年度)

出典　環境省：一般廃棄物の排出及び処理等（平成11年度実績）について（2002）

　都市ごみの排出量は高度経済成長下の昭和30年代後半から全国的にも急激に増加したが，その排出量は1975（昭和50）年度には1965（昭和40）年度の2倍にも達し，図I-4に示すように1989（平成元）年には，さらに昭和50年代前半に比較して2割近く増加した。その後は今日まで全国で約5000万トン／年，1人当たり1.1kg／日前後で約30年間続いた増加傾向に歯止めがかかったという推移となっている。
　こうした全国的な増加に加えて都市ごみ問題を深刻化した要因の一つが，次のような事情から人口密度も稠密な大都市ほど増加傾向が大きかったことである。
① 　高度成長下で，大都市への人口集中が進んだ。
② 　都市域での住宅の狭小化や集合住宅様式の拡大は，家庭でのごみの自家処理を難しくした。
③ 　大都市や地方の中核都市などに商業業務機能が集積し，それらの活動か

ら発生するごみが大量に排出されるようになった。

　一般に，家庭から排出される1人1日当たりのごみ排出量は，都市部では500～600g／人・日程度の範囲にあり，都市規模によってそれほど大きな差異はないといわれており，この都市規模による排出量の差異は，大都市域で家庭以外の商業業務施設からの排出量が多くなることによるものと推察される。この商業業務施設からの排出にも，外食産業や病院，さらに学校や保育施設などの給食ごみなど，本来，家庭から外部化されたものもあることも理解しておく必要があるが，結果として，大都市ほどその増加が著しかった。

　この排出された膨大な都市ごみは，収集車両で収集し，再資源化や衛生的に処理・処分しなければならないが，その受皿の整備も十分な対応が遅れ，処理が行き詰まるといった危機的な状況となり，非衛生な埋め立てなどの場当たり的な対処をせざるを得ない状況が全国各地で顕在化していった。

　一方，ごみ量の増大とともに，問題の要因となったのが，ごみ質の変化である。すなわち，戦前から高度成長に至る間でのごみ質は，厨芥類を中心に，若干の紙や金属類，煉炭かすなどで，粗大ごみもまだほとんどなかった。しかし，高度成長下では，大量の紙類やプラスチック類が排出されるようになった。また，飲料容器（カン・びん類）などを中心に金属類やガラス類も増加し，家電製品の普及等を背景に粗大ごみも大量に排出されるようになった。

　このような結果として，図Ⅰ-5に示した京都市の家庭ごみの材質別組成にみられるように紙類やプラスチック類が大きな構成比を占め，また，不燃系ごみでは金属類やガラス類の多いごみ質となった。

　特に，プラスチック類そして乾電池や蛍光灯などの重金属類を含有する製品，その他製品でも塗料などに有害物質を含む場合があるなど従来とは異なる質のごみが排出されるようになったことは，処理体系に大きな負担を招来することとなるとともに，適正処理において，これらのごみの分別排出や製品改善を求めることなどの対応が重要な課題として浮上した。

　ごみ量と質の変化を家庭生活の側からみることによってその変化の構造がより明らかとなる。

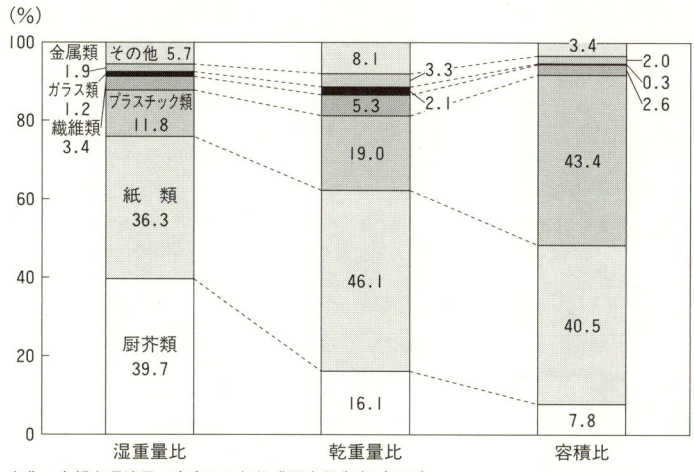

図1-5　家庭ごみの材質別組成（京都市）

	湿重量比	乾重量比	容積比
金属類	1.9	3.3	2.0
ガラス類	1.2	2.1	0.3
その他	5.7	8.1	3.4
繊維類	3.4	—	2.6
プラスチック類	11.8	5.3	43.4
紙類	36.3	19.0	40.5
厨芥類	39.7	46.1	7.8
（水分）		16.1	

出典　京都市環境局：家庭ごみ細組成調査報告書（2002）

　表1-2は，こうした家庭生活での変化からごみ量の増加や質の変化をとらえてみようと作成した表である。また，この表を裏づけるために京都市家庭ごみ細組成調査をもとに図1-6，1-7を示す。これらから，われわれの生活様式が高度成長期を境として大きく変容し，そのことが，都市ごみ問題の直接的な原因であるごみの排出量の増大と質の変化をもたらしたことが理解できる。そして，この問題の解決のためには，こうした排出段階までの対応を再構築してごみの排出量の抑制と質の制御を含めた処理・処分・資源化体系を整備することが重要であることが裏づけられる。

表 1-2　家庭生活の変化とごみ量・ごみ質の変化

種類	戦前から高度成長期に至る時代	高度成長期以降の時代
紙類	・新聞紙や図書も少なく，ほとんどが古物商などに引き取られた。 ・包装紙なども保管され再使用。 ・買い物かごでの買い物がされ，紙袋などもなかった。	・買い物かごは紙袋やプラ袋に変わった。 ・昭和30年頃発刊の月刊マンガも週刊となり，週刊誌とともに大量発行される。 ・新聞の増刷・増ページ，紙広告の増大，過剰包装，コピー紙等の増加が進んだ。
厨芥類	・米，野菜，魚などは個別に買われ，そのほとんどが利用された。 ・ただし，当時の排出ごみのかなりの部分を占めていた。	・スーパーなどでの買い物が主流となり，冷凍食品，インスタント食品，トレーでの購入などにより，厨芥類自体は増加しなかったが，多量の包装資材が流通・消費のなかで発生してきた。
プラスチック類	・戦前のセルロイドを除くとほとんど家庭生活には入っておらず，昭和30年でもその生産量は，わずか10万トンに留まっていた。	・今日では1000万トン以上が生産され，家電製品などの耐久消費財，食器，ポリ袋，ペットボトル，トレーなど生活の隅々に浸透し，700万トンほどが排出される。
金属類	・古物商での引取りルートが形成されており，ごみとしての排出は少なかった。	・古物商での引き取りルートは崩壊し，ごみとして排出されるようになった。 ・飲用缶やその他食料缶（缶詰・菓子缶・のりなどの缶）が大量排出される。
ガラス・陶磁器類	・醤油・酒などは酒屋に一升びん等をもっていき，中身のみ購入した。 ・牛乳びんも宅配で回収された。 ・化粧びんなども少なく，壊れた陶器類などの排出に留まった。	・多くが，プラスチック類や紙などの使い捨て容器に置き替わった。 ・びん類もデザインが重視され，リターナブルびんの比率は下がり，ほとんどがごみとして排出されるようになった。
粗大ごみ類	・家電製品などもなく，物を大事にする習慣も定着しており，粗大ごみはほとんど排出されなかった。 ・家具なども不要になると壊して風呂の燃料などに活用された。	・家電製品をはじめ，自転車，OA機器，家具，寝具，スポーツ用具など多くの製品が粗大ごみとして排出されるようになった。
その他	・不燃物系では，煉炭かすなどが排出されていた。 ・厨芥類や紙類，庭木や木製家具などは庭や路地などの焚き火に供されたり，燃料材としての利用，庭での埋め立てなどで対処されたものも多い。 ・豆腐なども容器をもって買うなど，包装や梱包系のごみはほとんど発生しない生活様式であった。	・煉炭などは，都市ガスや電気に代わり，排出されなくなった。 ・庭木や落ち葉なども堆肥化や燃やすなどの空間の不足からごみとして排出されるようになった。 ・外食産業の拡大により，家庭から排出されていた厨芥類の一部がレストランなどからの排出に転化した。 ・乾電池や蛍光灯などの有害物質含有製品が大量に消費・廃棄されるようになった。

第1章 ごみ処理の歴史とごみ問題　31

図1-6　使用用途別の調査結果（湿重量比）

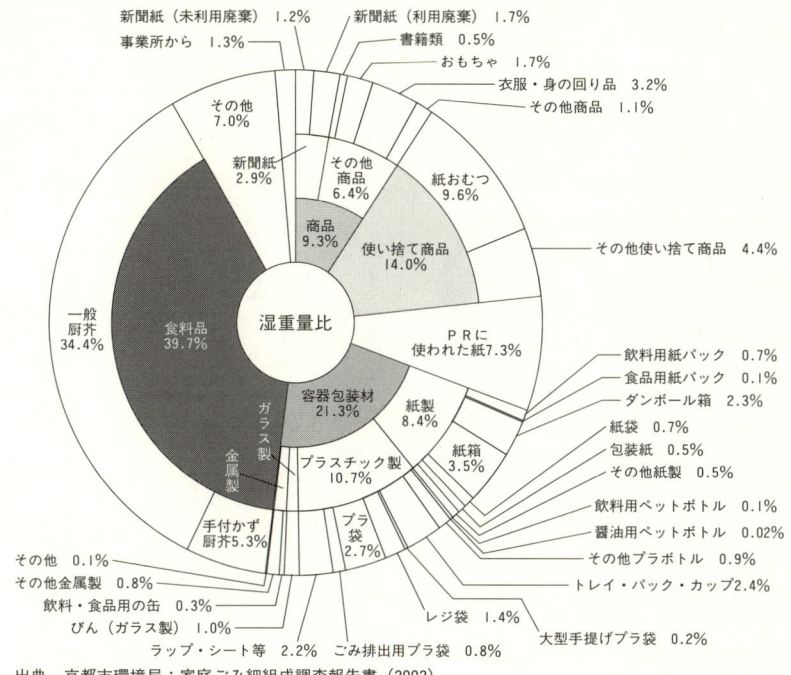

新聞紙（未利用廃棄）1.2%
新聞紙（利用廃棄）1.7%
事業所から　1.3%
書籍類　0.5%
その他　7.0%
おもちゃ　1.7%
衣服・身の回り品　3.2%
その他商品　1.1%
新聞紙　2.9%
その他商品　6.4%
紙おむつ　9.6%
商品　9.3%
使い捨て商品　14.0%
その他使い捨て商品　4.4%
湿重量比
食料品　39.7%
一般厨芥　34.4%
PRに使われた紙　7.3%
飲料用紙パック　0.7%
食品用紙パック　0.1%
ダンボール箱　2.3%
容器包装材　21.3%
紙製　8.4%
紙袋　0.7%
包装紙　0.5%
その他紙製　0.5%
ガラス製
金属製
紙箱　3.5%
飲料用ペットボトル　0.1%
醤油用ペットボトル　0.02%
プラスチック製　10.7%
その他プラボトル　0.9%
手付かず厨芥　5.3%
トレイ・パック・カップ　2.4%
プラ袋　2.7%
その他　0.1%
その他金属製　0.8%
飲料・食品用の缶　0.3%
レジ袋　1.4%
大型手提げプラ袋　0.2%
びん（ガラス製）1.0%
ラップ・シート等　2.2%
ごみ排出用プラ袋　0.8%

出典　京都市環境局：家庭ごみ細組成調査報告書（2002）

図 I-7　使用用途別の調査結果（容積比）

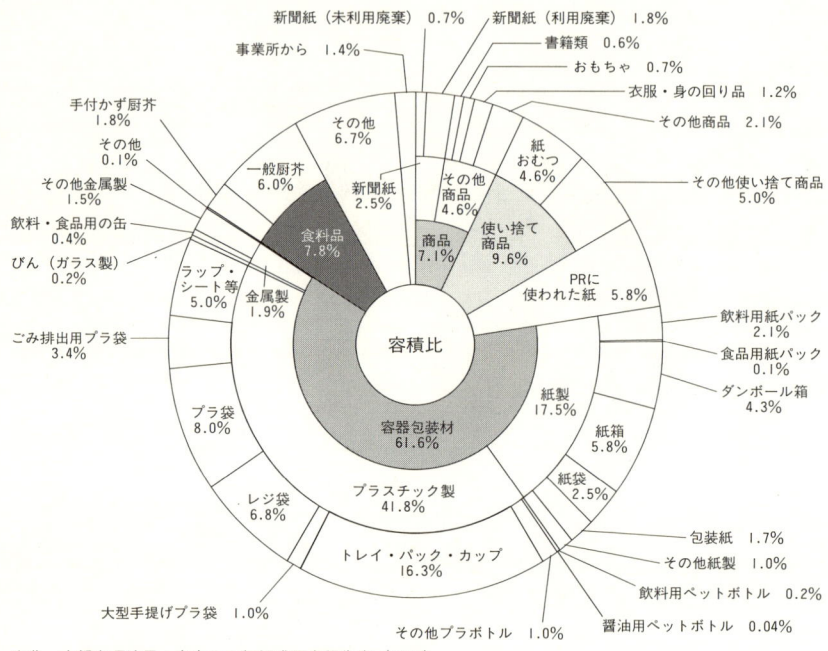

［円グラフの内容］

内側（容積比）：
- 容器包装材 61.6%
- 食料品 7.8%
- 商品 7.1%
- 使い捨て商品 9.6%
- 紙製 17.5%
- その他商品 4.6%
- 一般厨芥 6.0%
- その他 6.7%

外側の区分：
- 新聞紙（未利用廃棄）0.7%
- 新聞紙（利用廃棄）1.8%
- 書籍類 0.6%
- おもちゃ 0.7%
- 衣服・身の回り品 1.2%
- その他商品 2.1%
- 事業所から 1.4%
- 手付かず厨芥 1.8%
- その他 0.1%
- その他金属製 1.5%
- 飲料・食品用の缶 0.4%
- びん（ガラス製）0.2%
- ごみ排出用プラ袋 3.4%
- プラ袋 8.0%
- レジ袋 6.8%
- 大型手提げプラ袋 1.0%
- ラップ・シート等 5.0%
- 金属製 1.9%
- 新聞紙 2.5%
- その他商品 4.6%
- 紙おむつ 4.6%
- その他使い捨て商品 5.0%
- PRに使われた紙 5.8%
- 飲料用紙パック 2.1%
- 食品用紙パック 0.1%
- ダンボール箱 4.3%
- 紙箱 5.8%
- 紙袋 2.5%
- 包装紙 1.7%
- その他紙製 1.0%
- 飲料用ペットボトル 0.2%
- 醤油用ペットボトル 0.04%
- その他プラボトル 1.0%
- トレイ・パック・カップ 16.3%
- プラスチック製 41.8%

出典　京都市環境局：家庭ごみ細組成調査報告書（2002）

3　廃棄物処理事業と環境問題

　廃棄物処理法が制定されて以後，昭和50年代後半までの間の廃棄物処理体系の整備は，ごみ量の増大に対応した収集車両の拡充と焼却処理などの減量化・安定化を目的とする中間処理施設そして最終処分場の整備であったといえる。特に，中心的に進められたのが焼却処理施設の整備であった。この焼却処理は，増大するごみに対処するうえで速やかに対応でき，効率的に減量化できる処理が緊急課題であった時代の要請に適応するものであった。しかし，上流側の対策であるごみの排出抑制や質の制御を抜きに受皿としての処理体系を整備することは，その後の廃棄物処理事業，特に処理体系に多くの歪みを招来することになった。

(1) 焼却処理における環境問題

　焼却処理施設の整備が本格化した当初に問題となったのは，排出ごみの構成面でプラスチック類や紙類などの高い発熱量をもつごみの割合が増加したために焼却対象ごみの高カロリー化が進み，高い燃焼温度や酸性ガス発生による腐食などに起因する焼却施設の損傷が激しく，また，焼却処理能力の低下（焼却対象ごみの発熱量が設計発熱量よりも大きくなると処理できるごみ量は減少する）を招いたことであった。

　しかし，それ以上に問題となったのが，硫黄酸化物，塩化水素，窒素酸化物，ばいじん，さらに重金属などによる大気汚染問題であった。そして，こうした通常の大気汚染物質への対応が一定程度達成されてきた昭和50年代後半になると，発がん性物質であるダイオキシンが燃焼過程で生成され，排ガスや焼却灰として排出されるといったダイオキシン問題が浮上した。これに対してバグフィルターの採用や燃焼温度管理，プラスチック類の焼却対象からの除外などの対応が進められた。このように焼却処理は，今日排出されている紙類やプラスチック類の比率の高いごみを減量化するうえでは最も効率性の高い処理方法であるが，焼却減量化の結果として生じる排ガスやダスト，洗煙汚泥，焼却灰などの二次生成物の環境汚染を制御するために，多くの技術対応を迫られることとなっている。この技術対応により，一定水準での環境制御が可能となっているが，処理の高度化に伴って焼却処理施設整備費や維持管理に多大な費用を要することにもなっている。

　このような状況から，焼却処理はわが国のごみ処理の基本工程として位置づけられているものの，二次生成物による環境汚染を抜本的に解決するには，排出ごみの質の制御，そしてガス化溶融などの新たな熱処理技術の開発が求められることになる。

(2) 最終処分場の逼迫と環境問題

　最終処分場は，ごみの処理体系がよりどころとする最後の受皿であり，これを継続的に確保するか，または減量化と再資源化などによって最終処分が

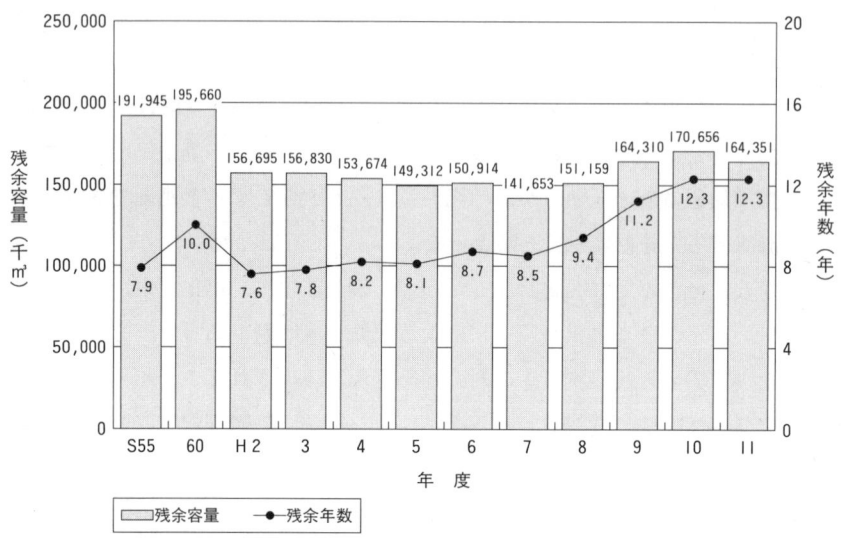

図Ⅰ-8 残余容量と残余年数の推移

年度	残余容量(千m³)	残余年数(年)
S55	191,945	7.9
60	195,660	10.0
H2	156,695	7.6
3	156,830	7.8
4	153,674	8.2
5	149,312	8.1
6	150,914	8.7
7	141,653	8.5
8	151,159	9.4
9	164,310	11.2
10	170,656	12.3
11	164,351	12.3

出典　環境省：一般廃棄物の排出及び処理状況等（平成11年度実績）について（2002）

必要な残さをなくしていく以外に処理体系を維持することはできない。

　しかし，焼却処理施設などと違って，最終処分場はその容量がなくなれば新たな確保が必要となるもので，市町村はその確保に常に追われているのが現状である。特に大都市圏では，臨海部でこれまで依存してきた海面埋め立ての適地が減少し，また沿岸環境の保全面からも抑制されてきていること，内陸部でも多くの地域が市街化され，また，残された地域も農業用地や水源涵養に活用されていることなどから，その確保は極めて困難となってきている。

　さらに，最終処分については，過去の埋立処分が環境管理面で不徹底なものが多かったことや，技術面でも例えば，今日そのままでの埋め立てに問題があるとして特別管理廃棄物に指定された集じんダストなどが，これまではそのまま管理型の処分場で処分されていたことなど，浸出水漏水問題や不法投棄等周辺住民が危惧を抱くような問題が多く，立地に対する地域の理解を得ることが難しく，処分場の逼迫の原因ともなっている。

ここでも，大量廃棄により膨大な最終処分が必要であることや残さの有害性など最終処分物の量や質を制御するための上流対応抜きの最終処分が自然の破壊や浸出水による水系（地下水を含む）汚染のリスクを内在している。

　こうしたなかで，ごみの最終処分量は1999（平成11）年度で1087万トンに達している一方，受け入れに供することができる最終処分場の容量は，図1-8のように逼迫しており，国では再資源化の推進や焼却残さの溶融処理による減量化や有価物としての活用などに活路を見出そうとする一方で次世代型の埋立技術の開発も著しく，かつ活発となっている。

(3) 中間処理施設や最終処分施設の立地問題

　受皿づくりでの対応のいま一つの問題は，その基本施設ともいえる中間処理施設や最終処分場の施設立地が住民の理解協力を得にくいために難しいことである。

　この住民の理解を得るには，次のような住民側の疑問に答えられねばならない。
① なぜ，これだけの施設が必要となるのか。
② なぜ，この場所に立地しなければならないのか。
③ 将来にわたって環境問題を招来しないことが確約できるのか。

　これらの疑問に答えるには，上流側の対策によるごみの減量化，質の制御に努めてもなおこれだけの施設が必要であり，また，全体の施設体系の整備にとって当該計画地での施設整備が必要であることを住民が理解できるだけの対応や情報の開示，住民参加の手法が計画段階で組み込まれていることが必要といえる。しかし，これまで，抜本的な上流側の対策に手をつけずにきた多くの都市では，こうした住民の疑問に十分に答えることができず，施設立地が滞っており，広域処理や他都市に最終処分を依存するなどの緊急避難的な対応でしのいでいる例も多い。

第7節　高度化する廃棄物処理システムと清掃事業

　ごみ処理は，市町村の固有事務として遂行されているが，受皿での対応を中心に据えた処理体系のもとでの整備と，排出ごみを処理する方法では多大な費用が必要となっている。

　図Ⅰ-9 はごみとし尿処理を併せた廃棄物処理事業経費の推移を示したものであるが，1976（昭和51）年当時には8561億円程度であった処理事業経費は1999（平成11）年度には2.6兆円に達するなど他の行政支出の増加を大きく上回る勢いで増大している。この廃棄物処理事業経費のうち，7割前後がごみ処理事業経費であり，平成11年度では2兆円に達し，そのうち1兆4000億円が市町村の一般財源により賄われており，市町村の財政負担は極めて大きいものとなっている。こうした財政負担のなかで，ごみ処理経費のうち排出者からの料金徴収で賄われているのは5％程度にとどまり，全体ごみ量のうち4割近くが事業系のごみであることからみると排出者責任が極めて不明確となっているといえる。特にこの傾向は人口規模が大きいほど大きくなって

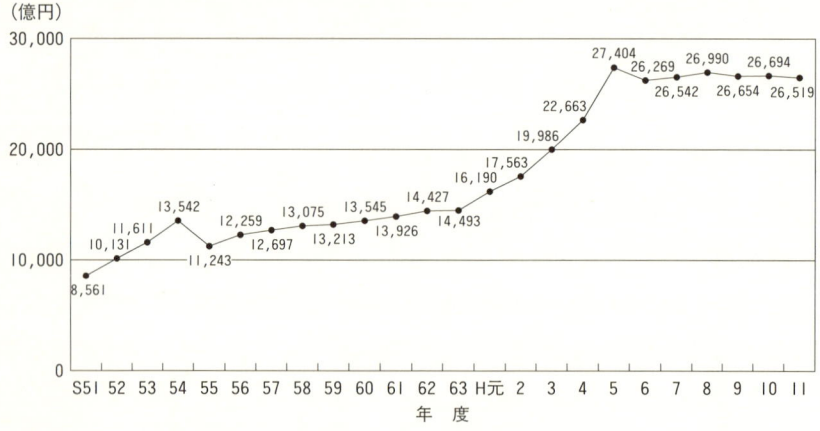

図Ⅰ-9　廃棄物処理事業経費(歳出)の推移
(億円)

年度	経費(億円)
S51	8,561
52	10,131
53	11,611
54	13,542
55	11,243
56	12,259
57	12,697
58	13,075
59	13,213
60	13,545
61	13,926
62	14,427
63	14,493
H元	16,190
2	17,563
3	19,986
4	22,663
5	27,404
6	26,269
7	26,542
8	26,990
9	26,654
10	26,694
11	26,519

出典　環境省：一般廃棄物の排出及び処理状況等（平成11年度実績）について（2002）

いる。

　近年，財政面の負担軽減および大量排出の抑止，有価物の再資源化ルートへの流れを拡大することなどを意図したごみ処理の有料化の徹底が提起され，多くの市町村が有料化への移行や強化を図ろうとしている。

　ごみ対策を受皿整備のみに頼ろうとすれば，今後，焼却残さの溶融処理，最終処分場や，中間処理施設の環境対策の強化などにより，対策費用が著しく増大し，市町村財政を圧迫することは明らかであり，こうした事業経営面の問題に対してもPFI（p.249参照）方式を含め種々の試みや抜本的な対応が求められている。

第8節　循環型社会におけるごみ処理の役割

　前述したように，今日のごみ問題を招来している最も基本的な背景は，高度経済成長のなかで，大量消費―大量廃棄の生活や事業活動様式が拡大したことにあり，このことが日本国内の環境問題やごみ処理費用の増大などをもたらしてきた。

　しかし，ごみ問題はすでに地球規模の環境・資源問題としてとらえるべき国際的な基本問題となってきている。すなわち，これまで世界の資源や化石エネルギーを活用する恩恵を一身に受けてきた先進諸国に加えて，膨大な人口を擁する発展途上国の経済発展が進むなかで，これらの国々における資源・エネルギー需要も急速に拡大しており，今世紀中には深刻な資源逼迫を招来することが予測されている。また，化石エネルギーの消費による地球温暖化問題も深刻さを増している。こうしたなかで，世界の化石エネルギー消費の5％程を消費しているなど世界有数の資源・エネルギー消費大国である日本が，資源・エネルギーの消費の抑制および活用した資源を人類共通の財産として国際市場に還流していくことを求められることは自明のことである。また，大量消費―大量廃棄といった生活様式の拡大につながるような製

品を途上国に輸出することを戒めていくことも必要となる。そして，こうした対応を図るためには，国内での上流対策を強化するとともに，ごみの再資源化やエネルギー資源としての活用などを進めることが必要となる。

図1-10は，日本のマテリアル・バランス（物質収支）の推計を試みた例であるが，建設用石材や砂利を除いても約10億トンの資源が1年間に利用されており，うち7億トンを海外からの輸入に依存しているといった構造となっている。こうした結果，11億トンが国内に蓄積しており，わが国のごみもこの資源循環のなかで発生している。

しかし，これまでのような「金を出せば世界から資源が調達できる」といった時代は終わり，これからの時代は資源を人類共通の財産として「公平性」を基本に据えた国際的な資源の活用のルールづくりが進むことになると予想

図1-10 わが国の物質収支　　　　　　　　　　　　　　（平成12年度）（単位：億t）

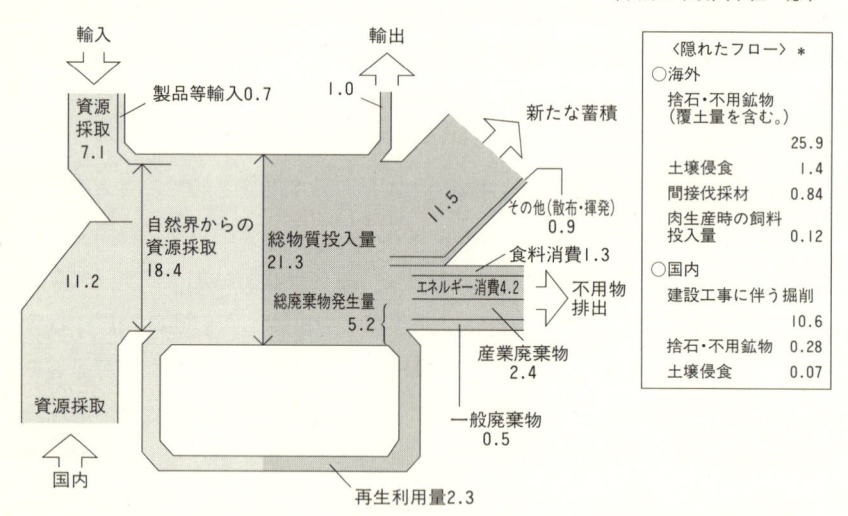

輸入
製品等輸入 0.7
資源採取 7.1
輸出 1.0
新たな蓄積
自然界からの資源採取 18.4
総物質投入量 21.3
11.5
その他（散布・揮発） 0.9
食料消費 1.3
エネルギー消費 4.2
不用物排出
総廃棄物発生量 5.2
産業廃棄物 2.4
一般廃棄物 0.5
再生利用量 2.3
11.2
資源採取
国内

〈隠れたフロー〉 *
○海外
　捨石・不用鉱物
　（覆土量を含む。）
　　　　　　　25.9
　土壌侵食　　1.4
　間接伐採材　0.84
　肉生産時の飼料
　投入量　　　0.12
○国内
　建設工事に伴う掘削
　　　　　　　10.6
　捨石・不用鉱物 0.28
　土壌侵食　　0.07

注　水分の取り込み（含水）等があるため，産出側の総量は総物質投入量より大きくなる。
　　産業廃棄物及び一般廃棄物については，再生利用量を除く。
　　「隠れたフロー」：わが国の経済活動に直接投入される物質（総物質投入量）が，国内外において生産，採掘される際に発生する副産物，廃棄物。建設工事による掘削，鉱滓，畑地等の土壌侵食などがある。
出典　各種統計より環境省作成

される。

　こうした時代では，受皿で対応するのみの処理体系が国際社会から容認されなくなることは明らかであり，この視点からも，従来の処理体系の転換が求められている。

　以上みてきたように，日本のごみ処理体系のもつ問題の多くは，大量消費―大量廃棄の生活様式が拡大したために，緊急対応として行わなければならなかった焼却処理施設を中心とする受皿の拡充での対応に内在していた問題が顕在化してきたもので，次の時代に向けては，表1-1（p.26）に示したような上流側の対応を基軸に据えた対策体系の展開が求められているといえる。そして，こうした対策の流れは1991（平成3）年の廃棄物処理法の抜本改正，再生資源の利用の促進に関する法律（再生資源利用促進法）の成立，また環境基本法が1993（平成5）年に制定されたのを受けた1995（平成7）年の容器包装リサイクル法，1998（平成10）年の家電リサイクル法，2000（平成12）年の循環型社会形成推進基本法の制定につながった。そして，その個別法として2000（平成12）年国等による環境物品等の調達の推進等に関する法律（グリーン購入法），食品循環資源の再生利用等の促進に関する法律（食品リサイクル法），建設工事に係る資材の再資源化等に関する法律（建設リサイクル法），2002（平成14）年に使用済自動車の再資源化等に関する法律（自動車リサイクル法）の制定などの循環社会に向けた法制度整備にも色濃く反映されてきている。

　こうした法制度の整備を背景に，容器包装廃棄物や家電，電子機器をはじめ多くの使用済製品がリユース，部品，部材として再利用されるながれが定着してきており，また，ダイオキシン対策などでの広域処理体系への移行，有料化の拡大など，市町村のごみ処理体系が大きく変容することになる情況が現出してきている。

（松藤康司）

参考文献

- ㈶杉並正用記念財団：ごみの話（1983）
- 松藤康司：廃棄物埋立地の歩み，第5回廃棄物学会研究発表会講演論文集 5巻(1994)
- 伊藤好一：江戸の夢の島，吉川弘文館（1982）
- 栗原四郎：ゴミ学百科全書〈2〉〈3〉，都市と廃棄物Vol.5．No.12(1975)，Vol.6．No.2（1976）
- 溝入茂：ごみの百年史，學藝書林（1987）
- 松藤康司：廃棄物の最終処分場の変遷と環境調和の方向，自治体・地域の環境戦略4 省資源・リサイクル社会の構築，pp.203-227（1994）
- 及川藤男：札幌清掃史話
- 廃棄物処理対策全国協議会：記念誌（1991）
- 環境省編：平成14年版 環境白書，㈱ぎょうせい（2002）
- 京都市環境局：家庭ごみ細組成調査報告書（2002）
- 廃棄物学会：改訂ごみ読本 第2章 ごみ問題のとらえ方 pp.25-44(青山俊介執筆)，中央法規出版（1998）

第2章
ごみとリサイクルの法制度

第1節　ごみとリサイクルの法制史

1　汚物掃除法

　廃棄物行政の根拠法は，1900（明治33）年に公布，施行された「汚物掃除法」に始まる。汚物掃除法は，「市ハ（中略）其ノ区域内ノ汚物ヲ掃除シ清潔ヲ保持スルノ義務ヲ負フ」（第2条），「市ハ義務者ニ於テ蒐集シタル汚物ヲ処分スルノ義務ヲ負フ（以下略）」（第3条）と定め，廃棄物の処理を自治体の仕事と位置づけた。

　ちなみに明治維新以後，地方制度は大区小区制，郡区町村制と変遷し，1889（明治22）年に市制町村制がスタートしたが，汚物掃除法以前のごみ収集は，自己処理するか民間のごみ処理業者が適宜これを集めて有価物を選別し，その売却で利益を得ていた。

　東京では江戸時代中期から町々のごみ収集を請け負う業者の株仲間が公認され，行政はもっぱら業者の監督にあたっていた。明治に入ってからも民営によるごみ処理が行われてきたが，業者の怠慢によってしばしば路傍や空き地にごみが堆積するなど大きな問題が生じてきたため，1887（明治20）年4月に警察令による塵芥取締規則が発布された。その背景には，コレラの流行

など，衛生状態の悪化という問題があった。

いずれの都市も，ごみの投棄やごみ収集業者の取り締まりに苦慮していたようで，神戸市では1881（明治14）年に塵芥溜塵捨場規則を改正して住居裏にごみ容器の設置を義務づけ，1892（明治25）年には神戸市衛生組合および町村衛生委員設置方法を定めてごみ収集人を管理する方策を講じている。

民間によるごみの収集は恣意的で，都市の清潔を維持するためのシステムとはいえなかった。そのため体系的かつ衛生的なごみの収集・処理の体制を確立することが急務であった。こうした観点から，汚物掃除法によって汚物処理を公共事業と位置づけたのである。ただし，し尿は肥料として有価で取り引きされていたため，屎尿については当分の間，市の処理義務からはずし，そのまま民間に委ねられた。自治体が屎尿の収集・処理を行うようになるのは大正時代になってからである。

なお，汚物掃除法でいう汚物とは「塵芥汚泥汚水及屎尿」と定めており，法律の施行範囲は原則として市制を施行している都市部となっているが，町村部でも必要に応じて準用された。

汚物掃除法は大綱だけを示したものであり，具体的な中身は施行規則によって規定されていた。余談ながら，施行規則では蓋つきの容器を備えること，その容器は「厨芥用可燃用雑芥用及不燃雑芥用ニ区分セシムルコトヲ得」とし，すでにこの時代から分別収集が行われていたことを示している。

2　清掃法

戦後の復興とともに，ごみ処理事業の近代化への社会的要請が高まり，国や都道府県の財政的，技術的な支援を法的に位置づけることが求められるなど，汚物掃除法に代わる新たな法制度の整備が必要となった。そこで1954（昭和29）年に「清掃法」が制定された。

清掃法では「この法律は汚物を衛生的に処理し，生活環境を清潔にすることにより，公衆衛生の向上を図ることを目的とする」（第1条）と掲げている。

清掃法では、「汚物」は「ごみ、燃えがら、ふん尿及び犬、ねこ、ねずみ等の死体」と定義され、汚物掃除法の汚物に含まれていた「汚水」は除外された。都市部を特別清掃区域として、市町村は計画的に汚物の収集、処理を行うことや、年1回以上の大掃除が義務づけられた。かつて町内で一斉に大掃除をする習慣があったが、これは清掃法の規定によるものである。

また、国や都道府県の責務、住民の協力義務などが規定され、汚物を単に処分するのではなく、衛生的に処理することが定められた。

3　廃棄物の処理及び清掃に関する法律

清掃法の制定後、日本は高度経済成長の時代に入る。機械化、近代化は大きく進展したが、都市への人口集中が加速度的に進み、各地でごみ処理体制の遅れが問題となってきた。家庭ごみの質も大きく変化し、ごみ処理施設自体が公害発生源となってきたため、ごみの質に対応した処理の高度化が求められるようになった。

また、ごみ量の急増に加えて、産業廃棄物による公害問題が顕在化してきた。清掃法では建設廃材や有害廃棄物などの産業廃棄物も汚物に含まれることとなるが、市町村では適正に処理できなかった。

こうした問題を背景に、市町村から清掃法の抜本的な改正を求める声があがってきた。公害問題が深刻化するなかで、国は特に産業廃棄物の扱いについて検討を行い、産業廃棄物については排出事業者の処理責任を明確にするとともに、処理・処分の基準を整備する方針を固めた。そして1970（昭和45）年に、一連の公害関係の法律とともに「廃棄物の処理及び清掃に関する法律」（以下「廃棄物処理法」と呼ぶ）が制定された。

廃棄物処理法はその第1条に「この法律は、廃棄物を適正に処理し、及び生活環境を清潔にすることにより、生活環境の保全及び公衆衛生の向上を図ることを目的とする」と定め、衛生処理という観点に加えて「生活環境の保全」という考え方が打ち出されたことが、清掃法との大きな違いである。ま

た，廃棄物処理法では，汚物に代わって「廃棄物」という新たな用語を用いた。工場等から排出される有害なごみを「産業廃棄物」とし，それ以外を「一般廃棄物」とした。また，公害対策の基本原理として取り入れられた「汚染者負担原則」(PPP＝Polluter Pays Principle) の考え方に基づいて，事業者の処理責任を明確にするとともに，廃棄物行政における国，都道府県，市町村，事業者，市民の役割や責任を明確にした。

4 再生資源の利用の促進に関する法律の制定と廃棄物の処理及び清掃に関する法律の大幅改正

廃棄物処理法は，廃棄物の適正な処理を目的とした法律で，廃棄物の発生や排出の抑制については実効性のある規定はなかった。1980年代になって地球環境問題が顕在化し，廃棄物の抑制は先進国共通の課題となってきたが，廃棄物処理法は廃棄物の抑制やリサイクルの促進という時代の要請に応える体系になっていなかった。

そこで，「資源の有効な利用の確保を図るとともに，廃棄物の発生の抑制及び環境の保全に資するため，使用済物品等及び副産物の発生の抑制並びに再生資源及び再生部品の利用の促進に関する所要の措置を講ずる」ことを目的とした，「再生資源の利用の促進に関する法律」（再生資源利用促進法）が1991（平成3）年4月に制定されるとともに，10月には廃棄物処理法が大幅に改正された。

改正廃棄物処理法では，法律の目的に廃棄物の排出抑制や再生利用の促進を加え，そのための計画策定や施策の推進が定められた。特に，従来は発生した廃棄物を適正に処理することだけが目的とされてきたが，改正法では再生資源利用促進法とリンクして，製造事業者に対して適切な措置を講ずることを，所管大臣を通して求められる規定が設けられた。また，有害性，爆発性，感染性のある廃棄物を特別管理廃棄物として新たに定義し，規制を強化した。

5　リサイクル関連法の制定

　再生資源利用促進法はリサイクル法と呼ばれたが，再生資源の利用を促進することによって，廃棄物を抑制することを意図したもので，廃棄物の発生抑制には実効性に乏しいという批判が少なくなかった。

　ドイツでは1986年に「廃棄物回避と管理法」が制定され，1991年には容器包装の利用事業者に容器包装廃棄物の回収と再利用を義務づける「容器包装政令」が公布された。「拡大生産者責任」（EPR，第7章第3節参照）を取り入れたドイツの法制度はわが国でも大きな論議を呼んだ。またフランスでも1992年に容器包装に関する政令が公布されるなど，ヨーロッパを中心に容器包装のリサイクル制度が構築されつつあった。

　こうした状況をふまえて，わが国でも容器包装リサイクル制度の検討が行われ，1995（平成7）年6月に，「容器包装に係る分別収集及び再商品化の促進等に関する法律」（容器包装リサイクル法）が制定された。

　また，個別の品目ごとに法律で回収等の仕組みをつくっていくという方針のもとで，1998（平成10）年6月には「特定家庭用機器再商品化法」（家電リサイクル法）が制定された。

　1999（平成11）年10月には，自民党，公明党，自由党の与党3党によって，2000（平成12）年を「循環型社会元年」と位置づけ法的整備を図るという政策合意がなされ，政治のイニシアチブのもとで「循環型社会形成推進基本法」の制定が急浮上した。2000（平成12）年の通常国会では，同法以外にも「食品循環資源の再生利用等の促進に関する法律」（食品リサイクル法），「建設工事に係る資材の再資源化等に関する法律」（建設リサイクル法），「国等による環境物品等の調達の推進等に関する法律」（グリーン購入法）が制定されるとともに，再生資源の利用の促進に関する法律（再生資源利用促進法）は「資源の有効な利用の促進に関する法律」（資源有効利用促進法）に改正されるなど，廃棄物・リサイクル関連の法律が相次いで制定された。

　さらに2002（平成14）年7月には「使用済自動車の再資源化等に関する法

表2-1　廃棄物・リサイクル関連法制定略年表

1900年	汚物掃除法制定
1954年	清掃法制定
1970年12月	廃棄物処理法制定
1991年4月	再生資源利用促進法（リサイクル法）制定
1991年10月	廃棄物処理法改正
1992年12月	バーゼル条約発効，日本「バーゼル法」制定（1993年に加入）
1993年11月	環境基本法制定
1995年6月	容器包装リサイクル法制定　2000年4月全面施行
1998年6月	家電リサイクル法制定
1999年7月	ダイオキシン類対策特別措置法制定
2000年5月	建設リサイクル法，グリーン購入法制定
2000年6月	循環型社会形成推進基本法，食品リサイクル法制定
	廃棄物処理法改正，資源有効利用促進法制定（リサイクル法改正）
2002年7月	自動車リサイクル法制定

律」（自動車リサイクル法）が制定された（表2-1）。

第2節　法律の体系

　廃棄物・リサイクル関連の法律の体系を，図2-1に示す。上位法として環境基本法があり，持続可能な社会形成に向けた基本理念が規定されている。その理念に基づいて，循環型社会形成推進基本法が置かれ，下位法として資源の有効な利用の促進に関する法律（資源有効利用促進法），廃棄物の処理及び清掃に関する法律（廃棄物処理法）が位置づけられる。

　資源有効利用促進法は廃棄物として処理する以前の，製品の設計，製造段階での対策について規定しており，廃棄物処理法は廃棄物となった後の処理について規定している。

　これらの二つの法律を柱として，さらに個別品目ごとに関係主体の役割や責務を規定した個別法が置かれている。

第2章　ごみとリサイクルの法制度　47

図2-1　廃棄物・リサイクル関連法の体系

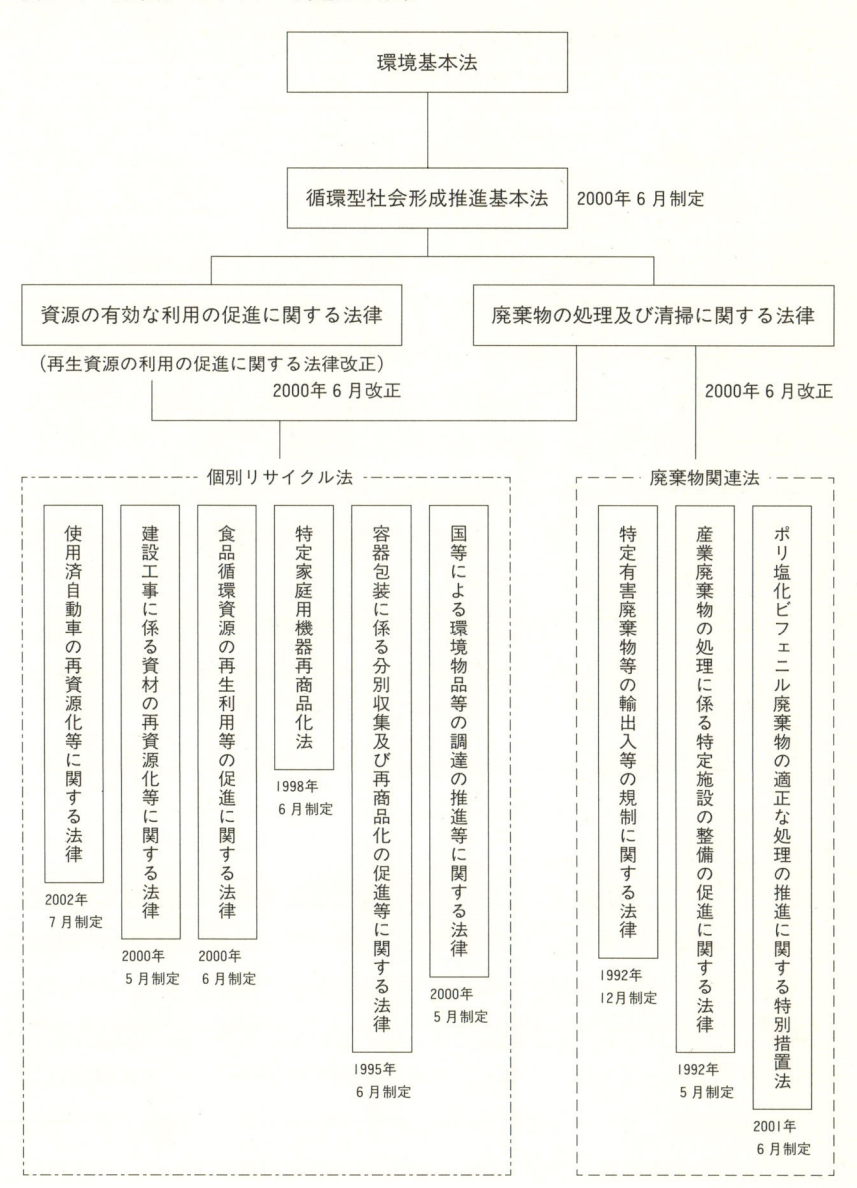

```
                    ┌─────────────┐
                    │  環境基本法  │
                    └──────┬──────┘
                           │
              ┌────────────┴────────────┐
              │   循環型社会形成推進基本法   │ 2000年6月制定
              └────────────┬────────────┘
                           │
         ┌─────────────────┴─────────────────┐
┌────────────────────────┐         ┌────────────────────────┐
│資源の有効な利用の促進に関する法律│         │廃棄物の処理及び清掃に関する法律│
└────────────────────────┘         └────────────────────────┘
（再生資源の利用の促進に関する法律改正）
          2000年6月改正                      2000年6月改正
```

個別リサイクル法：
- 使用済自動車の再資源化等に関する法律　2002年7月制定
- 建設工事に係る資材の再資源化等に関する法律　2000年5月制定
- 食品循環資源の再生利用等の促進に関する法律　2000年6月制定
- 特定家庭用機器再商品化法　1998年6月制定
- 容器包装に係る分別収集及び再商品化の促進等に関する法律　1995年6月制定
- 国等による環境物品等の調達の推進等に関する法律　2000年5月制定

廃棄物関連法：
- 特定有害廃棄物等の輸出入等の規制に関する法律　1992年12月制定
- 産業廃棄物の処理に係る特定施設の整備の促進に関する法律　1992年5月制定
- ポリ塩化ビフェニル廃棄物の適正な処理の推進に関する特別措置法　2001年6月制定

第3節　循環型社会形成推進基本法

1　法律の概要

　循環型社会形成推進基本法は，循環型社会形成を推進していくうえでの基本理念と，政府が循環型社会形成に取り組むプログラムを規定した法律である。2000（平成12）年5月に成立し，6月に公布され，2001（平成13）年1月から全面施行された。目指すべき「循環型社会」を「廃棄物の発生抑制，循環資源の循環的な利用，適正な処理の確保によって天然資源の消費を抑制し，環境負荷ができる限り低減される社会」と定義している。

　法の対象となる物を有価・無価を問わず「廃棄物等」とし，廃棄物等のうち有用なものを「循環資源」と位置づけ，その循環的な利用を促進することを目的として掲げている。

　「発生抑制」「再使用」「再生利用」「熱回収」「適正処分」という，政策の優先順位を明確にしたほか，生産者が自ら生産する製品等について廃棄物となった後まで一定の責任を負う「拡大生産者責任」の一般原則を示した。

　この法律は政治主導で立案された経緯もあって，具体的な施策にはほとんどふれられていない。循環型社会の形成を総合的・計画的に進めるため，「循環型社会形成推進基本計画」を策定することとし，その策定手順を示す内容になっている。法律の規定によると，中央環境審議会が指針を策定し，政府はこの指針に基づいて2003（平成15）年10月までに「循環型社会形成推進基本計画」を定めなければならない。また計画は5年ごとに見直し，施策の推進状況は国会に報告しなければならないとしている。計画には，発生抑制策，排出者責任の徹底のための規制，拡大生産者責任に基づく使用済み製品の引き取り等の措置，再生品の使用の促進，環境汚染等に対して原因事業者にその原状回復費用を負担させる措置等を盛り込むこととしている。

2 循環型社会形成推進基本計画

　中央環境審議会では，2002（平成14）年1月に指針を作成した。この指針では，政策の手法として税，課徴金，デポジット制度などの経済的手段の導入を図ることや，国内の物質収支を把握して廃棄物の減量やリサイクル量，率などの具体的な数値目標を設定することなどが示された。

　これに基づき，2003（平成15）年2月に，政府は「循環型社会形成推進基本計画」を発表し，パブリックコメント等の手続きを経て，3月14日に閣議決定された。この計画は，現状分析と将来の循環型社会のイメージ，循環型社会形成のための数値目標，国や各主体の取り組みについて述べているものだが，いくつかの指標と数値目標（目標年度2010年）を掲げた。

　まず国全体の物質フローに関して，①資源生産性(入口)，②循環利用率(循環)，③最終処分量（出口）の三つについて指標と数値目標を掲げている。

①資源生産性

　資源生産性は「GDP÷天然資源等投入量」で，金額で表す。これを2000（平成12）年度の約28万円／トンから2010（平成22）年度において約39万円／トンと，おおむね4割向上とすることを目標とする。

②循環利用率

　循環利用率は「循環利用量÷（循環利用量＋天然資源等投入量）」で表す。これを2000（平成12）年度の約10％から，2010（平成22）年度において約14％と，おおむね4割向上とすることを目標とする。

③最終処分量

　最終処分量は，2000（平成12）年度の約5600万トンから，2010（平成22)年度において約2800万トンと，おおむね半減することを目標とする。

　廃棄物の減量目標については，2010(平成22)年度までに一般廃棄物は2000年比で家庭ごみ，事業ごみとも一日当たりの排出量を約20％減量することと

し，産業廃棄物については1990年比で75％，2000年比で概ね半分に減量することを目標としている。

なお，税，課徴金，デポジット制度などの経済的手段や拡大生産者責任については総論的な記述にとどまっている。

第4節　廃棄物の処理及び清掃に関する法律（廃棄物処理法）

1　法律の目的

1991（平成3）年に大幅改正された廃棄物処理法は，第1条の目的に「この法律は，廃棄物の排出を抑制し，及び廃棄物の適正な分別，保管，収集，運搬，再生，処分等の処理をし，並びに生活環境を清潔にすることにより，生活環境の保全及び公衆衛生の向上を図ることを目的とする」と定めている。

改正前の法律に対して，適正処理に加えて「廃棄物の排出の抑制」や「分別」「再生」が掲げられた。従来は，ごみの排出を前提としてそれをいかに公害を出さないように処理するかに，法の主眼が置かれていたのに対して，改正法ではごみの減量やリサイクルの促進が新たに位置づけられたのである。

2　「廃棄物」の定義と区分

(1) 廃棄物とは何か

廃棄物処理法第2条では「廃棄物」を「ごみ，粗大ごみ，燃え殻，汚泥，ふん尿，廃油，廃酸，廃アルカリ，動物の死体その他の汚物又は不要物であって，固形状又は液状のもの」と定義している。なお放射性廃棄物については別の法律で規制しており，この法律の対象外である。

法律では，廃棄物はごみのほかにさまざまな不要物を含む概念として規定されており，占有者にとって不要になり，また有償で売却することもできな

いようなものと解釈される。逆にいうと，原材料として売買される場合には廃棄物とはいわないと解されている。

このように廃棄物の定義には曖昧さがあり，再生利用する資源だと称して廃棄物が野積みされたり，不法投棄されたりする例が少なくない。そのため廃棄物の定義や区分の見直しが必要となっている。

しかしリサイクル目的のものまで廃棄物の範疇に含めるかどうかは，意見が分かれている。環境保全の観点からは廃棄物をできるだけ広く定義し，規制の範囲を広げておくべきだという考え方が強いが，リサイクルを促進する立場からは，自由な取り引きや競争を促して効率的なリサイクルを進めるために廃棄物の定義を拡大することには反対の意見がある。

前述したように，循環型社会形成推進基本法では排出される不要物を包括して「廃棄物等」と定義し，そのなかに「循環資源」という新たな用語が使われている。また個別リサイクル法においても「食品循環資源」（食品リサイクル法）などの新しい用語が使われており，廃棄物の定義や規制を一元的，体系的に整理する必要がある。

しかし廃棄物の定義や区分の見直しは，規制の見直しや強化に直結するために，産業界や廃棄物処理業界などとの意見調整がなかなかつかず，法律改正も見送られたままである。

(2) 廃棄物の区分

廃棄物は，大きく「一般廃棄物」「産業廃棄物」「特別管理廃棄物」に区分される。

産業廃棄物とは産業活動に伴って排出される廃棄物のうち，法律や政令で指定するものである。産業活動に伴って排出される廃棄物すべてが産業廃棄物ではない。

一般廃棄物とは産業廃棄物を除く廃棄物のことである。法律の区分にはないが，家庭から排出されるものと事業活動に伴って排出されるものを区別して，それぞれ家庭系一般廃棄物（家庭ごみ），事業系一般廃棄物（事業ごみ）

と呼ぶことがある。ちなみに本書では「ごみ」という言葉を使っており，厳密ではないがおおむね屎尿を除く一般廃棄物のことを意味している。

特別管理廃棄物とは，爆発性や毒性，感染性などの危険性がある廃棄物で，それぞれ特別管理一般廃棄物，特別管理産業廃棄物が定められている。

廃棄物の区分は図2-2のとおりである。

図2-2　廃棄物の分類

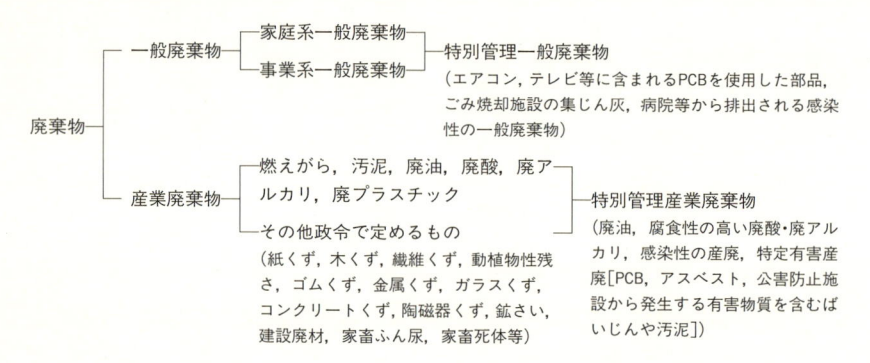

```
                 ┌─家庭系一般廃棄物─┐
         ┌─一般廃棄物─┤                  ├─特別管理一般廃棄物
         │       └─事業系一般廃棄物─┘  （エアコン，テレビ等に含まれるPCBを使用した部品，
         │                                ごみ焼却施設の集じん灰，病院等から排出される感染
廃棄物──┤                                性の一般廃棄物）
         │       ┌─燃えがら，汚泥，廃油，廃酸，廃ア
         │       │  ルカリ，廃プラスチック
         └─産業廃棄物─┤                              ├─特別管理産業廃棄物
                 └─その他政令で定めるもの      （廃油，腐食性の高い廃酸・廃アル
                   （紙くず，木くず，繊維くず，動植物性残    カリ，感染性の産廃，特定有害産
                   さ，ゴムくず，金属くず，ガラスくず，      廃[PCB，アスベスト，公害防止施
                   コンクリートくず，陶磁器くず，鉱さい，    設から発生する有害物質を含むば
                   建設廃材，家畜ふん尿，家畜死体等）        いじんや汚泥]）
```

3　責務と役割

廃棄物処理の責任は，第一義的には排出者にある。

廃棄物処理法第2条の3には，国民の責務として「廃棄物の排出を抑制し，再生品の使用等により廃棄物の再生利用を図り，廃棄物を分別して排出し，その生じた廃棄物をなるべく自ら処分すること等により，廃棄物の減量その他その適正な処理に関し国及び地方公共団体の施策に協力しなければならない」と定めている。

第3条では「事業者は，その事業活動に伴って生じた廃棄物を自らの責任において適正に処理しなければならない」と定めている。さらに，製品等が廃棄物になったときに処理が困難にならないように，製品開発時の工夫等をしなければならないと定めている。

第4条では国と地方公共団体の責務について定めている。前述したように，

ごみ処理は市町村の事業として発展してきたことから，法律では一般廃棄物の処理については市町村の事務と位置づけている。

都道府県は産業廃棄物行政に責務を負う。都道府県は廃棄物処理計画を定めるとともに，産業廃棄物処理業者の許可や監督業務を行う。国は，市町村や都道府県に対して情報提供や財政支援，技術支援を行うと定められている。

4　一般廃棄物の処理

(1)　市町村の責務

市町村は一般廃棄物の処理計画を定め，その区域内の一般廃棄物を収集，処理処分しなければならない。この作業は民間に委託することもできる。どのように分別するか，収集回数を何回にするか，収集手数料を徴収するかどうかなど，一般廃棄物の処理計画の内容は市町村の裁量に委ねられている。

事業系一般廃棄物（事業ごみ）については，事業者の自己処理責任を前提として市町村が処理を受け入れるということで理解されている。そのため，一般には収集運搬は市町村が許可した民間業者が行い，処理処分は市町村の施設で行われている。収集費や処理費は適切な料金を徴収することが原則である。

(2)　一般廃棄物処理計画

一般廃棄物処理計画には，環境省令で定めるところにより，下記のような事項を定めなければならない。

- 一般廃棄物の発生量及び処理量の見込み
- 一般廃棄物の排出の抑制のための方策に関する事項
- 分別して収集するものとした一般廃棄物の種類及び分別の区分
- 一般廃棄物の適正な処理及びこれを実施する者に関する基本的事項
- 一般廃棄物の処理施設の整備に関する事項
- その他一般廃棄物の処理に関し必要な事項

(3) 一般廃棄物処理業

　一般廃棄物処理業を行う場合は，市町村の許可が必要である。許可は，ごみ，屎尿等，扱う一般廃棄物の種類ごと，並びに収集，運搬，処理等の別ごとに与えられる。一般廃棄物の収集や運搬，処理は市町村または許可業者でなければ行うことはできない。ただし，「専ら再生利用の目的となる一般廃棄物のみの収集又は運搬を業として行う者」については，許可を要しない。これに該当するものとして，古紙，故繊維(古着，繊維くず)，鉄くず，空きびん等，リサイクルルートが確立しているものがある。その他，環境大臣が認定した場合も許可がいらない。

　ごみ収集を民間業者に委託している例は多いが，委託業者と許可業者は違う。市町村から業務を受託する場合に，一般廃棄物処理業の許可は不要である。

(4) 拡大生産者責任

　廃棄物処理法では，「拡大生産者責任」の考え方はまだ明確な形で規定されていない。第3条に事業者の責務として「処理の困難性の事前評価」と「適正な処理が困難にならないような製品，容器等の開発」が規定されており，第6条の3に事業者の協力として環境大臣が適正処理困難物を指定できるものとし，それぞれの事業者の所管大臣を通して，事業者に必要な措置をとるよう求めることができることを定めている。

　この規定は資源有効利用促進法とリンクしており，適正な処理が困難と指定された製品に対して，同法で規制しようという考え方である。しかし廃棄物処理法のなかで拡大生産者責任に基づいた対策がとれないというのは，不十分だと言わざるを得ない。

　2003(平成15)年3月の時点で適正な処理が困難な廃棄物として指定されているのは，自動車用タイヤ，スプリングマットレス，家電リサイクル法の対象4品目にすぎない。このうち家電製品は家電リサイクル法で対策がとれたため，タイヤとマットレスが残されているが，これらについては具体的

な方策は講じられていない。2003（平成15）年改正のなかで，拡大生産者責任に基づいて事業者に回収を命じることができるような規定を設けようという検討がなされたが，見送られている。

5　産業廃棄物

(1)　産業廃棄物の定義

　産業廃棄物は，法律で例示している，燃え殻，汚泥，廃油，廃酸，廃アルカリ，廃プラスチック以外に，政令で紙くず，木くず，繊維くず，動植物性残さ，ゴムくず，金属くず，ガラスくず・コンクリートくず（建設廃材を除く）および陶磁器くず，鉱さい，建設廃材（コンクリート破片その他これに類するもの），家畜ふん尿，家畜死体，公害防止施設や焼却施設から発生するダスト類，産業廃棄物を処理した後の残さ物の19種類が指定されている。

　法律に列挙されているものでも，事業活動に伴って排出されるものがすべて産業廃棄物になるのではなく，排出業種について指定されているものもある。例えば，紙くずについては，建設業，製紙業，印刷，出版業などの業種から排出されるものに限定しており，ビルやオフィスから排出される紙くずは産業廃棄物ではない。建設廃材については解体時は産業廃棄物，新築時は一般廃棄物と定義されていた。これは1997（平成9）年の改正によって新築時の木くず，紙くず，繊維くずも産業廃棄物に指定されたが，こうした矛盾はまだ残されている。例えば，建設工事から発生する残土は産業廃棄物ではないが，含水率の高い泥状のものは汚泥として産業廃棄物になる。その線引きは曖昧で，建設現場から出るがれきや汚泥が残土として不法投棄される例が少なくない。

　産業廃棄物は個別の品目ごとに指定されているため，法律や政令の範疇では想定されていないものが問題となることもある。

　廃棄物か否かは，客観的かつ明確な基準がないために，悪質業者がリサイクルできると偽って廃棄物を野積みする例も多い。こうした問題に対処する

ために，環境省は2003（平成15）年改正で規制する方針を示していた。しかし，産業界との調整がつかず，結局，廃棄物の疑いがあれば，都道府県が立ち入り検査できる権限を拡充することにとどまった。

(2) 汚染者負担原則と自己処理責任

産業廃棄物の処理は，「汚染者負担の原則」に基づいて排出事業者自身に処理責任がある。実際には都道府県知事の許可を得た処理業者に委託処理され，その費用を負担する形で汚染者負担原則が適用されている。

(3) 都道府県の役割

都道府県は廃棄物処理計画を定めることとなっており，そのなかで「産業廃棄物の処理施設の整備に関する事項」を定めることと規定されているが，行政自身が処理施設整備を行う責務があるわけではない。産業廃棄物処理は民間の市場経済活動として行われており，都道府県はこれを監督したり規制する立場にある。

都道府県は産業廃棄物処理業者の許可，一般廃棄物，産業廃棄物処理施設の許可権限を有している。しかし，従来は産業廃棄物に関する都道府県の事務は「機関委任事務」（本来国の事務であるものを都道府県知事に委任している事務のこと）とされてきたため，都道府県が独自の判断で産業廃棄物処分場の建設を許可しないといったことができにくかった。

地方分権によって機関委任事務が廃止され，産業廃棄物行政は法定受託事業となり，都道府県の裁量は大きく広がった。その結果，産業廃棄物税制度の導入や廃棄物とは位置づけられていない残土の規制など，独自の施策が講じられるようになってきた。

(4) 産業廃棄物処理業

産業廃棄物処理業を行う場合は，都道府県知事（保健所設置市は市長）の許可が必要である。許可は事業所の所在地ではなく，実際に業務を行う地域

ごとに必要とされる。つまり，東京に事業所があり，東京都と神奈川県で業を行う場合はそれぞれの都県の許可が必要とされる。

また，特別管理産業廃棄物処理業の許可は，通常の産業廃棄物よりも厳しい要件が定められている。業の許可は5年ごとに更新が必要である。

(5) マニフェスト制度

排出事業者が，委託した産業廃棄物が適正処理されるように流れを管理するため，「マニフェスト」(廃棄物管理票) 制度が取り入れられている。マニフェスト制度は，排出事業者が帳票を交付し，収集，中間処理，最終処分の各業者の手を経るごとに処理内容等の必要事項を記載し，排出事業者の手元に戻ってくる仕組みである。

(6) 産業廃棄物処理への公共関与と廃棄物処理センター

産業廃棄物は自己処理責任とはいえ，最終処分場の確保はますます困難になっている。そのため行政が関与して処理処分施設を整備する方策が講じられている。1991 (平成3) 年の改正で公共関与の具体的な方法として，一般廃棄物と産業廃棄物を合わせて処理できる「廃棄物処理センター」の整備についての規定が設けられた。これは自治体と民間業者が共同して出資し，処分場等の整備を進めていこうというものである。国は廃棄物処理センターの整備する施設に補助金を交付する等の推進策を講じている。

(7) 処分場の維持と不法投棄撤去に関する基金制度

産業廃棄物処理はほとんど民間が行っているため，処理施設に対する住民の不安や不信は大きい。そこで1997 (平成9) 年の改正では，埋め立てが終わった最終処分場の維持管理のために積立金制度を導入し，処分場の設置者は毎年維持管理積立金を環境事業団に積み立てて，埋め立て終了後にその積立金を取り崩す制度を新設した。

また不法投棄された廃棄物を除去する制度が設けられ，「産業廃棄物適正処

理推進センター」を設置して，産業界と行政が資金を負担して，不法投棄や不適正に処分された廃棄物を都道府県知事が除去できる仕組みを導入した。従来は，投棄者がわからない場合は除去する費用を誰が負担するかが不明確であったために，行政が乗り出しにくかったことから設けられた制度である。センターには，(財)産業廃棄物処理事業振興財団が指定されている。

具体的には，1998（平成10）年6月以降に不法投棄され，投棄者が不明または資力不足の場合，都道府県等が除去事業を行う経費の4分の3以内を補助することとなっている。

また，1998年6月以前の不法投棄廃棄物の撤去のために，2003（平成15）年6月に「特定産業廃棄物に起因する支障の除去に関する特別措置法」（産廃特措法）が制定された。産廃特措法は，2012（平成24）年度までの10年間の時限立法で，都道府県が撤去する際，撤去費用の2分の1以内を国が補助する。

6　特別管理廃棄物

一般廃棄物，産業廃棄物のうち「爆発性，毒性，感染性その他の人の健康または生活環境に係る被害を生ずるおそれがある性状を有するものとして政令で定めるもの」をそれぞれ特別管理一般廃棄物，特別管理産業廃棄物という。

特別管理一般廃棄物として，エアコン・テレビ・電子レンジのPCBを使用する部品，ごみ処理施設の集塵灰，病院・診療所・老人保健施設等から出る感染のおそれがあるものがあげられている。

特別管理産業廃棄物は廃油，廃酸，廃アルカリ，PCB汚染物，下水汚泥，鉱さい，産業廃棄物処理残さ，廃石綿，ばいじん等で，有害物質の基準値を超えるものが該当する。

特別管理廃棄物は一般廃棄物，産業廃棄物ともに通常の廃棄物より強化された規制が適用される。

7　罰則規定

　環境事犯の筆頭は廃棄物の不法投棄である。

　罰則規定は法改正ごとに強化され，現在は廃棄物の不法投棄や無許可営業，無許可で処理施設を設置する等の行為には5年以下の懲役または1000万円以下の罰金もしくは併科と定められている。また，行為者が処罰されるほか，産業廃棄物にかかる不法行為については，法人にも1億円以下の罰金が課せられる（2003(平成15)年改正では法人が一般廃棄物を不法投棄した場合の罰金の最高額を，1000万円以下から産業廃棄物と同様に1億円に引き上げた）。

　また無許可業者に委託した排出事業者に対しても，同様の罰則が課せられる。

　さらに2003年6月改正で，不法投棄や不法焼却の未遂罪を創設したほか，都道府県の調査権限を強化するとともに，不法投棄問題の広域化に迅速に対応するため国も立ち入り検査ができるようにした。

第5節　資源の有効な利用の促進に関する法律（資源有効利用促進法）

1　法律の目的

　1991（平成3）年に「再生資源の原材料としての利用を促進する」ことを目的とした「再生資源の利用の促進に関する法律」（再生資源利用促進法）が制定された。この法律は，廃棄物の減量や発生抑制，排出抑制という事業者や消費者側の対応，つまり上流対応という考え方をはじめて示した法律である。しかし強制力や実効性という点では不十分であったため，2000（平成12）年6月に「資源の有効な利用の促進に関する法律」（資源有効利用促進法）に全面改正された。

　旧法は業種や製品を指定し，再生資源の利用を促進することが主たる内容

であったが，改正法ではリサイクルよりも発生抑制，再使用の促進を優先する考え方を明確にするとともに，規制内容も対象となる業種や品目も大幅に増えている。

2　制度の枠組み

具体的な義務が課せられる業種・製品については政令で指定を行い，各業界を所管する省庁の主務大臣が，取り組みの基準（判断基準）を主務省令で定め，指導・助言により対象事業者の取り組みを促進していくという仕組みになっている。

対象事業者が判断基準に照らして著しく不十分である場合，主務大臣は判断の根拠を示して勧告を行うことができる。勧告を行っても改善されない場合は，公表できる。それでもなお，事業者の取り組みが改善しない場合は，関係審議会の意見を聴取した後，命令を行うことができる。命令の違反者に対しては罰金50万円が課せられる。

3　指定業種・製品と判断基準

(1)　特定省資源業種

特定省資源業種は，「原材料等の使用の合理化による副産物の発生の抑制及び副産物の再生資源としての利用の促進」に取り組むことが求められる。

パルプ製造業および紙製造業，無機化学工業製品製造業（塩製造業を除く）および有機化学工業製品製造業，製鉄業および製鋼・製鋼圧延業，銅第一次製錬・精製業，自動車製造業（原動機付自転車の製造業を含む）の5業種が指定されている。

判断の基準として，目標の設定，設備の整備，技術の向上，設備の運転の改善や，統括管理者の選任，情報の提供等について規定されている。例えば製鉄業では，生産工程の工夫によってスラグの発生抑制に取り組むとともに，

スラグがセメント，路盤材等の原料として有効利用されるよう，スラグを一定の品質に加工することなどの取り組みが求められる。

特定省資源業種に指定された事業者のうち，生産量が一定規模以上の事業者は，副産物の発生抑制等に関する目標や具体的な取り組み内容を規定した計画を作成し，主務大臣に提出しなければならない。

(2) 特定再利用業種

特定再利用業種は，再生資源または再生部品の利用に取り組むことが求められる。

旧法で特定業種として指定されていた紙製造業，ガラス容器製造業，建設業に加えて，硬質塩化ビニル製の管・管継手の製造業，複写機製造業の5業種が指定されている。

判断の基準として設備の整備，技術の向上，計画の作成，情報の提供等について規定されている。例えば複写機製造業については，使用済みの複写機から部品を取り出し，洗浄・検査等を行った後，新たに製造する複写機の部品として再利用することが求められる。

(3) 指定省資源化製品

特定省資源化製品に指定された製品の製造事業者は，原材料等の使用の合理化，長期間の使用の促進や製品廃棄物の発生の抑制に取り組むことが求められる。

自動車，家電製品（テレビ，エアコン，冷蔵庫，洗濯機，電子レンジ，衣類乾燥機），パソコン，ぱちんこ遊技機（回胴式遊技機を含む），金属製家具（金属製の収納家具，棚，事務用机および回転いす），ガス・石油機器（石油ストーブ，ガスグリル付こんろ，ガス瞬間湯沸器，ガスバーナー付ふろがま，石油給湯機）の19品目が指定されている。

判断の基準として原材料等の使用の合理化，長期間の使用の促進，修理にかかる安全性の確保，修理の機会の確保，安全性等の配慮，技術の向上，事

前評価，情報の提供，包装材の工夫について規定している。例えばパソコンについては，軽量化を推進するとともに，アップグレードが可能な製品の設計・製造等が求められる。

(4) 指定再利用促進製品

　指定再利用促進製品の製造事業者は，再生資源または再生部品の利用の促進，リユースやリサイクルが容易な製品の設計・製造に取り組むことが求められる。

　旧法で第一種指定製品に指定されていた自動車，家電製品（テレビ，エアコン，冷蔵庫，洗濯機），ニカド電池使用機器（電動工具，コードレスホン等の15品目）に加えて，電子レンジ，衣類乾燥機，ぱちんこ遊技機（回胴式遊技機を含む），複写機，金属製家具（金属製の収納家具，棚，事務用机および回転いす），ガス・石油機器（石油ストーブ，ガスグリル付こんろ，ガス瞬間湯沸器，ガスバーナー付ふろがま，石油給湯機），浴室ユニット，システムキッチン，小形二次電池使用機器（電源装置，誘導灯，火災警報設備，電動アシスト自転車，電動車いす，プリンター，ファクシミリ，非常用照明器具，血圧計，電気マッサージ器等）の計50品目が指定されている。

　判断の基準として，原材料や構造の工夫，分別のための工夫，処理にかかる安全性の確保，技術の向上，事前評価，情報の提供，包装材の工夫等について規定している。例えば自動車については，設計・製造段階で分解が容易となる構造上の工夫や再生部品として利用しやすい部品の採用等が求められる。

(5) 指定表示製品

　指定表示製品には，分別しやすいように表示が義務づけられる。

　旧法では，スチール缶，アルミ缶，ペットボトル，小形二次電池（密閉形ニッケル・カドミウム蓄電池（ニカド電池））の表示が義務づけられていたが，容器包装リサイクル法と連携して紙製容器包装，プラスチック製容器包装が

図2-3　指定表示製品の表示

小形二次電池

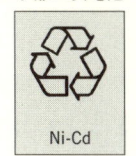

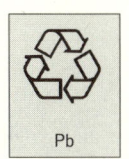

Ni-Cd	Ni-MH	Li-ion	Pb
ニカド電池	密閉形ニッケル水素蓄電池	リチウムイオン蓄電池	小形シール鉛蓄電池

容器包装

アルミ	スチール	紙	プラ	1 PET
アルミ缶	スチール缶	紙	プラスチック	ペットボトル

塩化ビニル製建設資材

∞PVC

追加されたほか，塩化ビニル製建設資材（硬質塩化ビニル製の管・雨どい・窓枠，塩化ビニル製の床材・壁紙），小形二次電池（小形シール鉛蓄電池，密閉形ニッケル・水素蓄電池，リチウムイオン蓄電池の追加）が指定されている。

(6) 指定再資源化製品

指定再資源化製品の製造事業者（輸入事業者を含む）は，自主回収および再資源化に取り組むことが求められる。事業者に使用済み製品の回収を義務づけた規定として，きわめて重要な意味をもっている。

パソコン，小形二次電池が指定されており，二次電池を部品として使用している製品の製造事業者も自主回収が求められる。

判断の基準として，自主回収の実効の確保や実施方法，再資源化の目標に

関する事項が規定されており，パソコンは2003（平成15）年度までに，デスクトップ形50%，ノート形20%，ブラウン管式ディスプレー55%，液晶式ディスプレー55%となっている。

小形二次電池については，ニカド電池60%，密閉形ニッケル・水素蓄電池55%，リチウムイオン蓄電池30%，小形シール鉛蓄電池50%となっている。

指定再資源化製品の製造販売事業者は，主務大臣の認定を受けて，公正取引委員会との意見調整や廃棄物処理法における配慮がなされる。これは共同回収を行う場合に独占禁止法上の配慮をしたり，廃棄物処理法の規制緩和ができることをあらかじめ定めたものである。

(7) 指定副産物

副産物とは廃棄物処理法では産業廃棄物に該当する。指定副産物が発生する業種は，これの再生資源としての利用の促進に取り組むことが求められる。

電気業（発電所）の石炭灰，建設業の土砂，コンクリートの塊，アスファルト・コンクリートの塊，木材の5品目が指定されている。

第6節　個別リサイクル法

1　容器包装に係る分別収集及び再商品化の促進等に関する法律（容器包装リサイクル法）

(1) 制度の枠組み

容器包装リサイクル法（容器包装に係る分別収集及び再商品化の促進等に関する法律）は，輸送，商品の保護，販売促進等の目的で使われるすべての容器包装を対象として，市町村がこれらを分別収集した場合は，製造販売にかかる事業者に引き取らせてリサイクル（再商品化）させようという制度である。

①消費者は分別収集に協力すること，②市町村は容器包装の分別収集に努めること，③事業者は市町村が分別収集した容器包装を再商品化する義務を負うこととなっている。

(2) 分別収集計画と再商品化計画

市町村は各年度における容器包装廃棄物の排出量見込み，分別の対象，施設整備等について3年ごとに5年を一期とする「分別収集計画」を都道府県知事に提出する必要がある。都道府県知事は，これをとりまとめて「分別収集促進計画」として環境大臣に提出し，国はこれに基づいて「再商品化計画」を策定する。再商品化計画では，回収の見込み量に対して，事業者側が再商品化できる量を勘案して再商品化義務量が示される。

(3) 再商品化義務

再商品化は，各事業者が個別に行ってもかまわないが，指定法人に委託することもできる。実際には指定法人が窓口となって，再商品化の技術のある再生資源業者等に市町村から引き取らせることになる。指定法人として飲料メーカーや容器メーカーが設立した財団法人日本容器包装リサイクル協会が指定されている。各事業者は，再商品化にかかるコストを指定法人に支払う。

再商品化の方法は「マテリアルリサイクル」すなわち原材料としての利用が原則で，どうしても原材料として利用できない場合は国が方法を定めることになっている。特別な再商品化の方法としてはガラスびんの他用途（建築材料など）利用，その他のプラスチック製容器包装については，油化，溶鉱炉・コークス炉の還元剤としての利用，その他の紙製容器包装については，製紙原料以外に製紙工程に限って固形燃料化し利用することも認められている。ペットボトルはペレット状に加工するまでを再商品化としており，その先の用途までは定めていない。

なおスチール缶，アルミ缶，牛乳パック，段ボールについては事業者が引き取る義務を免れている。これらは「分別基準適合物」（分別収集したあと，

圧縮して10トン車1台分程度まとめる）の基準を満たす場合には有償で引き取ってもらえることが確実だという理由からである。

(4) 市町村の負担

　容器包装リサイクル法の問題点として，市町村の負担が大きいということが指摘されている。この法律では分別収集は市町村の義務ではなく裁量に委ねられてはいるが，分別収集の経費はすべて市町村が負担しなければならない。

　また，事業者に引き取らせるためには「分別基準適合物」の基準にしたがって，圧縮等の加工をし，一定の量をまとめて保管しておかなければならない。このため，選別・加工のための施設（リサイクルセンター）整備を行うか，その作業を民間に委託する必要がある。この費用もすべて市町村が負担しなければならない。

　ただ，わが国ではかなりの市町村で分別収集が普及しており，こうした取り組みをオーソライズし，事業者の役割を規定したという点では評価できる。

(5) 法律の見直し

　容器包装リサイクル法は，発生抑制という観点からは，これまでは「使い捨て容器」とされてきたものに「リサイクルできる」という免罪符を与えることになり，かえって生産量が増えることにつながる。現実にこの法律の施行以後，ペットボトルの生産量は急増している。また，リターナブル容器を保護育成する仕組みがないことも問題である。

　また，再商品化義務のあるすべての事業者から適切に費用が徴収されているかどうかという問題もある。市町村の負担が大きすぎるという問題も含めて，さまざまな問題が提起されており，改善が必要である。

　法律の附則では，施行10年後に見直すこととなっており，よりよい制度にしていくためにこうした問題点をどう克服していくかが課題である。

2 特定家庭用機器再商品化法（家電リサイクル法）

(1) 制度の枠組み

　特定家庭用機器再商品化法は，販売店による下取りという古くからの慣習を制度化し，販売店に戻った使用済み製品をメーカーに引き取らせることによって部品・素材のリサイクルを図ろうというものである。

　1998（平成10）年12月にエアコン，テレビ，冷蔵庫，洗濯機の4品目が当初の対象機器として指定された。そのため家電リサイクル法と呼ばれている。

(2) 対象機器

　対象は，家電製品を中心とする家庭用機器から，①市町村等による再商品化等が困難であり，②再商品化等をする必要性が特に高く，③設計，部品等の選択が再商品化等に重要な影響があり，④配送品であることから小売業者による収集が合理的であるものを対象機器として政令で指定することとなっている。

　対象として，エアコン，テレビ(液晶はのぞく)，冷蔵庫，洗濯機が指定されている。

(3) 再商品化義務

　小売業者は，自分が販売した対象機器の引き取りを求められたときや，新たな製品を販売するときに同種の対象機器の引き取りを求められたときは，これを引き取らなければならない。つまり消費者が下取りを望んだ場合は，引き取る義務を負うことになる。さらに，引き取ったときは，対象機器の製造業者に引き渡さなければならない。

　製造業者および輸入業者は，あらかじめ指定した引き取り場所において対象機器の引き取りを求められたときは，それを引き取って再商品化する義務を負う。

　なお，再商品化とは部品や材料を新たな製品の原材料または部品として利

用することと，これを燃料として利用することと定められている。再商品化の方法は，国が定める基準に従わなければならない。具体的には以下の基準以上の再商品化（部品・材料のリサイクルのみ。熱回収は当初は含まれない）を行わなければならない。

- エアコン　60％以上
- テレビ　　55％以上
- 冷蔵庫　　50％以上
- 洗濯機　　50％以上

(4) 処理費用の負担

　家電リサイクル法では，小売店が引き取る場合に，再商品化のために必要な費用を排出者に請求できることを定めている。

　料金は，小売業者の引き取り料金（収集運搬料金），メーカーが再商品化するための料金（再商品化等料金）がある。料金徴収の方法として，小売業者が引き取る際に収集運搬料金と再商品化等料金をあわせて徴収する方法と，再商品化等料金を直接メーカーに支払い（郵便局で振り込み「家電リサイクル券」を受け取る），小売業者は収集運搬料金のみを徴収する場合がある。適正にリサイクルされたかどうかを確認するために，小売業者は家電リサイクル券の写しを消費者に交付しなければならない。この券はマニフェスト（廃棄物管理票）を兼ねたものである。

　処理費用をどのように徴収するかは，本法制定時の大きな論点の一つであった。この法律では，料金は排出時に消費者が負担する方式となったが，料金が高額になった場合には不法投棄が増えるといった懸念がある。そのため，販売時点で処理費を上乗せしておく方式がよいとする意見も少なくない。この点については，家電製品の寿命が長いことから将来の処理費の算定が難しいことや，すでに販売されている製品については適用できないこと等の理由から，排出時点での徴収という方式に落ち着いたものである。

　料金はメーカーが自由に設定し，行政は直接的に関与しない。自由競争の

ほうがリサイクルしやすい製品やリサイクル技術開発などの企業努力を促し，料金が安くなるという理由からである。ただしあまり原価とかけ離れている場合は是正勧告することができる。

　メーカーが設定した料金はほぼ横並びで，一部の輸入業者を除いて大手メーカーの料金は一律となっている。ただ，小売業者の引き取り料金にはかなりの幅がある。

表2-2　標準的な再商品化料金

テレビ	冷蔵庫	洗濯機	エアコン
2700円	4600円	2400円	3500円

(5) 市町村の役割

　市町村は従来どおり，粗大ごみとして収集することもできる。市町村が集めた場合は，対象機器を製造業者に引き渡すことができる。この場合は，容器包装リサイクル法とは異なり，市町村が処理費を負担しなければならない。したがって，市町村は排出者から適切な料金を徴収する必要がある。もし，小売店で引き取ってもらうよりも市町村の料金が安ければ，粗大ごみとして排出される量が増大することになる。

3　食品循環資源の再生利用等の促進に関する法律（食品リサイクル法）

(1) 制度の枠組み

　この法律は，生ごみ，調理くず，食品加工残さなどの食品廃棄物の減量とリサイクルの促進を目的とした法律である。飼料・肥料等の原材料となる有用な食品廃棄物を「食品循環資源」と定義し，食品加工や飲食業，旅館業などの食品関連事業者は，食品廃棄物の発生抑制や再生利用に努めなければならない。年間排出量が100トン以上の事業者に義務づけられ，取り組みが不十分な場合には主務大臣は勧告や命令ができる。また堆肥化や飼料化を促進す

るために登録再生事業者制度を設け，廃棄物処理法に基づく廃棄物処理業者の許可を不要としたほか，堆肥，飼料関係法の規制緩和措置を定めている。

(2) 再資源化の方法と目標

再生利用の方法として，堆肥化，飼料化，油脂化，メタン化などがあり，再生利用以外の減量方策としては，脱水，乾燥，発酵や炭化処理による減量化が定められている。

農林水産省では法律に基づいて基本方針を策定しており，2006（平成18）年度までに20％以上を減量・再生利用することを目標として掲げている。

4 建設工事に係る資材の再資源化等に関する法律（建設リサイクル法）

(1) 制度の枠組み

この法律は，建設廃棄物の「分別解体」と資源化を促進する目的で制定されたものであるが，不法投棄される廃棄物のなかで家屋の解体廃棄物が多いことから，これらに網をかけることをねらっている。そのために，対象となる建築物の規模は，解体工事では床面積の合計が$80m^2$，新築または増築の工事については床面積の合計が$500m^2$と政令で指定されている。

解体業者や工事発注者に分別解体を義務づけるとともに，解体工事業者の不法投棄等を抑制するために登録制度を設けた。また発注者の工事届出義務，分別解体のための工事指導，改善命令などが主な内容となっている。

(2) 再資源化の方法と目標

工事受注者は，分別解体等に伴って生じた特定建設資材廃棄物（建設廃棄物のうち政令で指定したもの。①コンクリート，②コンクリートおよび鉄から成る建設資材，③木材，④アスファルト・コンクリートが指定されている）を再資源化しなければならない。法律に基づいて国土交通省が示した基本方

針では，2010（平成22）年の再資源化目標を95％と設定している。

　基本方針では再資源化の方法を次のように示している。①コンクリート塊は再生骨材として，道路等の舗装の路盤材，建築物等の埋め戻し材または基礎材，コンクリート用骨材等に利用。②木材については，チップ化し，木質ボード，堆肥等の原材料として利用。または技術的な困難性，環境への負荷の程度等の観点から適切でない場合には燃料として利用。③アスファルト・コンクリート塊については，再生加熱アスファルト混合物として，道路等の舗装の上層路盤材，基層用材料等に利用。または，再生骨材として道路等の舗装の路盤材，建築物等の埋め戻し材等に利用することを促進する。

　また基本方針では，こうした再生材の利用を促進するために，工事現場で発生する副産物の利用が優先される場合を除き，現場から40kmの範囲内で再生骨材等が入手できる場合は，品質を考慮した上で経済性に関わらずこれを利用することを原則とするとしている。

5　使用済自動車の再資源化等に関する法律（自動車リサイクル法）

(1)　制度の枠組み

　この法律は，自動車メーカー等（輸入業者を含む）に対して，製造または輸入した自動車が使用済みとなった場合，その自動車から発生するフロン類，エアバッグおよびシュレッダーダストを引き取り，リサイクル（フロン類については破壊）を適正に行うことを義務づけた法律である。ただし，被けん引車，二輪車，大型特殊自動車，小型特殊自動車等は対象外である。

　自動車の引き取り業者（販売，整備業者等）は都道府県知事の登録制となる。引き取り業者は所有者から使用済自動車を引き取り，解体業者やフロン類回収業者に引き渡す。

　解体業者，破砕業者（都道府県知事の許可制）は，使用済自動車のリサイクルを適正に行い，エアバッグ，シュレッダーダストを自動車メーカー等に

引き渡す（エアバッグについては，自動車メーカー等に回収費用を請求できる）。

フロン類回収業者（都道府県知事の登録制）はフロン類を適正に回収し，自動車メーカー等に引き渡す（自動車メーカー等にフロン類の回収費用を請求できる）。

リサイクルを適正に行わない関係業者については，都道府県知事が指導，勧告，命令でき，悪質な業者は登録や許可を取り消す。また，無登録，無許可業者には罰則が科せられる。

この法律の完全施行は，公布の日（平成14年7月12日）から2年6か月以内とされている。

(2) 処理費用の負担

リサイクルに要する費用については，所有者に料金の負担を求める。リサイクル料金の負担は，制度施行後に販売される自動車については，新車販売時に価格に上乗せしてあらかじめ徴収する。制度施行時の既販車については，最初の車検時までに徴収することとなっている。リサイクル料金はあらかじめ各メーカーが定めて公表する。これによってメーカー間の競争が生じ，リサイクルの容易な自動車の設計・製造や料金低減が図られることを期待している。また，不適切な料金設定に対しては国が是正を勧告・命令できる。

徴収した料金は，資金管理法人が管理し，メーカーはシュレッダーダスト等のリサイクルにあたり料金の払い渡しを請求できることとする。また，中古車として輸出された等によって返還請求がない場合の剰余金については，不法投棄対策，離島対策等にあてるほかユーザー負担の軽減に活用する。

6 国等による環境物品等の調達の推進等に関する法律（グリーン購入法）

この法律は，2000（平成12）年5月に議員立法で制定された。国や独立行

政法人等の機関が環境に配慮した製品（環境物品）を優先的に購入したり情報提供することによって，環境物品の需要拡大を図ることを目的としている。国は環境物品調達の基本方針を定め，各省庁や独立行政法人の長は基本方針に即して環境物品の調達方針を作成し，その実績を報告しなければならない。

　この法律は国の機関に対して環境物品の優先的な購入を義務づけたもので，都道府県に対しては努力義務規定となっている。また事業者は製品に関する環境情報を提供したり環境ラベルによる情報提供に努めることや，国が適切な情報提供のあり方を検討することを規定している。

第7節　その他の廃棄物関連法

1　特定有害廃棄物等の輸出入等の規制に関する法律（バーゼル法）

　この法律は，有害廃棄物等の国境移動を規制する「バーゼル条約」に基づいて，1993（平成5）年12月に施行された法律で，バーゼル法と呼ばれる。

　バーゼル条約の実施を確保するため，特定有害廃棄物等を輸出する際の輸入国・通過国への事前通告，同意取得の義務づけ，非締約国との有害廃棄物等の輸出入の禁止，特定有害廃棄物等の輸出入業者，運搬業者等に対する立入検査の実施などを定めている。

2　ダイオキシン類対策特別措置法（ダイオキシン法）

　ダイオキシン法は，ダイオキシン類に関する施策の基本となる基準を定めるとともに，必要な規制，汚染土壌に対する対策を定めたもので，2000（平成12）年1月から施行された。

　ダイオキシン法では，耐容一日摂取量（TDI）と大気，水質（水底の底質を

表2-3 ダイオキシン法による環境基準

| 耐容一日摂取量（TDI） | 4 pg-TEQ/体重kg/日 |

環境基準
- 大気 ──── 年平均値 0.6pg-TEQ/m^3以下
- 水質 ──── 年平均値 1 pg-TEQ/L以下
- 土壌 ──── 1,000pg-TEQ/g以下（調査指標250pg-TEQ/g）

注 大気・水質の基準値は，年間平均値とする。

表2-4 廃棄物焼却炉の排ガス中のダイオキシン濃度基準 （単位：ng-TEQ/m^3_N）

特定施設種類	施設規模（焼却能力）	新設施設基準	既設施設基準	
			平成13年1月〜14年11月	平成14年12月〜
廃棄物焼却炉（火床面積が0.5m^2以上，または焼却能力が50kg/h以上）	4 t/h以上	0.1	80	1
	2 t/h-4 t/h	1		5
	2 t/h未満	5		10

注 ng（ナノグラム）＝10^{-9}g（10億分の1g）
　 pg（ピコグラム）＝10^{-12}g（1兆分の1g）
　 TEQ：毒性等量。ダイオキシン類は毒性がそれぞれ異なるので，最も毒性が強いダイオキシンの1種である2,3,7,8-TCDDの毒性を1として換算する。
　 m^3_N：ノルマル立米。ガスの状態は変化が大きいので，0℃，1気圧の状態を基準とする。

含む）および土壌の環境基準のほか，排出ガスおよび排出水に関する規制，廃棄物焼却炉にかかるばいじん・焼却灰の濃度基準，廃棄物最終処分場の維持管理基準，汚染土壌にかかる措置としてダイオキシン類土壌汚染対策地域の指定，国の計画，汚染状況の調査・測定義務，都道府県による常時監視等について定めている。

　なお，岩手県，埼玉県，東京都，岐阜県，三重県，熊本県，川崎市，高知市などの自治体では，法に定める特定施設以外の施設に対して規制する独自のダイオキシン対策条例を制定している。

3 ポリ塩化ビフェニル廃棄物の適正な処理の推進に関する特別措置法（PCB処理特別措置法）

　この法律は，長期にわたり処分されていないポリ塩化ビフェニル廃棄物

（PCB廃棄物）対策を進めることを目的とした法律で，2001（平成13）年7月から施行された。

PCB保管事業者は毎年度，都道府県に保管状況を届けるとともに，15年以内にPCB廃棄物を処分しなければならない。国はPCB廃棄物基本処理計画を策定し，処理体制を整備する。都道府県（または政令市）はPCB処理計画を定め，毎年度，保管状況を公表する。PCB製造事業者は基金への出えん等，適正処理に協力しなければならない。なお，PCB保管事業者が処分命令に違反した場合は，3年以下の懲役または1000万円以下の罰金，またはこれを併科とすると定められている。

第8節　諸外国の法制度

1　ドイツ

ドイツでは1972年に制定された「廃棄物処理法」が1986年に「廃棄物回避と管理法」に改正された。廃棄物回避と管理法は，廃棄物の発生抑制を理念とした法律で，廃棄物の発生抑制が最優先であり，再使用，再生利用が処理処分に優先するという考え方を明確に打ち出した。

1991年には，同法に基づいて「容器包装廃棄物政令」（包装廃棄物の回避についての政令）が施行された。この政令は，容器包装廃棄物の回収とリサイクルを事業者に義務づけたもので，拡大生産者責任の具体的適用の嚆矢として，その後の世界の廃棄物政策に多大な影響を及ぼした。

事業者は容器包装廃棄物を回収するためにDSD（Dual System Deutschland）という会社を設立し，家庭から容器包装を直接回収する仕組みをつくった。容器包装にはグリューネ・プンクト

図2-4　DSDの緑のポイント

(Der Grüne Punkt 緑のポイント）と呼ばれるマークをつけ，容器包装を使用する事業者はマーク使用料をDSDに支払う。DSDはそのお金でマーク付きの容器包装廃棄物を回収しリサイクルする仕組みである。

さらに，1996年10月には「循環経済・廃棄物法」（循環経済の促進及び環境と調和する廃棄物処分の確保に関する法律）が施行された。この法律は使い捨ての経済社会構造から循環型の経済社会構造への変革を図るという基本理念のもとで，生産活動と廃棄物の回避，環境保全の統合を目指すことを明確に打ち出した。

その柱として，「製品を開発，製造，処理・加工，又は販売する者は，循環経済の目標を達成するために生産物責任を負う」と規定され，その責任を遂行するために，製造および使用の際にできる限り廃棄物の発生が少なく，使用後に発生する廃棄物を環境と調和して利用および処分できるように製品を設計しなければならないと定めている。

具体的には，①再使用可能で長寿命かつ，使用後に適正かつ無害に利用でき，環境に調和する処分を行うことができる製品を市場へ提供すること，②利用可能な廃棄物または二次原料を優先的に使うこと，③再利用，適正処分のために有害成分を含んだ製品を表示すること，④再使用，再利用の可能性，デポジット規制等について製品に表示すること，⑤使用済み製品およびその廃棄物を引き取り利用または処分すること，が規定されている。

循環経済・廃棄物法を有効に機能させるために，政令が定められている。政令は大きく二つに分類され，第一の類型のなかには廃棄物処理に関する許可等の内容が含まれ，第二の類型のなかには個別の製品ごとの責任を規定している。包装廃棄物，廃車，廃家電，廃電池などがその代表的なものである。

2　米国

米国の廃棄物に関する法律は1976年に制定された「資源保全再生法」(Resource Conservation and Recovery Act：RCRA) である。実質的に

は各州が廃棄物処理に関する法律を定め，その法律に基づいてカウンティーや市，町などの自治体が処理計画を定め，自治体または委託業者が収集・処理するのが一般的である。

連邦政府は，長期計画を定めて州や自治体の廃棄物対策プログラムに補助金を交付するなどの支援を実施している。

廃棄物政策における連邦政府の主たる役割は有害廃棄物の管理である。RCRAは有害廃棄物の発生から処分まで，つまり「揺りかごから墓場まで」を規制する法律といわれている。わが国でも導入されているマニフェスト制度は，RCRAを参考としている。

また，いわゆる有害廃棄物に汚染された埋立地の浄化のための基金制度として，「スーパーファンド法」（包括的環境対策補償責任法）がある。スーパーファンド法は，有害物質によって汚染されている埋立地などの施設が見つかった場合，汚染者負担原則に基づいて浄化費用を関与したすべての責任当事者に負担させること，さらに当事者が特定できない場合や特定できても浄化費用を負担する能力がない場合に，この基金を使って汚染サイトの浄化作業を進めることを目的としている。

米国では容器包装のデポジット制度が知られているが，これは州法である。1970年代にオレゴン州が「びん法」（Bottle Bill）を制定して，デポジット制度を導入したことを契機に，現在は9州で導入されている。

3 韓国

韓国の法律は，日本と同じような経緯をたどって拡充されてきた。1961年にはじめて廃棄物管理のための法律として「汚物掃除法」が制定されたが，わが国の清掃法と同様に産業廃棄物についての法的な管理や規制は定められなかった。そのため1973年に汚物掃除法の改正が行われるとともに，1977年には産業廃棄物の管理強化と汚染物質の排出賦課金を柱とする「環境保全法」が制定された。これによって，生活系のごみは汚物掃除法，産業廃棄物は環

境保全法という二本立ての法律で廃棄物対策が進められてきた。

　その後，1980年代後半から「再活用（リサイクル）」の概念が取り入れられ，1986年に「廃棄物管理法」が制定された。1991年にはこの法律が大幅に改正され，リサイクル，減量化，デポジット制度，埋立地の事後管理制度など，新たな施策が取り入れられるとともに，1992年には「資源の節約と再活用促進に関する法律」が制定されている。

　これらの法律によって，レジ袋の有料化や，ホテル，百貨店等などの使い捨て製品の規制が行われているほか，タイヤ，家電製品，プラスチック製品等に預置金制度が導入されている。

　韓国では1995年に大幅な地方分権改革が行われ，国から地方自治体への権限の委譲が行われた。また発生地処理原則が導入され，自治体内での処理が原則とされるようになった。そのために都市計画等の開発計画時に，廃棄物処理施設の計画を義務づけるとともに処理施設の立地選定への住民参加を法制化し，施設周辺住民に対する支援を行うために，1995年に「廃棄物処理施設設置促進および周辺地域支援等に関する法律」が制定されている。

（山本耕平）

参考文献
- 東京都編：東京都清掃事業百年史（2000）
- 神戸市編：再版 神戸市史（1937）
- 国際比較環境法センター編：主要国における最新廃棄物法制，㈳商事法務研究会刊（1998）
- 在日ドイツ商工会議所：社会を変えるか－ドイツの循環経済・廃棄物法（1997）
- 朴正漢ほか：韓国における廃棄物管理システムの分析，廃棄物学会誌Vol.13, No. 4（2002）

第3章
ごみ処理と資源化の技術

第1節 わが国におけるごみ処理の全体像

1 わが国のごみ処理の特徴と実情

　図3-1-1に示すように，わが国のごみ処理（一般廃棄物）において焼却処分が大きな割合を占めるという特徴は，わが国の国土条件によるものが大きい。国土の狭小さから埋立処分場の確保が難しく，無害化，減容化が必要であり，高温多湿の気候のため，衛生的な処理をすることが大きな目的であった。これは，図3-1-2に示す諸外国の事例と比べても顕著である。参考に，図3-1-3に産業廃棄物における処理状況を示す。これらの時代的な経緯については，第1章に詳細に述べられているので，そちらに譲る。

　図3-1-4および図3-1-5に2000（平成12）年度における一般廃棄物および産業廃棄物の処理の流れと収支を示す。一般廃棄物の処理方法の推移をみると，焼却処理の割合がさらに増えているが，これは近年の最終処分場の逼迫による処理方法の見直しから，直接埋立処分の割合が減少しているためである。また，リサイクルの浸透により直接資源化も増加している。

　図3-1-6と図3-1-7に一般廃棄物焼却処理施設の運転方式別の施設数と処理能力の推移を示す。小規模で間欠運転方式の小型炉が，施設数で7割

図 3-1-1　ごみ処理方法の推移

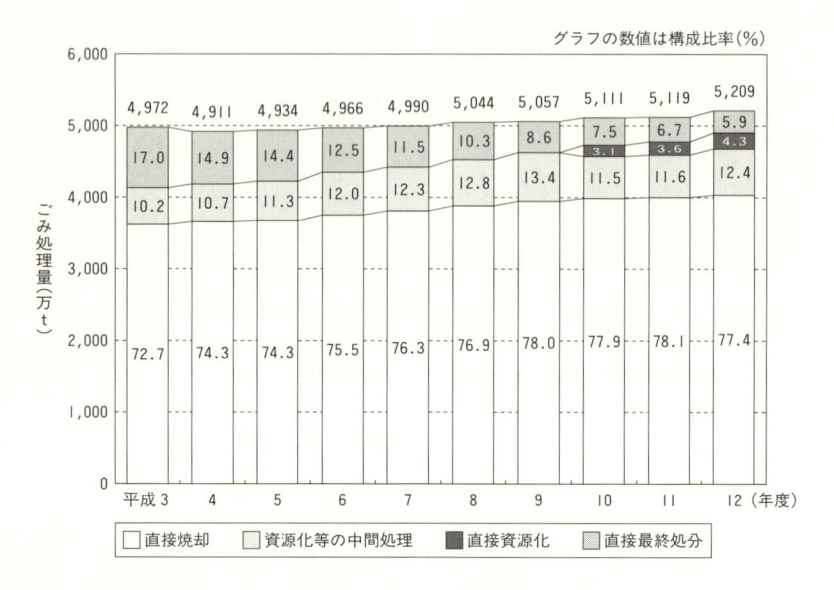

グラフの数値は構成比率(%)

年度	総量	直接焼却	資源化等の中間処理	直接資源化	直接最終処分
平成3	4,972	72.7	10.2		17.0
4	4,911	74.3	10.7		14.9
5	4,934	74.3	11.3		14.4
6	4,966	75.5	12.0		12.5
7	4,990	76.3	12.3		11.5
8	5,044	76.9	12.8		10.3
9	5,057	78.0	13.4		8.6
10	5,111	77.9	11.5	3.1	7.5
11	5,119	78.1	11.6	3.6	6.7
12	5,209	77.4	12.4	4.3	5.9

図 3-1-2　都市ごみの処理・処分（Disposal of MSW）

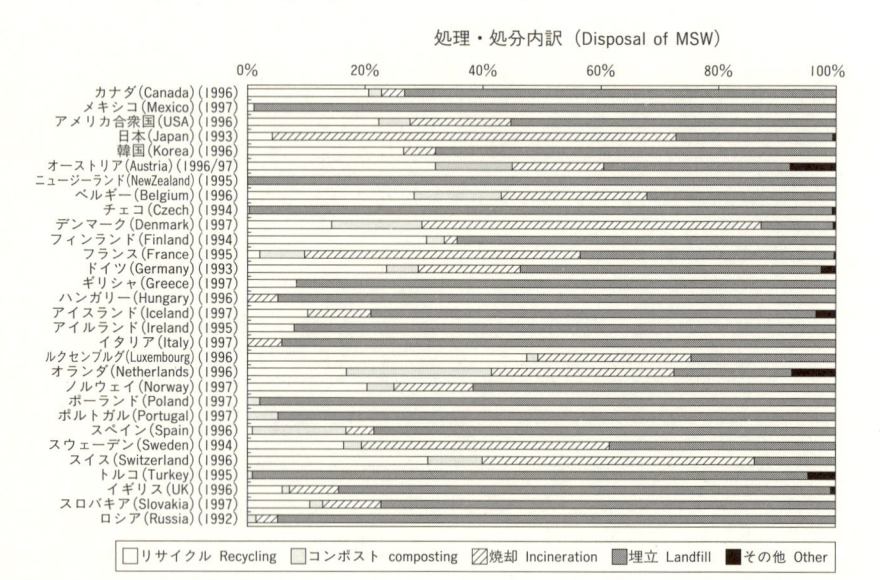

処理・処分内訳（Disposal of MSW）

カナダ (Canada) (1996)
メキシコ (Mexico) (1997)
アメリカ合衆国 (USA) (1996)
日本 (Japan) (1993)
韓国 (Korea) (1996)
オーストリア (Austria) (1996/97)
ニュージーランド (NewZealand) (1995)
ベルギー (Belgium) (1996)
チェコ (Czech) (1994)
デンマーク (Denmark) (1997)
フィンランド (Finland) (1994)
フランス (France) (1995)
ドイツ (Germany) (1993)
ギリシャ (Greece) (1997)
ハンガリー (Hungary) (1996)
アイスランド (Iceland) (1997)
アイルランド (Ireland) (1995)
イタリア (Italy) (1997)
ルクセンブルグ (Luxembourg) (1996)
オランダ (Netherlands) (1996)
ノルウェイ (Norway) (1997)
ポーランド (Poland) (1997)
ポルトガル (Portugal) (1997)
スペイン (Spain) (1996)
スウェーデン (Sweden) (1994)
スイス (Switzerland) (1996)
トルコ (Turkey) (1995)
イギリス (UK) (1996)
スロバキア (Slovakia) (1997)
ロシア (Russia) (1992)

□リサイクル Recycling　□コンポスト composting　▨焼却 Incineration　▨埋立 Landfill　■その他 Other

第3章 ごみ処理と資源化の技術 81

図3-1-3 産業廃棄物の再生利用量, 減量化量, 最終処分量

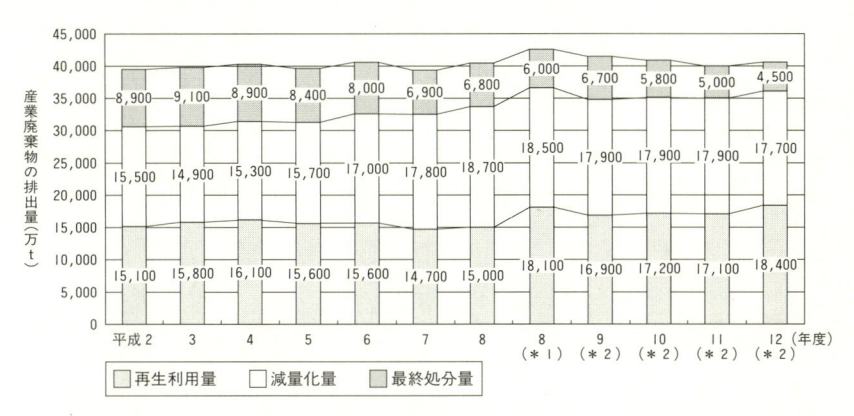

産業廃棄物の排出量(万t)

年度	平成2	3	4	5	6	7	8	8(*1)	9(*2)	10(*2)	11(*2)	12(*2)
再生利用量	15,500	14,900	15,300	15,700	17,000	17,800	18,700	18,500	17,900	17,900	17,900	17,700
減量化量	8,900	9,100	8,900	8,400	8,000	6,900	6,800	6,000	6,700	5,800	5,000	4,500
最終処分量	15,100	15,800	16,100	15,600	15,600	14,700	15,000	18,100	16,900	17,200	17,100	18,400

注 *1 「廃棄物の減量化の目標量」(平成11年9月28日政府決定)における平成8年度の数値を示す。
　 *2 平成9年度以降の排出量は*1と同様の算出方法を用いて算出している。

図3-1-4 全国のごみ処理のフロー(平成12年度)

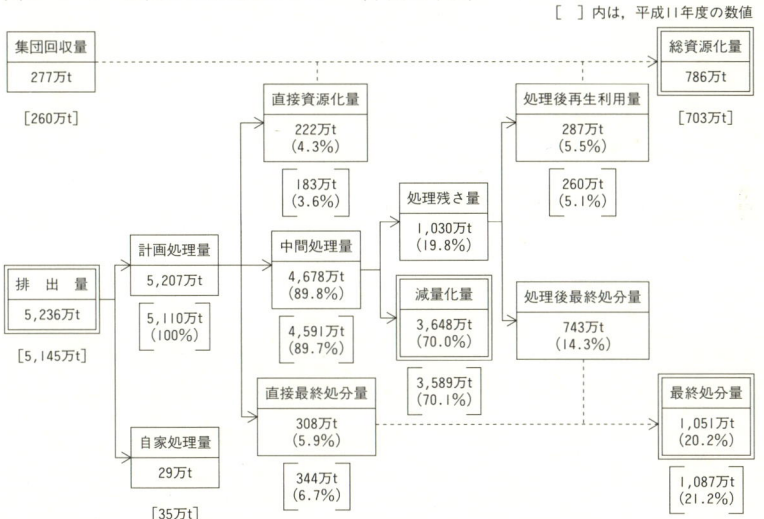

[ ]内は, 平成11年度の数値

集団回収量 277万t [260万t]

排出量 5,236万t [5,145万t]
　計画処理量 5,207万t
　　5,110万t (100%)
　自家処理量 29万t [35万t]

直接資源化量 222万t (4.3%)
　183万t (3.6%)

中間処理量 4,678万t (89.8%)
　4,591万t (89.7%)

直接最終処分量 308万t (5.9%)
　344万t (6.7%)

処理残さ量 1,030万t (19.8%)

減量化量 3,648万t (70.0%)
　3,589万t (70.1%)

処理後再生利用量 287万t (5.5%)
　260万t (5.1%)

処理後最終処分量 743万t (14.3%)

総資源化量 786万t [703万t]

最終処分量 1,051万t (20.2%)
　1,087万t (21.2%)

注1 計算誤差等により, 「計画処理量」とごみの総処理量(=中間処理量+直接最終処分量+直接資源化量)は一致しない。
注2 減量処理率(%)=〔(中間処理量)+(直接資源化量)〕÷(ごみの総処理量)×100
注3 「直接資源化」とは, 資源化等を行う施設を経ずに直接再生業者等に搬入されるものであり, 平成10年度実績調査より新たに設けられた項目。平成9年度までは, 項目「資源化等の中間処理」内で計上されていたと思われる。

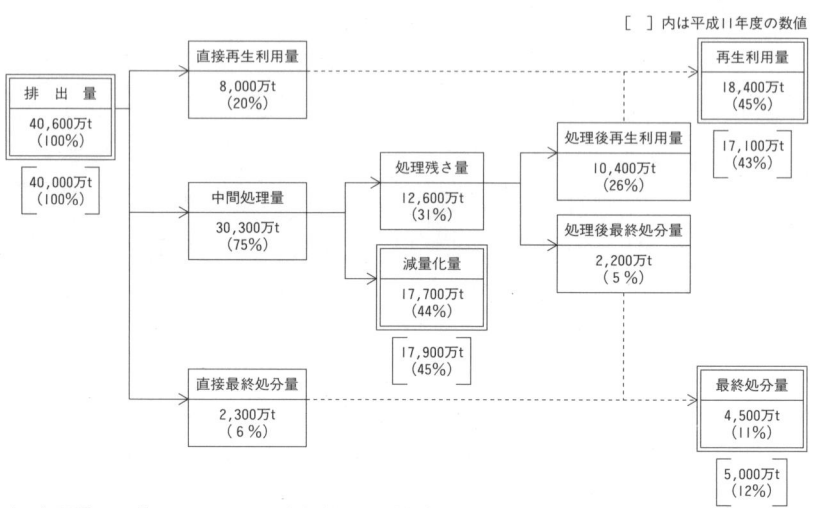

図3-1-5 全国の産業廃棄物処理のフロー（平成12年度）

［　］内は平成11年度の数値

排出量
40,600万t
(100%)

40,000万t
(100%)

直接再生利用量
8,000万t
(20%)

中間処理量
30,300万t
(75%)

処理残さ量
12,600万t
(31%)

減量化量
17,700万t
(44%)

17,900万t
(45%)

処理後再生利用量
10,400万t
(26%)

処理後最終処分量
2,200万t
(5%)

直接最終処分量
2,300万t
(6%)

再生利用量
18,400万t
(45%)

17,100万t
(43%)

最終処分量
4,500万t
(11%)

5,000万t
(12%)

注　各項目量は，四捨五入してあるため，収支が合わない場合がある。

を占めることもわが国におけるごみ処理の特徴の一つである。これは，一般廃棄物の処理責任を市町村が負っていることによる。しかし，ダイオキシン類発生量抑制のため，近年大型炉への集約を目指したことにより，小型炉の施設数は減少し，大型炉の処理能力割合が増加していることが，その推移でわかる。

　欧米では埋立処分が大半を占めている。これは，国土条件的に埋立処分場が得やすいこともあるが，ダイオキシン類の規制に代表される，いち早くからの環境規制の厳しさが，焼却施設の建設を抑制させた結果である。しかし，特にヨーロッパでは，わが国のように，ごみは処分すべき汚物ではなく，石炭と同様の燃料という認識があり，ダイオキシン類の問題が発生するまでは，焼却による積極的な熱利用が行われていた。埋立による土壌地下水の汚染から，近年のヨーロッパでは有機物の直接埋立が禁止され，一時の焼却方式抑制から転じて高度な排ガス処理機能を備えた焼却施設の建設が見直されてきている。

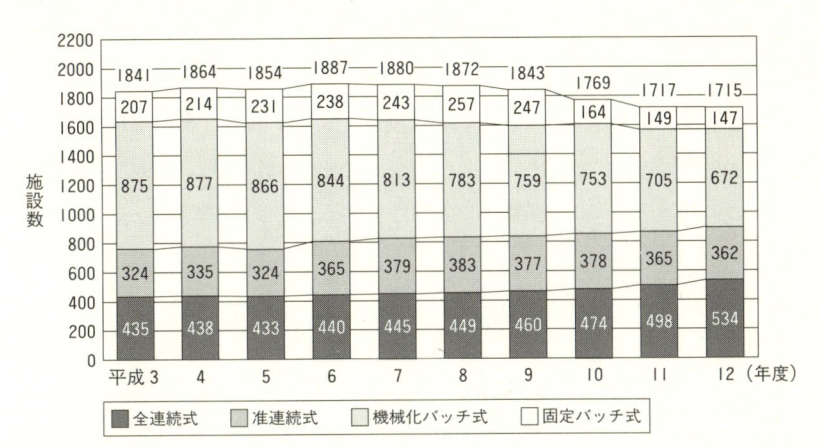

図3-1-6 ごみ焼却施設数（着工ベース）の推移

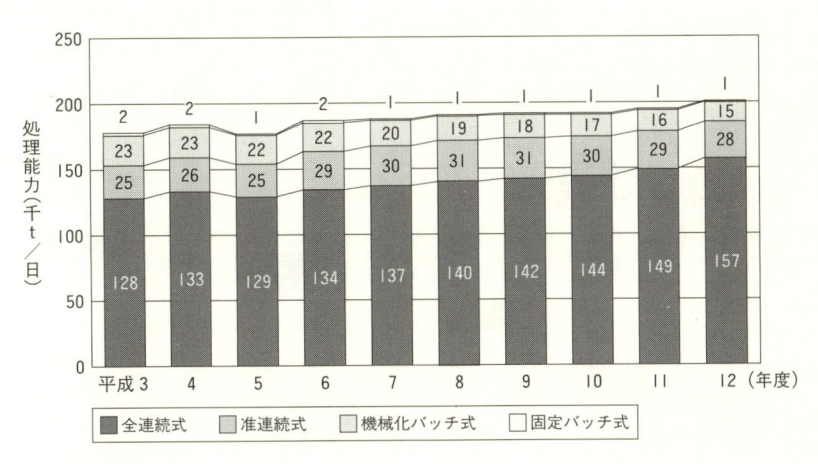

年度	全連続式	准連続式	機械化バッチ式	固定バッチ式	計
平成3	435	324	875	207	1841
4	438	335	877	214	1864
5	433	324	866	231	1854
6	440	365	844	238	1887
7	445	379	813	243	1880
8	449	383	783	257	1872
9	460	377	759	247	1843
10	474	378	753	164	1769
11	498	365	705	149	1717
12	534	362	672	147	1715

図3-1-7 ごみ焼却施設種類別能力（着工ベース）の推移

年度	全連続式	准連続式	機械化バッチ式	固定バッチ式
平成3	128	25	23	2
4	133	26	23	2
5	129	25	22	1
6	134	29	22	2
7	137	30	20	1
8	140	31	19	1
9	142	31	18	1
10	144	30	17	1
11	149	29	16	1
12	157	28	15	1

(処理能力：千t/日)

2 わが国のごみ処理技術の全体概要

　前述したように，わが国のごみ処理は中間処理を行うことが基本である。一方，地域によっては，埋立処分場に十分余力のあるところもある。しかし現在，わが国全体で目指す循環型社会の形成においては，発生したごみは資

源ととらえ，中間処理して再資源化することが必要である。

　収支的な処理フローは，図3-1-4および図3-1-5に示したが，その技術の適用をここで概説する。さらに次項以降でその詳細について述べる。図3-1-8に全体の処理プロセスを示す。

　収集・運搬プロセスでは，通常小型車両による個別の収集運搬が行われている。これはエネルギー効率の低い方法であり，新規開発されたニュータウ

図3-1-8　ごみ処理施設フロー

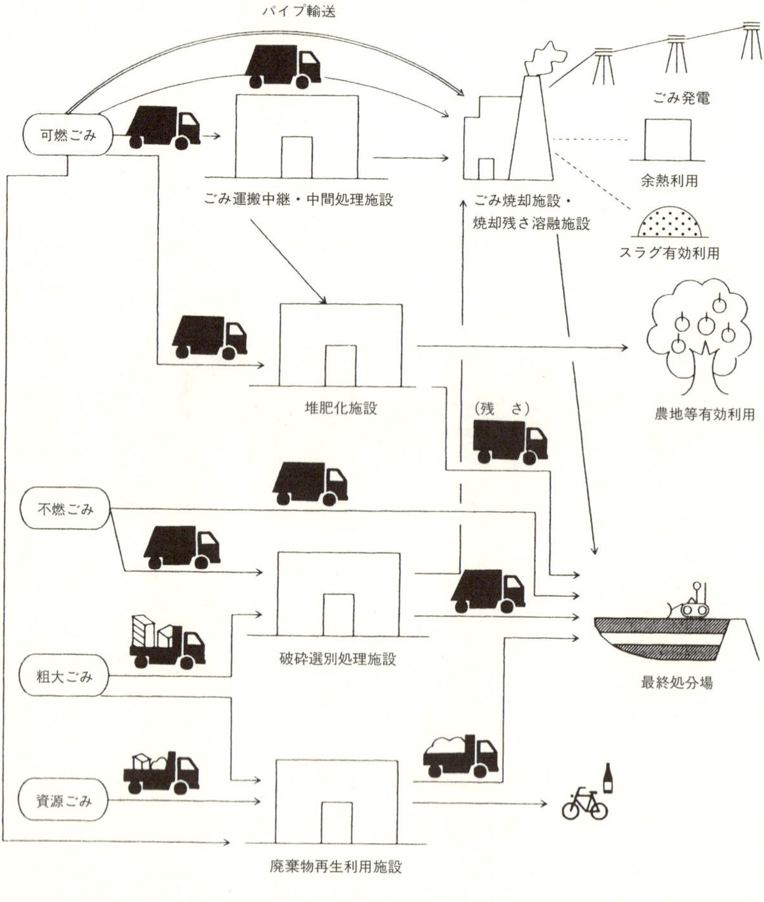

ン等では，効率的な管路収集が行われているところもある。しかし，計画量に対し実際の収集量が合わず，逆に非効率的になっているところが多い。

中間処理施設までの距離が長い場合や，収集範囲が広い場合，輸送効率を考慮して，積替中継施設を設け，圧縮・梱包して大型車に積み替え，二次輸送することもある。場合によっては，中継施設に中間処理機能を付加し，ここで選別処理を行うこともある。

中間処理プロセスとしては，可燃ごみは焼却・溶融やガス化溶融などの熱処理プロセスへ送られ，熱処理の過程で出る廃熱は回収され，発電や温水プールなどに余熱利用される。焼却残さの溶融処理やガス化溶融で得たスラグは，道路路盤材料やコンクリートの骨材に活用されることを目的としている。焼却残さは，再利用先がない場合，例外的にそのまま埋立処分されることがある。

可燃ごみを熱分解ガス化，改質する燃料ガス化，RDFや炭化処理などの固形燃料化，有機性ごみを対象としてメタン発酵など，直接燃料化するプロセスも最近は実機が増えてきた。また一部では，堆肥化して農地に還元される。

不燃ごみや粗大ごみは，破砕選別処理を行って，素材資源の回収を行い，残りの可燃性残さは熱処理プロセスへ回し，不燃残さは埋立処分や溶融処理を行う。資源ごみは，リサイクルプラザなどの廃棄物再生利用施設へ送り製品として再利用したり，資源として再生したりする。

最終処分である埋立には，焼却残さや不燃残さなど再利用資源化しないものを送ってきた。しかし，埋立処分場の残余年数の逼迫から，さらなる再資源化を目指す溶融処理技術が発展・普及した。究極的には，埋立処分場の不要な循環型の全体プロセスが必要となる。

ごみ処理の技術は，それぞれの時代に要求される目的に合致するように，またその時代のごみ質に適用するように発展してきた。さらに，環境保全の要請から大気，水質，土壌，地下水など各汚染や騒音，振動公害に対応するために，二次公害防止技術が発展してきた。例えば，埋立処分の際における重金属溶出が問題となり，溶出防止技術が必要となったが，そのなかの溶融

技術は，処分後のスラグの資源化とあわせ近年発展した。さらに，埋立処分場においては，遮水工や浸出水処理技術が挙げられる。また，焼却処理施設の排ガス処理施設は，大気汚染防止法の改正に先んじるように，度重なる改良をしてきた。近年におけるダイオキシン類排出抑制技術の普及はその典型である。

　ごみは資源であり，その物質的，熱的な資源回収技術も大きく発展してきた。特に焼却処理における廃熱回収技術の開発は，産官学で大規模に行われた。しかし，一方，ごみ処理施設は迷惑施設として受け取られ，周辺住民の受け入れを困難にしてきた。そのため，自治体の建設する一般廃棄物処理施設の建築仕様やアメニティおよび還元施設の発展は，わが国特有のものである。これからは，最終処分場の跡地利用における安全性確保の技術が必要とされるなど，循環型社会における，安全性と効率向上が課題となる。

（三村正文）

参考文献

- 環境省：一般廃棄物の排出および処理状況等（平成12年度実績）について（2003）
- 環境省：産業廃棄物の排出および処理状況等（平成12年度実績）について（2003）

第2節　ごみの収集システムと技術

1　分別収集と排出の形態

(1)　ごみの分別

　ごみを種類ごとに分けることを「分別（ぶんべつ）」といい，分別の区分ごとに排出し，収集することを分別収集という。一般には，焼却処理するごみを「可燃ごみ」（燃えるごみ，普通ごみ等いろいろな呼称がある），直接焼却しないごみを「不燃ごみ」（同じく埋立ごみ，分別ごみ等の呼称がある）に分別して収集している。また，特殊な処理を必要とするごみとして，粗大ごみ，有害ごみを分別している市町村が多い（図3-2-1）。

　可燃ごみ，不燃ごみを分別せずに収集することを「混合収集」という。横浜市など大都市の一部では混合収集が行われている。

　わが国では衛生的観点から焼却処理が発展してきたため，古くから焼却するものとしないものの分別収集が行われてきた。埋め立てが処理の主流である欧米では混合収集が多い。分別の目的は後の処理を容易にすることであり，その意味では処理の一部である。

　焼却，埋め立てという処理目的別の分別（処理分別）に対して，資源化を

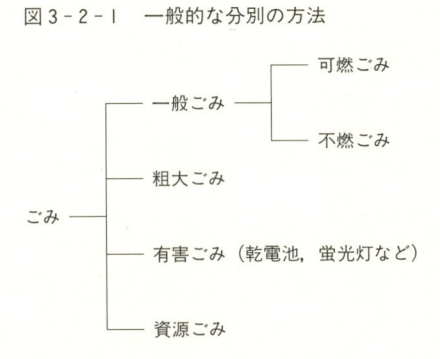

図3-2-1　一般的な分別の方法

```
                    ┌─ 可燃ごみ
         ┌─ 一般ごみ ─┤
         │          └─ 不燃ごみ
         │
ごみ ─────┼─ 粗大ごみ
         │
         ├─ 有害ごみ（乾電池，蛍光灯など）
         │
         └─ 資源ごみ
```

目的とした分別収集（資源化分別）がある。資源化分別は資源化対象物の回収を容易にするための分別で，資源化対象物を混合して収集し，資源化施設で選別する方法と，資源化対象物を品目別に細かく分別して収集する方法，その中間の方法などがあり，バラエティに富む。処理分別と資源化分別を組み合わせると，極めて多様な分別のタイプになる。

環境省の統計によると，分別の区分を11種類以上としている市町村は1,027にものぼる（表3-2-1）。

表3-2-1　ごみの分別の状況（平成12年度実績）

分別数（種類）	1	2	3	4	5	6	7	8	9	10	11以上
市町村数	2	48	164	257	389	277	300	280	259	225	1027
1人1日当たり排出量（g/人・日）	1277	912	998	922	931	937	898	830	892	891	864

出典　環境省：日本の廃棄物処理 平成12年度版（2003）

資源化分別は，1970年代半ば頃から沼津市や善通寺市などの中小都市から広がった。空き缶，リユースびん，ワンウェイびん，古紙，ボロ等の分別収集が行われはじめ，全国に普及していった。こうした市町村の資源化分別収集の普及が「容器包装リサイクル法」制定の背景にある。日本の資源化分別収集は米国で取り入れられ，「カーブサイド・リサイクリング」（curb-side recycling）として定着している。カーブとは道路の縁のことである。

何をどのように分別するかは市町村の裁量による。同じプラスチックでも「可燃ごみ」としているところもあれば「不燃ごみ」に分別しているところもある。「粗大ごみ」として取り扱う大きさもさまざまである。分別の違いはそれぞれのごみ処理の方法や施設の能力等の違い，ごみ問題に対する考え方や施策などが要因であるが，一般市民にとってはわかりにくい状況であることは否めない。

特にユニークな例をいくつか紹介しておこう。鎌倉市では焼却するごみを減量するために，庭木の剪定枝やミックスペーパー（新聞，雑誌，段ボール以外の雑紙）を分別収集している。富良野市では堆肥化を行っているために

「生ごみ」「枝草類」という分別を設けているほか，「衣類・革製品・ゴム製品・アルミ箔・新聞雑誌類にあてはまらない紙類・固めた油やしみこませた油・掃除機ごみ・吸殻・角材や板，合板」などを「固形燃料ごみ」に分別している。また水俣市は資源を極めて細かく分別して排出することになっており，ごみの分別も含めて数えると23分別を行っている。

(2) ごみステーション

分別収集は分別の区分と排出の形態によっていろいろなパターンがある。まずごみを排出する場所によって，ステーション方式と戸別方式に大別できる。

ステーション方式とは，数十世帯単位にごみを排出する場所(ごみ集積所，ごみステーション等と呼ばれている)を決め，そこに決められた日に決められた時間内にごみを出す方式である。一般に東京などの戸建て住宅地では20～30世帯に1か所程度が標準的である。ステーションの場所は道路や空き地の一角が使われるが，新興住宅地や計画的に開発された住宅地では，要綱や行政指導によって専用のスペースを設置させている市町村が多い。また団地やマンションでは棟に1～2か所，専用のスペースが設けられているのが一般的である。

ステーションの配置や規模は，収集車が入れるように道路幅員が十分かどうか，効率的な収集ルートが設定できるかどうか，周囲の美観や景観上の問題はないかどうか等の要素を勘案して決める必要がある。

資源のステーションは，ごみステーションより規模が大きい場合もある。分別が細かくなるほど排出量が少なく，収集効率が悪くなるためである。またごみと資源をきちんと分別させるために，あえてステーションを分けるという理由もある。

ステーション方式に対して，戸別に収集する方法もある。戸別収集は粗大ごみでよくみられる方法であるが，一般ごみでも戸別収集している例もある。戸別収集は収集効率が悪い反面，各家の前にごみを出すために分別が徹底さ

れるという利点がある。

　その他の方式として，資源の収集では拠点回収と呼ばれる方式がある。これは常時資源物を投入できるコンテナ等を設置しておく方法である。ヨーロッパでは資源の回収はもっぱらこうした方法で行われており，市街地の歩道や駐車場等に大型コンテナを設置して，市民がそこまで資源物を持っていくという方法をとっている。

　ごみの収集頻度も市町村によってさまざまである。可燃ごみが週2回，不燃ごみが週1回程度が標準的な回数である。

(3)　資源の分別方式

　資源化分別収集の方法を類型化すると，「多品目分別収集」と資源を一括して排出する「資源一括収集」に大別される。

　多品目分別収集は，空き缶，リユースびん，ワンウェイびん，ペットボトル等の資源化対象物を品目ごとに分けて排出し，収集する方式である。品目ごとに回収日を変えている市町村もある。この方式では異物の混入が少なく，高品質の資源が回収できるという利点がある反面，市民の手間がかかる，収集効率が悪いというデメリットもある。

　資源一括収集は，空き缶，空きびん，ペットボトル等を一括して袋に入れて排出し，収集する方式である。市町村によっては古紙，ボロ等も一緒にしているところもある。収集した資源は資源化施設で手作業と磁力選別等の機械選別を行う必要がある。収集効率は高いものの，ごみが混じったり資源が汚れたり割れたりしやすい。また収集後の選別が不可欠で，そのための設備投資やランニングコストが高くつく等のデメリットがある。

　これらを組み合わせた方式もある。空き缶と空きびんは一括で回収し，ペットボトルは単独で分別する等，いろいろな組み合わせがある。

(4)　ごみの排出・収集のための容器

　ごみは通常は袋で排出し，そのまま収集する。ごみ袋には紙製の袋とポリ

エチレン製の袋がある。焼却時の発熱量を抑えるために炭酸カルシウム入りのポリ袋や半透明，透明，色つきなどいろいろな種類のものが使われている。

東京23区ではかつては蓋付きのポリ容器で排出することを原則としていたが，各家庭で収集後の容器を片づけることができなくなり，事実上袋収集になっている。全国的にも容器排出は，事業ごみ以外はあまりみられなくなっている。しかしごみ袋での排出は美観を損ねることや，カラス等が袋を破ってステーションが汚れる等の問題もある。

欧米では各戸ごとに容器排出している都市が多いようである。容器は自治体が貸与し，容器の大きさによって料金が異なる。ただし，こうした方法では料金を徴収する事務が発生するというデメリットがある。わが国ではごみ収集の有料化をしている自治体では，袋に料金を賦課して徴収している例が多い。排出量に応じて料金を支払うことになり，負担の公平にもかない，料金徴収事務が軽減されるというメリットがある。

集合住宅等での収集方式として，ステーションに1～2m³程度のコンテナを設置して，そこに袋のままごみを投入するという方法もある。市街地にこうしたコンテナを配置して，常時ごみが投入できるようにしているところもある。

コンテナはクレーンやコンテナ傾倒装置を付けた収集車で収集するため，収集効率は高いが，コンテナの維持管理が必要なことや常時ごみが出せるために分別が悪くなる等の問題もある。

(5) 資源化分別のための容器

資源化分別収集では容器の使い方がポイントとなる。一括収集では通常は袋が用いられるが，多品目収集ではプラスチックコンテナが使われることが多い。資源の分別に使われるコンテナはビールケースほどの大きさのものが一般的であるが，折りたたみ式のものやプラスチック製のバッグ，ネット製のバッグなど多様な容器が使われている（写真3-2-1，3-2-2）。

袋で排出してそのまま収集する方法は収集効率は高いが，選別施設で袋を

破る（破袋）工程が必要となり，選別の効率は落ちる。また中身が見えにくいために，分別が悪くなる傾向がある。

　コンテナでの収集は，コンテナごと収集したり中身だけを収集する方法がある。いずれの方法でも袋収集より効率が落ちる。またステーションにコン

写真3-2-1　コンテナと鉄製のかごを利用した空き缶・空きびんの収集

写真3-2-2　網袋を利用したペットボトル収集

テナを配布する手間がかかるというデメリットもある。しかし分別の種類ごとにコンテナを色分けしたりすることで，表示の効果があり分別が徹底する。また収集後の選別の効率が高く，資源の質も高いというメリットがある。

　資源化分別収集では排出のための容器をうまく使いこなすことが，効率的なシステム設計上のポイントとなる。

2　収集・運搬の機材と技術

(1) 収集車両

　ごみの収集には一般にパッカー車が用いられているが，粗大ごみや資源の収集には，カーゴ車(平ボデー車)，ダンプ車，リフト付き車両，クレーン付き車両，資源分別収集用の専用車等，多様な車両が使われている。

① パッカー車

　パッカー車は機械収集車とも呼ばれ，一般ごみや粗大ごみの収集に最も多く使用されている。構造的には，投入物を搔き込むパッカー部と投入物を圧縮して貯める貯留部から成っている。ごみを圧縮して積載するため，収集効率を高めることができる。

　パッカー車はパッカー部の構造によって，「回転板式」と「圧縮板式」に分けられる。回転板式は投入されたごみを回転板ですくい上げて貯留部に押し込むようになっており，連続的にごみを投入できるために一般の可燃ごみや不燃ごみに使われている（図3-2-2）。

　圧縮板式は投入されたごみを圧縮・破砕しながら貯留部に詰め込むようになっており，粗大ごみや空き缶など比較的かさばるものの収集に使われている（図3-2-3）。

　またパッカー車では積み込んでいるごみの排出方法についても選択が可能である。排出の構造にはダンプ排出方式，水平押し出し方式がある。ダンプ式はパッカー部を上に跳ね上げた後，荷台を傾けて排出する。水平押し出し式は貯留部の押し出し板でごみを押し出す方式である。ごみを下ろす場所の

図 3-2-2　回転板式収集車の構造

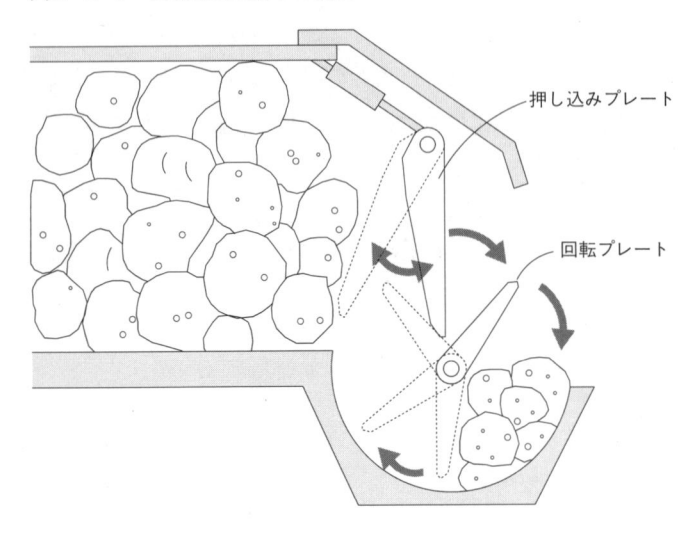

押し込みプレート

回転プレート

図 3-2-3　圧縮板式収集車の構造

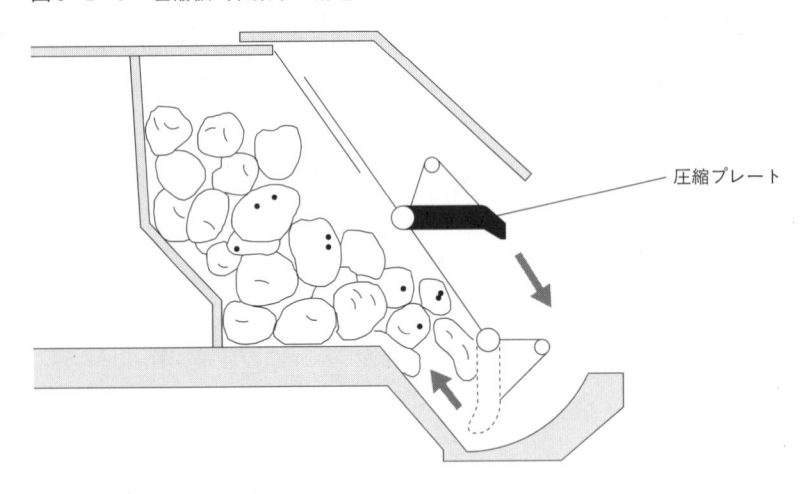

圧縮プレート

　天井高や内容物によって，適切な排出方式を選択することになる。
　パッカー車にはコンテナ傾倒装置などのアタッチメントを装着することができる。コンテナ傾倒装置は，小型のごみ容器を持ち上げて傾倒させ，中の

ごみを自動的にパッカー部に投入する装置で，主として事業ごみの収集に使われている。

② カーゴ車

カーゴ車は平ボデー車あるいは単にトラックと呼ばれることもある車で，産業活動に最も広く使われている。ごみの収集に利用する場合は積載効率を高め，荷崩れを防止するために高いあおり（側壁）をつけることが多い（写真3-2-3）。

資源をコンテナごと収集する場合はもっぱらこの種類の車両が用いられる。リフトやクレーンを付けて積み込みやすくした車もよく用いられる。

③ その他の車両

産業廃棄物やごみの中継輸送，焼却灰の輸送等では着脱ボデー車がよく用いられる。着脱ボデー車とは，走行する部分（キャリア）と荷台（大型コンテナ）が分離できるタイプの車両である。ヨーロッパ等では資源収集のために駐車場などにこれを設置している例がよくみられる。

その他，資源分別収集用の車両も開発されている。空き缶選別・圧縮機を積載した車両，1台で数種類の資源を積載できる車両等がある。こうした車両は価格が高いことや汎用性がないためにデモンストレーション用以外では

写真3-2-3　あおりをつけた平ボデー車

ほとんど普及していない。

(2) 中継施設

　中継施設とは収集したごみを大型の車両に積み替える施設のことで，収集場所から処理施設までの距離が遠い場合に，収集効率を高める目的で設置される。東京など大都市で行われている方法であるが，広域処理が進むと搬送距離が遠くなるため，中継施設は増えてくるものと考えられる。

　中継施設としては，ごみ焼却炉のようにごみを貯留するピットを設けて，クレーンで大型車に積み込むピットアンドクレーン式や，コンテナに圧縮して積み込むコンパクタ式などがある。

　コンパクタ式はごみを受け入れるホッパに収集車から投入されたごみを，コンテナに圧縮して積み込む施設である。受け入れからコンテナへの積み込みまですべて自動で行うため，安全で衛生的である（図3-2-4）。

図3-2-4　ごみ中継施設（コンパクタ式）

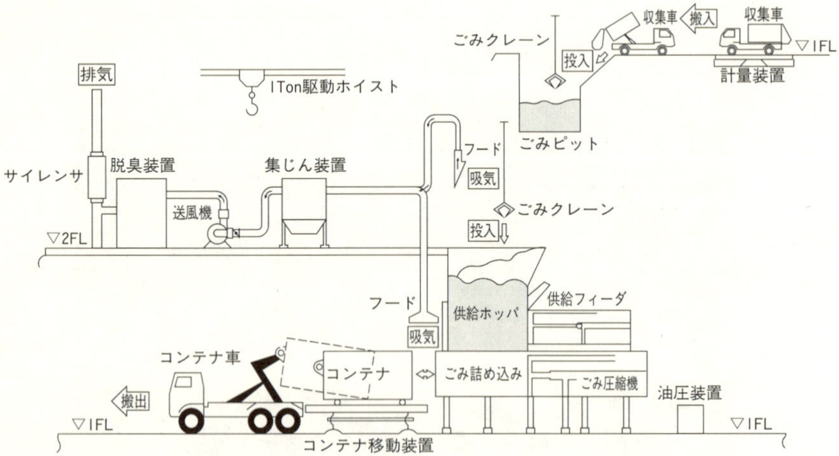

出典　三菱重工ホームページより

(3) 空気輸送

　空気輸送とは地中にパイプラインを敷設して，空気の力によってごみを収集する技術である。輸送方式には，吸引式（真空式）と圧送式があるが，その多くは吸引式であるため，真空輸送とも呼ばれる。芦屋浜シーサイドタウン（芦屋市），みなとみらい地区（横浜市），筑波，東京臨海副都心，幕張ベイタウン等で実際に稼動している。

　パイプの口径は小規模なシステムでは200mm程度から，大規模な開発地域では500mm程度のものを用いる。

　ごみの投入口に投入されたごみは貯留室に一時的に蓄えられ，コンピュータ制御によって自動的に搬送パイプで焼却工場や中継施設に直接送られる。空気は除じんした後，排出される（図3-2-5）。

　空気輸送は都市の美観や衛生上の観点から，新しい時代のごみ収集システムとして注目されたが，コスト面や分別収集にはそぐわない等の問題がある。

図3-2-5　空気輸送の仕組み

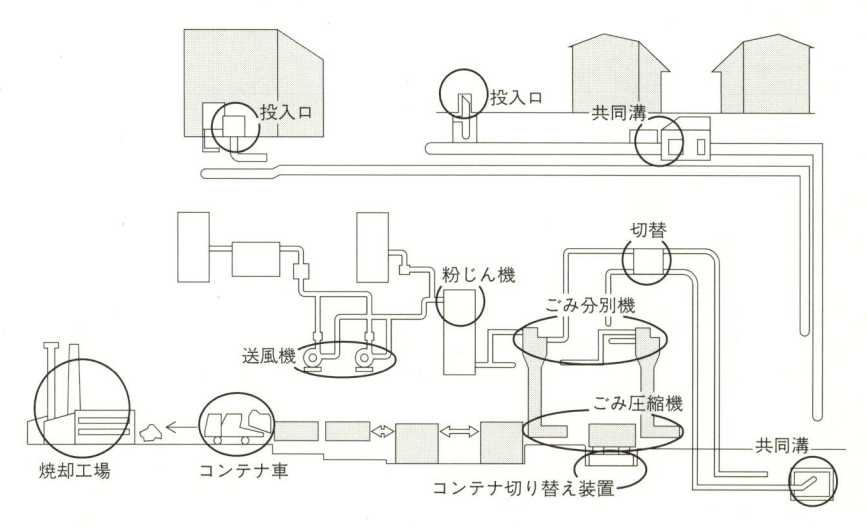

出典　幕張ベイタウンホームページより

分別収集するためには,空気輸送できるごみ以外のものは別途に収集する必要があり,結局は車による収集と併用せざるを得ない。芦屋浜の例では空気輸送システムに投入できるごみは可燃ごみだけで,投入できるごみ袋の大きさも規制しており,また不燃ごみや容器包装廃棄物等は別に分別収集している。

(山本耕平)

参考文献
- スチール缶リサイクル協会:スチール缶リサイクリングマニュアル―分別排出と分別収集の方法と技術(1999)
- 三菱重工㈱ホームページ　http://www.mhi.co.jp/machine/product/enviro/08_01.htm
- 幕張ベイタウンホームページ　http://www.re-style.org/makuhari/bay.html

第3節　中間処理技術

I　焼却処理技術

(1) 焼却処理の目的

　本章第1節で述べたように，わが国における焼却処理の最初の目的は，腐敗による悪臭の発生，ハエ，蚊，ねずみの繁殖，そしてコレラなどの病原菌の増殖などを防止抑制する衛生的処理であった。ごみを燃焼によって高温にさらすことにより，病原菌や腐敗菌を死滅させることが第一であった。また，ごみ中の有機物を燃やして灰化，無機化することにより，有機物の腐敗による悪臭の発生やハエ，蚊，ねずみなどの繁殖を防止した。

　高度成長時代となり，ごみ量が増えるようになってからは，なかなか確保できない最終処分先である埋立用地の節約のために，極力その容積を少なくする必要があった。そのために，高度な焼却による減容化を推進した。

(2) 焼却処理に求められる機能

　単なる熱処理のために始まった焼却処理であるが，施設から排出される排ガスや排水，その他有害成分による環境への負荷も大きく，公害防止対策や周辺環境との調和が必要となった。焼却施設建設の推進により，一般住民の生活環境に直接影響を与えるほど施設が近接するようになった。そのため，対策は高度化し，さらにダイオキシン類対策など新たな対策も必要となった。また，地球温暖化防止策として廃熱利用の高まりから，ごみ発電も積極的に行われるようになった。以下に，その目的別に必要機能を紹介する。

① 公害を発生させない

　排ガス中の有害物質（ばいじん，塩化水素，硫黄酸化物，窒素酸化物，ダイオキシン類等）の除去，排水中の有害物質（pH，有機物，懸濁物，重金属類など）の除去，排気口，煙突，排水口からの悪臭の防止，騒音や振動の伝

達防止,焼却灰や飛灰と呼ばれる焼却残さの低公害化(重金属の溶出防止やダイオキシン類の含有量削減)などがある。さらに建物の日影や,搬入する収集車による騒音や排気ガスの影響防止もある。

② 最大の減容化を図る

前述したように,減容化を図るとともに未燃分を少なくして最終処分場における腐敗防止や浸出水の低公害化のため,焼却残さの熱灼減量(600℃, 3時間の強熱下での減量値)を数%としている。

③ 焼却エネルギーの有効利用

廃熱の利用として,蒸気や温水で熱エネルギーを回収し,発電をはじめ場内や場外の余熱利用設備で有効利用する。

④ 周辺環境との調和

従来,焼却施設は迷惑施設として,人里離れた山間地や海岸に設けられていた。しかし,都市地域では住宅地の拡大により,いまや住宅地に隣接するか住宅地の中にまで建設されるようになった。そのため,周辺環境との調和や,地域環境との融合を意識的に図ることが不可欠となった。しかし,焼却施設としての認識を低下させることを意図するあまり,華美な建物仕様が問題となった施設がある。

⑤ 良好な作業環境の維持

焼却施設の操業に従事する作業員の労働環境を保護する目的で,悪臭,ほこり,高温,湿度,騒音,最近は空気中ダイオキシン類濃度などの低減を図る必要がある。さらに,高度化した施設の制御操作の自動化を図り,作業員の心的ストレスを削減することも重要である。

⑥ ライフサイクルコストの低減

施設は高度化,複雑化する傾向にあり,その維持管理には莫大な費用がかかる。そのため,施設建設だけではなく,運転のためのユーティリティ費用,操作員の人件費,安定運転を維持するための維持補修費,さらには最終の撤去費用までのすべてのコストを総合的に考慮して,合理的な社会負担となるようにしなければならない。

⑦ 資源の回収

単に焼却処分するだけではなく，その過程で熱エネルギー以外にも物質的な資源回収を意図することは，循環型社会構築のために重要である。しかし，わが国ではその市場価値のみで，流通量が決定されるため，有効な資源となりにくい例が多い。

(3) 焼却施設の構成

図3-3-1に一般的な都市ごみ焼却施設の処理プロセスを示す。

一般廃棄物の焼却施設を構成する機器は，環境省補助対象となる機器の性能の基準を定めた「ごみ処理施設整備の計画・設計要領」，いわゆる「性能指針」によって，一般的に以下の各項に分類されている。この分類で産業廃棄物焼却施設についても区分けすることが多い。自治体によっては，独自の区分をもつところもある。

① 受入供給設備

ごみ収集車は構内に入ると，まず「ごみ計量機」で車ごと重量を計る。事前登録したデータまたはごみを降ろした後に再計量して計った空重量から，ごみの搬入重量を求める。これらの一連の作業は自動化されており，また1台ずつのデータはコンピュータで統計処理される。また，持ち込みごみなどの有料ごみの料金も自動的に計算され，請求処理がされる。現地での現金支払いも無人自動化処理された施設もある。

計量後，収集車は悪臭防止用のエアーカーテン付入口扉を開けて「プラットホーム」に入る。さらに内部にある「ごみ投入扉」を開けて，「ごみピット」にごみを投入する。これら一連の扉の開閉も，ほとんど無人自動で行う。「ごみピット」は施設処理能力の3〜5日分の容量をもっている。これらの容量は，点検による運転停止や，年末などの大量搬入時に備えるためである。

貯蔵中のごみからの悪臭が外部に漏れないようにする対策として，先ほどの「ごみ投入扉」以外に，ピット室内部が外気に比べ負圧に保つように送風機で常に吸引し，その悪臭空気を焼却炉高温部に投入して，酸化分解脱臭す

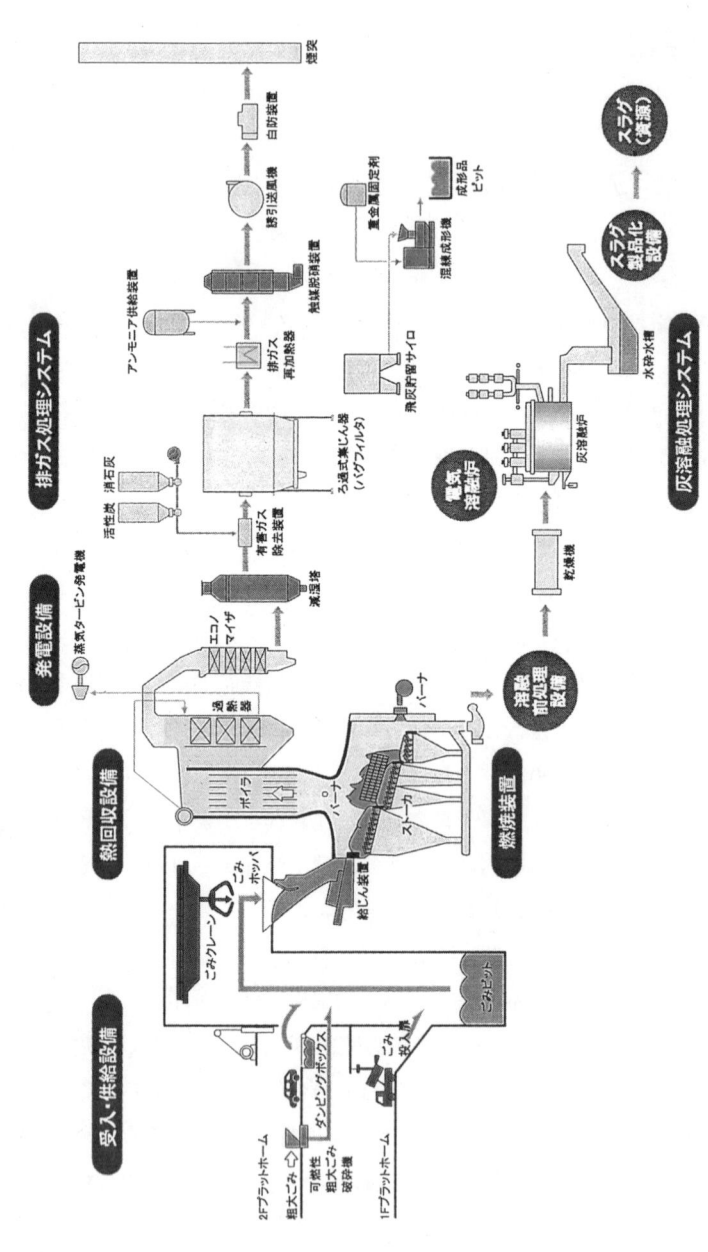

図 3-3-1　一般的な都市ごみ焼却処理施設の処理プロセス

出典　㈱クボタホームページより

るようにしている。

　「ごみピット」内のごみは，貯蔵されている間に「ごみクレーン」を使って，なるべく均質になるように，混合攪拌される。この均質化の操作は，燃焼を安定化させ，ダイオキシン類発生を防止する効果があるので，重要な操作である。この攪拌の後，「ごみクレーン」を使って定量ずつ焼却炉に供給される。これらのクレーン操作を手動ではなく，すべてコンピュータによる自動で行うことで省力化された施設が多くなっている。

② 燃焼設備

・焼却炉の機能と構造

　焼却炉に対する最終的な要求機能は，完全焼却と安定操業である。均質な燃料を焚(た)くボイラと違って，量・質ともに変動するごみを，安定的に完全燃焼させることにあり，これを両立させることは技術的に今でもなかなか容易ではない。

　焼却炉の機能は，「乾燥」「熱分解ガス化」「燃焼」「後燃焼」に分けられる。「乾燥」は乾燥用の空気と「燃焼」による輻射(ふくしゃ)熱により，ごみ中の水分を蒸発させるものである。日本のごみは水分が多く，「乾燥」は重要な機能であり，その後の焼却全体の性能に影響を与える。「熱分解ガス化」では，同じく「燃焼」からの輻射熱でごみが熱分解され，CO・アンモニア・炭化水素など各種の可燃ガスと固形炭素（炭化物）になる。次の「燃焼」で可燃ガスは，炎を上げ燃焼する。残った固形炭素が炎の無い熾(お)き火燃焼(び)して，「後燃焼」の機能を完了し，理想的には完全燃焼して無機物や金属からなる不燃物のみとなる。

　焼却処理初期はごみ中の水分が多いために非常に燃えにくく，焼却灰中に未燃分を多く残した。そのため，埋立処分場で腐敗し，公害問題となった。紙・プラスチックの増加と水分の減少によるごみカロリーの上昇と焼却技術の革新により，より完全燃焼が可能となり，焼却灰中の未燃分は少なくなった。

　近年大きな問題となったダイオキシン類の生成原因となる未燃炭化水素類の排出を極力抑制するため，ガス成分は一層の完全燃焼を要求されるように

なった。そのための条件として，1997（平成9）年旧厚生省から出された「ごみ処理に係るダイオキシン類発生防止等ガイドライン」により，次の3条件が規定された。

- ・燃焼温度（Temperature）を850℃以上に保つ。
- ・上記温度で2秒以上の滞留時間（Time）を確保する。
- ・燃焼ガスと燃焼用空気の十分なる混合攪拌（Turbulence）を行う。

この完全燃焼のための条件は，その頭文字をとって「3Tの条件」という。

そしてこれらの条件をすべて満足するため，主にガスが燃焼する「（二次）燃焼室（フリーボード）」容積を大きく取ったり，燃焼室形状や燃焼空気吹き込み方法をコンピュータによる熱流れ解析でシミュレーションして決定したりする。

最近開発の進む高温燃焼のために低空気比燃焼や酸素富化を行うと，二次空気量やガス量が減少し攪拌混合が悪くなる。また，燃焼温度が過昇してNOx生成量の増加の問題が出てくる。そのため，排ガスを再循環し，フリーボードに投入して混合の促進，冷却を行う場合もある。

〇焼却炉の種類

イ　ストーカ式焼却炉

ストーカと呼ばれる火格子を炉内で機械的に動かして，ごみを送りながら下から燃焼用空気を送る構造となっている。火格子は高温にさらされるため，焼損するおそれがある。そのため，通過する燃焼空気で冷却されて，保護されている。そして，前述の燃焼の各過程を炉内のストーカ上で順次行う。よってごみは，約1時間程度の炉内滞留時間の間に完全焼却までの過程をたどり，焼却灰となって炉外へ排出される。このように，炉内に多くのごみを溜め込み，焼却の各過程を並行的に行うので，「マス燃焼（バーン）」と呼ばれる。

主にヨーロッパからの技術導入により1960年代から建設され始め，国内で最も歴史があり，連続炉の大半を占める。火格子の形状やごみの攪拌・送り動作に各社の特徴があり，多くの形式がある。導入技術ではなく，自社の独自開発で多くの建設実績をもつ形式もある。火格子の冷却を空気ではなく循

第3章　ごみ処理と資源化の技術　105

図3-3-2　階段式ストーカ

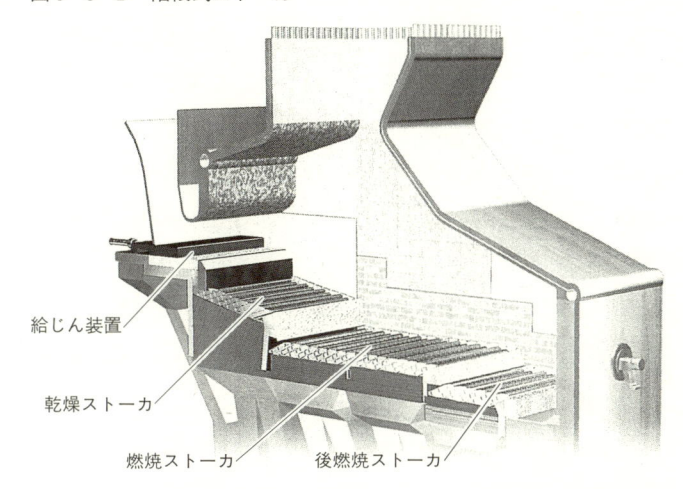

給じん装置
乾燥ストーカ
燃焼ストーカ
後燃焼ストーカ

出典　㈱タクマ　カタログ

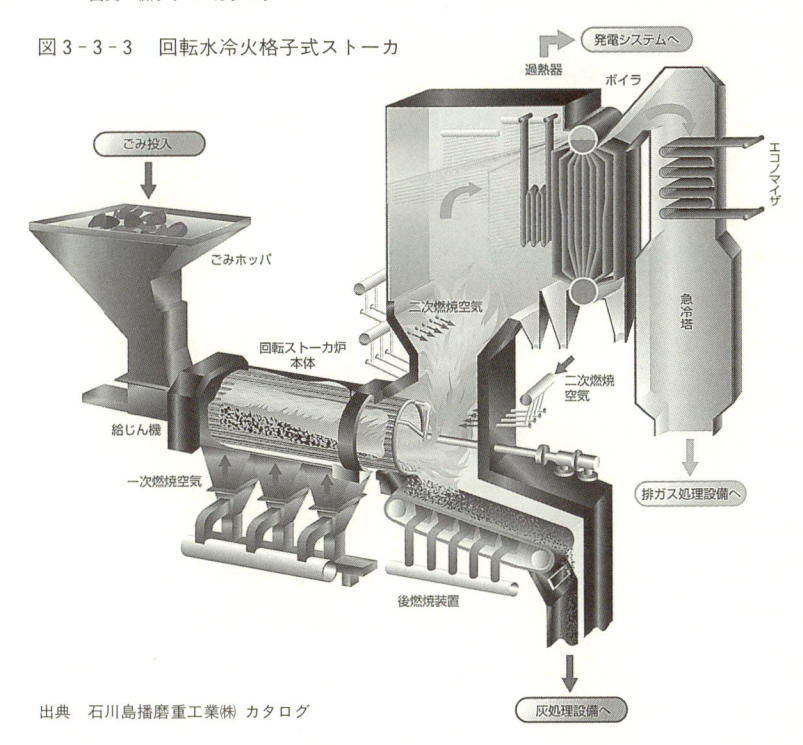

図3-3-3　回転水冷火格子式ストーカ

発電システムへ
過熱器
ボイラ
エコノマイザ
ごみ投入
ごみホッパ
二次燃焼空気
急冷塔
回転ストーカ炉本体
二次燃焼空気
給じん機
一次燃焼空気
排ガス処理設備へ
後燃焼装置
灰処理設備へ

出典　石川島播磨重工業㈱　カタログ

環水で行っている機種もあり、建設実績もある（図3-3-2、図3-3-3）。

　最近ではより一層のダイオキシン類の低減や排ガス量の削減を目指した「次世代型ストーカ炉」と称した高温燃焼対応の新機種の開発も行われている。低空気比燃焼、高温空気燃焼、酸素富化燃焼などの高温燃焼に十分耐えられるように、火格子を従来の空冷形式に替えて水冷形式を提案するメーカーもある。

　ロ　流動床式焼却炉

　流動床（層）とは、もともと化学工学の用語で固体と気体（一般に空気を用いる）の混合状態の一種である。ごみ焼却以前は、化学工場の反応炉や焙焼炉として多く利用されていた。空気の速度によって、気泡型と循環型がある。一般ごみの焼却で用いるのは砂が上層へ吹き飛ばない気泡型流動床である。ちょうどお湯が沸騰したような状態となり、砂層内の伝熱が非常によくなり、砂の蓄熱作用とあわせて、良好な反応の場となる。当初、水分が多い低カロリーの汚泥の焼却に用いられていたものを、1970年代初めから不燃物を含んだごみへの適用の開発をはじめ、1970年代後半には実用機へと発展させた。砂を熱媒体として熱の授受を行い、焼却の「乾燥」「熱分解ガス化」「燃焼」「後燃焼」の各過程を一つの流動床の中で行う。水分の多いごみでも極めて短時間で燃焼し、燃焼速度はストーカ炉に比べて数10分の1から100分の1と速い。ストーカ炉のマス燃焼と対比される。砂層内に残ったごみ中の不燃物を砂と一緒に炉内から排出し、砂と分離し、再度炉内に戻す各種の装置が焼却炉に付帯する（図3-3-4）。

　焼却灰中の未燃分の少なさと乾式で排出されるため排水処理が不要であったことが注目された。また、起動停止操作の簡易さもあり、連続炉の2割、16時間運転の準連続炉の半数を占めた時代もあった。しかし燃焼制御方法が的確でない場合や排ガス冷却工程との不十分な組み合わせで、不完全燃焼を起こすことがあり、近年のダイオキシン類排出抑制策検討のなかでその需要を激減させた。流動床を廃棄物に適用したのは、日本独自で欧米には実績がなかったが、近年では、汚泥との混合焼却ができることから、ヨーロッパで

図3-3-4　流動床式燃焼装置

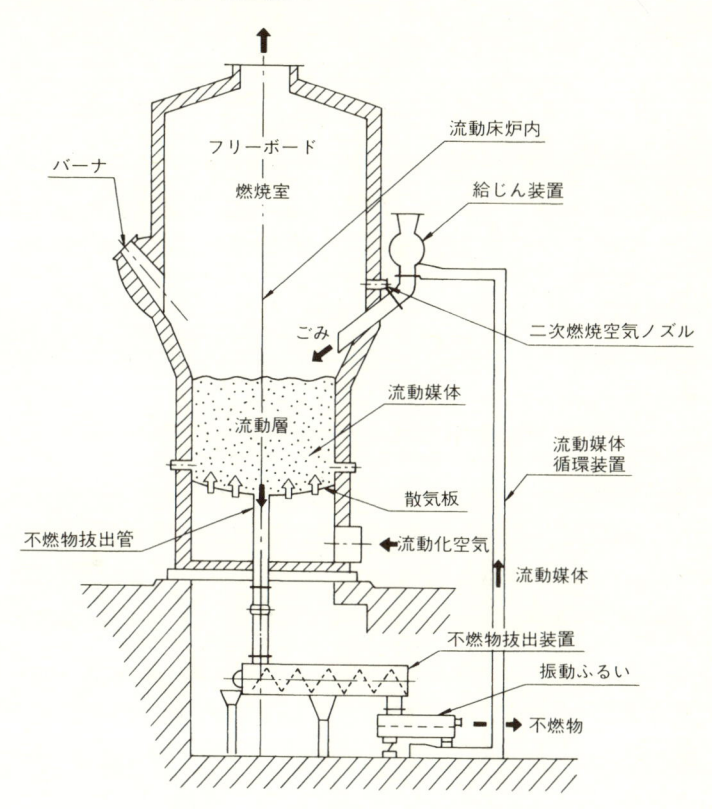

出典　(社)全国都市清掃会議・(財)廃棄物研究財団：ごみ処理施設整備の計画・設計要領（1999）

関心を集めている。また国内ではRDF，プラスチック燃料や廃タイヤなどの燃焼ボイラ用としてさらに高度な熱回収が可能な循環流動層式ボイラが脚光を浴びている。

ハ　回転炉式焼却炉（ロータリーキルン式）

　内面を耐火材で覆った横置き円筒状の焼却部が回転するロータリーキルンに，後燃焼用の機械式ストーカと二次燃焼室を接続したものである。ロータリーキルン単独のものより燃焼性が高く，より未燃分が少ない焼却ができる。ロータリーキルンに供給されたごみは，キルン後半部と後燃焼部からの輻射

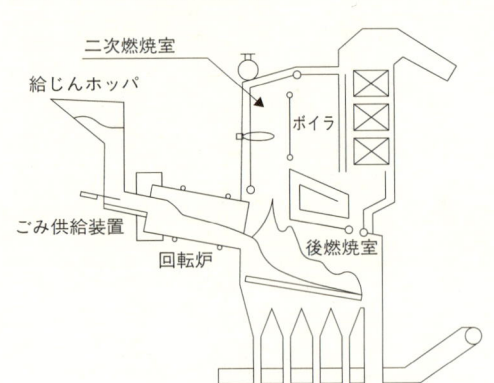

図3-3-5　回転炉式焼却炉

出典　㈳全国都市清掃会議・㈶廃棄物研究財団：ごみ処理施設
　　　整備の計画・設計要領(1999)

熱を受けて，乾燥，熱分解，燃焼したのち固形未燃分と不燃物が後燃焼用のストーカ部分に落下し，燃焼を完結する。未燃のガスは，二次燃焼室で空気と混合攪拌して完全燃焼する（図3-3-5）。

　ストーカ式に比べ，ごみの攪拌力が強く，比較的高カロリーのごみ，大型の不燃物の混入するごみ，液状物が混ざるものなどに適している。産業廃棄物の焼却炉に適し実績が多い。最近は，容器ごと投入できるので感染性廃棄物の焼却処理に利用されることが多い。

③　燃焼ガス冷却設備

　焼却炉から排出される排ガスは，ダイオキシン類発生防止等ガイドライン（ダイオキシン類ガイドライン）の規定もあり，850℃以上の高温となっている。これを後段の集じん装置などの排ガス処理設備に導くために，適正な温度まで下げなくてはいけない。ダイオキシン類の再合成防止や有害ガス成分の除去効率向上のためには，排ガス温度は低いほうが有利である。排ガスを冷却する方法として，最も簡単なものは冷却水を排ガス中に噴霧して，その蒸発熱で直接冷却する方法である。したがって廃熱の回収はできない。古い施設や小規模な施設では，この方法のみを採用しているが，廃熱を有効回収

することが，サーマルリサイクルの要であり，施設の規模によって全ボイラ方式，半ボイラ方式，温水回収方式を組み合わせる。サーマルリサイクルの要求にこたえ，1炉100トン/日以下の小規模な炉でも全ボイラを設置して，発電を行っているところがある。

イ　廃熱ボイラ式ガス冷却設備

　排ガスの流れの中に，内部に圧力水を流す水管を設置，排ガスの熱と圧力水を熱交換させて，最終的には高温の蒸気で熱回収するのが廃熱ボイラである。焼却炉壁面を一部耐火材で覆ったボイラ水管壁構造で形成し，その後段に多数の水管列群を並べて，輻射熱や接触伝熱で効率的に熱回収を行う。さらに後段にボイラ給水を予熱するエコノマイザ（節炭器）や燃焼用空気を予熱する空気予熱器を設けて，さらに熱回収を行う。酸性ガスの低温腐食による水管の損傷を防ぐため，普通200℃程度までの冷却とする。一般にダイオキシン類の再合成防止や除去，塩化水素の乾式除去率向上のため，さらに水噴射式の冷却設備にて，排ガスを最大で160℃程度まで冷却する。

　廃熱ボイラで回収する蒸気の温度,圧力条件は,その廃熱利用の形態によって異なる。発電に利用する場合は，できるだけ高温，高圧でエネルギーポテンシャルの高い（高エンタルピー）状態の方が有利となる。そのため，発生した蒸気をさらに排ガスと熱交換して過熱蒸気にするスーパーヒータ（過熱器）を途中に設ける。しかし，ごみ中の塩化ビニルなど塩素化合物や食塩に由来する塩素がもととなった塩化物を含む飛灰が，過熱器管表面で350℃以上となると，一部融解して金属を激しく腐食するとされ，蒸気温度を300℃以上にはできなかった。しかし，近年この高温腐食の研究が著しく進み，腐食メカニズムの解明や耐食性金属材料の開発がなされた。そのため，高効率の発電を行う400℃の過熱蒸気条件のボイラをもつ施設の実績も増えた。

　熱交換を理論的に可能な200℃程度の低温まで行う全ボイラ方式に対し，廃熱利用量に合わせて熱回収量を設定してボイラ容量を決める半ボイラ形式もある。中小規模の施設に採用されることがあった。蒸気の利用先も，発電よりも送風機の駆動用タービンを回すほか，場内の冷暖房，給湯，場外の余

熱利用設備への給熱が主である。しかし，近年は自家用発電の設備基準が緩和され，100トン/日までの中小規模施設でも発電が盛んになり，この半ボイラ方式の採用は減ってきた。

ロ　水噴射式ガス冷却設備

焼却炉から煙道で接続されたガス冷却室内で，排ガスに向け，水を微細な水滴にして噴霧し，その蒸発時の潜熱により，排ガスを冷却するものである。熱エネルギーは潜熱として奪われるため熱回収はできない。また蒸発した水の量だけ排ガス量も増えることになる。ダイオキシン類ガイドラインが出される前は，排ガス処理の温度は電気集じん器での集じんに適した300°C程度であった。しかし，ガイドライン後は集じんがバグフィルタとなり，その耐熱温度のために200°C以下の低温とする必要があった。さらにダイオキシン類の再合成防止と吸着除去のためにより低温としたほうがよいこともあり，新設の場合は，160°C程度の温度が採用されている。低温となると水との温度差が少なくなり蒸発しにくくなるため，水滴はより微細なものにしなくてはならない。そのため，水単独の噴霧から，高圧空気と圧力水を混ぜて噴霧する方式になってきた。

水噴射方式の設備費用はボイラ式に比べ大幅に低価格であるが，現状で本方式のみの採用は，本当に小規模な施設のみとなってきた。

④　排ガス処理設備

ごみ焼却排ガスには，ばいじん，塩化水素，硫黄酸化物，窒素酸化物，ダイオキシン類等，大気汚染防止法でその濃度や排出総量が規制されている汚染物質が含まれる。地方自治体はその施設の立地条件によって規制の上乗せを行うことを認められている。また，焼却施設として周辺住民との協定や自主的な目標として，法よりも厳しい基準値を課していることもある。またダイオキシン類ガイドラインによって，一酸化炭素の濃度も時間的な要素を加えた基準をもっている。

このほか，排ガスやばいじんには微量の鉛，カドミウム，水銀等の重金属も含まれている。まだ規制はされていないが，各種の有機塩素化合物も微量

含まれる。

イ　集じん装置

　ばいじんを除去する集じん機にはいろいろな種類がある。焼却処理が開始された当初は，簡易なサイクロンが主流であった。その後，集じん効率が高く，通風抵抗も少なく，メンテナンスが容易で安定操業が可能などの利点をもつ乾式電気集じん器が最近まで多くを占めていた。しかし，ダイオキシン類の再合成が電気集じん器内部の雰囲気で行われるとされ，ガイドラインにより新設では採用されなくなった。

　電気集じん器の代わりに採用されたのが，ろ過式集じん機（バグフィルター）である。ガラス繊維やテフロンを素材にして，フェルト状の布を円筒状に縫製し，つぶれ防止のための金属製籠を中に入れて，吊り下げる。排ガスが円筒ろ布の外側から内側に通過する際にろ布にばいじんが捕集される。超微粒子まで，安定的に捕捉することができる。

ロ　有害ガス除去装置

　排ガス中の塩化水素，硫黄酸化物は酸性ガスを消石灰（$Ca(OH)_2$），炭酸カルシウム（$CaCO_3$），苛性ソーダ（$NaOH$）などアルカリ剤と中和反応させて除去する装置で乾式，半湿式，湿式の各方式がある。

　乾式法は，炉内で炭酸カルシウムを噴霧したり，集じん機の上流で消石灰粉末を噴射したりして，酸性ガス成分と固体粉末を反応させて除去する方法である。反応生成物と未反応薬剤は集じん機で捕集されるとともに，バグフィルタの場合はろ布上で堆積した未反応薬剤と酸性ガス成分がさらに反応する。排水が出ない，装置が簡単，管理が容易などの利点がある一方，他の2方式に比べ効率が劣るため，薬剤が多量に必要という欠点があった。しかし，ダイオキシン類対策のために排ガス冷却のより低温化が行われるようになり，反応効率が向上した。そして半湿式法と遜色がないほどまで高効率となり，現状ではほとんどこの乾式法が採用されている。消石灰粉の表面積を増加させる加工をした新型薬剤や，重炭酸ソーダ（$NaHCO_3$）の利用も提案されている。

半湿式法は，消石灰粉末と水をスラリー状にして，反応塔内に噴霧して反応させた後，集じん機でその反応生成物と未反応薬剤を捕集する。一般に反応効率は前述の乾式法より高いが，反応塔内でスラリーを完全に蒸発させることが重要で，ノズルなどの十分な噴霧装置のメンテナンスが必要である。

　湿式法は，充填材を搭載した吸収塔内で苛性ソーダなどアルカリ溶液と排ガスを気液接触・反応させる方式で，最も反応効率が高い。しかし吸収廃液が排出され，重金属やダイオキシン類の処理を行う高度な排水処理装置が必要でランニングコストが高くなる。また，排ガスは70℃程度まで冷却され，そのまま煙突から排出すると水蒸気による白煙が発生し，ばい煙と誤認されやすく，排ガスを再加熱して白煙防止を行うことが多い。高い除去率を得ることができるので，大都市で採用されている。消石灰と塩化水素の反応生成物である塩化カルシウムなどの塩を飛灰中に残すことがなく，近年行われる灰溶融炉での塩の循環や最終処分場への塩の持ち込みがないなど塩に関する問題を解決できる方法として，再度注目され始めている。

ハ　脱硝装置

　ごみ焼却における窒素酸化物（NOx）の生成原因のほとんどは，ごみ中の窒素分が燃焼により酸素と反応することによる。灰溶融炉や最新の酸素富化燃焼では，空気中の窒素の高温燃焼による酸化が原因となる。その低減方法には，燃焼制御法，無触媒脱硝法，触媒脱硝法などがある。

　燃焼制御法は，還元二段燃焼法ともいわれ，燃焼用の空気を一次と二次に分けて投入し，一次では空気を1.0以下にして還元性ガスを発生させる。このアンモニアなどの還元性ガスによって窒素酸化物を還元脱硝させた後に，二次空気により残った還元性ガスを完全燃焼させる方式である。最新のガス化溶融炉や次世代型ストーカ炉などで採用されている低空気比燃焼は，この作用により従来型より低い窒素酸化物の排出量を達成する。

　無触媒脱硝法は，焼却炉内にアンモニアや尿素水を吹き込み，そのアンモニアで還元脱硝を行う方式で，比較的中規模程度の施設に採用される。効率は70％程度で，触媒脱硝法のように確実に高効率での除去は期待できない。

触媒脱硝法は，集じん機の後段に，触媒反応塔を設置し，その上流で希釈アンモニアガスを吹き込み，窒素酸化物を効率的に還元反応させる方式である。触媒とは，バナジウムや白金を主成分とする触媒物質とセラミックスを混合して焼成したもので，その表面での化学反応を促進させる作用がある。高い効率が得られ，比較的大規模施設で，窒素酸化物の総量規制が適用される大都市での採用例が多かった。しかし，排ガスの高度処理化で，中小施設でも採用が増えた。触媒の活性を維持するため，バグフィルタ通過後のガスは再加熱をして，200°C程度まで昇温しなくてはならない。バグフィルタ通過温度でも活性を維持できる，低温触媒の開発も進んでいる。

ニ　ダイオキシン類除去装置

　ダイオキシン類の生成メカニズムの詳細については次章に譲るが，未燃分である炭化水素と塩素が250～350°Cの温度条件で，金属塩の触媒作用により合成するといわれている。そこで，生成のもとになる炭化水素を残さないように完全燃焼を炉内で達成するために，前述の3Tの条件を設けた。また特定の再合成温度域をすばやく通過させるために，急冷却を行う。また冷却過程であるボイラでは，金属を含むダストの堆積を防止するため，ダスト除去を細かめに行う。このように，発生や再合成を抑制する対策のほか，できたダイオキシン類を除去する方法として吸着除去がある。まず，低温域でのバグフィルターによる集じんで，ほとんどのダスト（飛灰）が除去されることにより飛灰上に付着したダイオキシン類を除去できる。それと同時に，ガス状のダイオキシン類は消石灰と同時に吹き込まれた粉末活性炭により吸着される。ダイオキシン類と同時に排ガス中の水銀も活性炭に吸着して除去できる。ダイオキシン類をさらに高度に除去する場合は，触媒反応塔での酸化分解処理や活性炭充填搭での吸着処理を行う。

⑤　余熱利用設備

　ごみ焼却において蒸気で回収できる熱エネルギーは，一般的にごみが保有する熱量の70～80%である。最近は，資源循環の一部であるサーマルリサイクルとして，積極的に回収が行われている。熱回収方法やその利用方法は施

設の規模や立地条件によって異なるが，場外へのエネルギー供給の形態が増えていることが大きな特徴である。その回収は廃熱ボイラや熱交換器によって熱媒体を加熱する方法を用いる。焼却の排ガスには，酸性のガスや金属塩が含まれているため，温度雰囲気によって多様な腐食現象が発生する。そのため，経験的にその腐食を避ける温度の選択が行われてきた。

　回収熱の利用方法については，大都市を除いて温水による暖房，給湯，外部還元施設への給湯や風呂などが主であった。しかし，現在は熱エネルギーの回収が盛んに叫ばれ，また電気事業法の緩和により自家用発電が容易に行えるようになった。給熱や給湯に比べ，電気エネルギーによる回収は，近隣住民だけが受ける利益ではなく，その自治体全体で受けることができるので，公平性の面から理解が得やすい。詳細内容については，第4節に譲る。

⑥　通風設備

　焼却炉内の燃焼に必要な空気を送り，焼却炉内から燃焼後の排ガスをガス冷却設備，排ガス処理設備，煙突を通じて大気に排出するまでの関連設備をいう。現在採用されている通風方式のほとんどは平衡通風方式といって，押込送風機によって燃焼用空気を炉内に送り込み，誘引送風機によって燃焼排ガスを引き出す方式である。燃焼用空気には，直接ごみ層へ供給する一次空気と，一次燃焼後の未燃分が残る排ガスを完全燃焼させるために炉床上部のフリーボードに供給する二次空気がある。特にダイオキシン類の除去対策のため，二次空気は排ガスとの十分な混合が必要となり，重要な要素となっている。

イ　押込送風機

　押込送風機は一次空気をストーカ下部もしくは流動層内へ供給するものである。特に流動床炉の場合は砂をまんべんなく流動化させるために，約2000〜2500mmAqの圧力が必要になる（1mmAqは9.8Pa（パスカル），水面を1mm押し上げる圧力）。

ロ　二次送風機

　前述のように二次空気の供給法が重要となり，フリーボードの形状や二次

空気の供給量の配分や供給圧力などに焼却炉メーカーの研究と経験が生かされている。

二次空気は燃焼制御のほかに排ガス温度制御にも用いられ，供給量を制御するダンパーの駆動制御には比較的精度よく即座に対応できる形式を選ぶ。

ハ　誘引送風機

誘引送風機は，燃焼排ガスを吸引して大気へ放出するものであるが，燃焼排ガス量はごみの供給量および質の変動によって大きく変動し，それによって炉以降の各機器の圧力損失も変動するので，風量・圧力とも十分な余裕をもって変動に対応できるものでなければならない。

排ガス中には塩化水素（HCl）や硫黄酸化物（SOx）などが含まれている。したがって腐食を防止するため，送風機本体内において結露しないように十分保温をしなければならない。

ニ　煙突

煙突は燃焼排ガスを大気中に放出するもので，通風力や排ガスの吐出速度による大気拡散等を考慮して高さおよび頂部口径を決定しなければならない。通風力（吸引力）は，外気と排ガスの密度差と高さによって決まるもので，排ガス温度が高いほど，煙突高さが高いほど通風力は大きくなる。

一般的な煙突は，大気汚染防止法に定める最低限の高さは満足しており，排ガス中の汚染物質の排出濃度も低く，拡散力も十分ある。したがって施設自身の建物からの影響および周辺の地形や近隣への影響を考慮して決定することがほとんどである。航空法の関係で59mが多いが，都市部では100mからせいぜい150mである。しかし，高層建築物への影響を避けるため，200mを超す煙突を設けた例もある。

⑦　灰出し設備

ごみ中の不燃物ないし可燃物中の灰分が排出されて灰となる。炉底から排出される不燃物である灰および排ガスとともに排出され，後段の集じん機器で捕集される灰とに分けられる。それらの総称を焼却残さ，炉底から排出される灰を焼却灰，後段の機器で捕集される灰を飛灰という。灰出し設備は，

焼却灰および各機器で捕集された飛灰を集め，飛散を防ぎながら場外へ搬出するための設備で，灰搬出装置，灰冷却装置，灰コンベヤ，灰バンカ，灰ピット，灰クレーン等からなる。焼却施設内の労働環境を保護するために，飛灰中に含まれるダイオキシン類の暴露防止基準が定められている。これを維持するために，稼動中の施設内機器，特に灰出設備からの飛灰の漏洩防止が重要な対策である。したがって，近年は機器の密閉性と点検時の安全性が重要視されている。

ストーカ炉の後燃焼段から排出される灰には，まだ赤熱しているものがあるため，これを安全に排出するために一度水没させて完全に消火し，かつ再飛散しないように湿り気を与えるため，灰冷却装置を設ける。しかし，後述する溶融設備とのエネルギーロスのない連結を考えると，湿潤状態は望ましくない。後燃焼段で完全に燃やしきり，水没消火をせずに残さを乾式で排出し，灰冷却装置は緊急時用に装備する方式が近年では多い。

また，流動床炉の炉底から排出される焼却灰は，石，がれき，ガラス，金属類だけなので，消火の必要はないが，流動砂とともに不燃物を抜き出すので流動砂だけを分離して焼却炉へ戻す設備が必要になる。

集じん機で捕集される飛灰は，「特別管理一般廃棄物」であり，その処理は法律で定められた方法でなければ処理できない。この内容については，p.136「特別管理廃棄物の無害化技術」で説明する。

⑧ 給水設備

焼却施設内の各設備，機器に給水を行う設備で基本的には水槽とポンプ，冷水搭および薬剤注入装置で構成される。施設内で使用する水は，その用途，要求水質に応じて，上水道水，工業用水，井戸水，排水処理後の再利用水，雨水，最終処分場浸出水の処理水などを使い分ける。井戸水や浸出水処理水は場合によっては，解けている金属や塩の濃度が高く，そのままでは使用できない場合がある。その場合は前処理として金属除去や脱塩処理を行う。

⑨ 排水処理設備

焼却施設から排出される排水には，管理棟や工場棟内居室などから排出さ

れる生活系排水と工場棟から排出されるプラント系排水とに大別される。また水質で区別すると，有機系排水と無機系排水に大別され，生活系排水，洗車排水，プラットホーム洗浄水などは有機系，雑清掃水，ボイラブロー水，機器冷却水引抜水，洗煙排水などは無機系排水である。特に洗煙排水は，水銀など重金属やダイオキシンを含む微小飛灰が懸濁しているので，注意を要する。

イ　生活排水

下水道が普及している地域では直接放流する。普及していない場合は，合併浄化処理をして公共放流するか，浄化処理後プラント排水と合流させて再利用する。給水量の削減のためには再利用が望ましいが，排水を全く系外に出さないというクローズドシステムにこだわりすぎ，合法的に放流できる生活排水にまで再利用を強制すると，プラントのシステムに無理を強いることもあるので，合理的な判断が必要である。

ロ　ごみピット汚水

ごみに同伴された汚水で，ごみピットで分離され集められる。極めて高濃度の有機物や重金属を含有し悪臭を発する。通常焼却炉に噴霧して高温酸化分解させる。

ハ　有機系排水

有機系排水は，SS（懸濁物質）およびBOD（生物化学的酸素要求量）が高く，単独であればスクリーン→生物処理→砂ろ過→活性炭吸着→滅菌→放流という処理工程が一般的である。下水道が完備されていれば，放流基準を満たすように除害設備を設けて，下水道放流する。再利用水として再度給水する場合は生物処理後に無機系排水と合流させて一括処理し，再利用のための高度処理を行う。

ニ　無機系排水

洗煙排水は，SS，COD（化学的酸素要求量）だけでなく重金属やダイオキシン類，フッ素やホウ素まで除去しなければならない場合がある。その場合は，重金属の沈殿，フッ素，ホウ素処理，pH処理，凝集沈殿・ろ過，活性炭

吸着と非常に高度な処理が必要である。それでも塩濃度が高く，公共水域には放流できないので下水道放流をする。通常の無機排水であれば，重金属の沈殿処理，pH調整，凝集沈殿・ろ過を行って再利用や放流を行う。

ホ　排水の無放流について

　焼却施設からの排水はできるだけ場外に放流しないことが望ましく，できれば場内で再利用することを原則として計画する。

　燃焼ガス冷却設備に水噴射式を採用している中小規模の施設においては焼却炉からの排ガスを水噴射によって冷却するので水の使用量が多く，施設から排出される排水は生活排水も含めてすべて再利用が可能であり，年間2～3回の定期整備期間中における生活排水の場外放流を除けば，無放流は可能である。しかしボイラ式を採用している中大型規模の施設においては，プロセスで再利用水を使用する工程が少なく，無放流を安定的に達成することがなかなか難しい。集じん設備の前段に減温塔を設置するため再利用水を噴霧するので，無放流は可能であるが，噴霧水量を多くしようとするとボイラ出口温度を高くしなければならず，熱回収量が低下する欠点がある。

⑩　電気計装設備

　電気計装設備は，電気設備，発電設備，計装設備から構成される。

イ　電気設備

　電気設備は電力会社から受電した電力を必要とする電圧に変圧し，それぞれの負荷設備に供給する目的で設置される設備をいい，受変電設備，配電設備，動力設備，電動機，非常用電源設備等から構成される。これらは電気事業法による「自家用電気工作物」のうち「需要設備」として取り扱われ，電圧，容量に応じた資格をもつ電気主任技術者を選任しなければならない。

ロ　発電設備

　発電設備は蒸気タービン発電機および制御装置などから構成される。

　発電機の運転は，施設を安定して運転維持するために電力会社の受電系統と連係することが原則である。電気事業法の度重なる改正で，電力系統への連係についての自由度は増えたが，需要設備もあわせた設備の技術基準は，

「系統連係技術要件ガイドライン」によらなければならない。

ハ　計装設備

　ごみを安定的に完全燃焼させることを第一義に，エネルギー回収，省エネルギー，省力化も行いながら効率的に施設を運営するためには，施設内の多数で複雑な各設備の機器類の運転状況を的確に把握し，変動に対しても安定を維持し，効率的に制御することが必要である。しかし，いまや人力でそれを行うには複雑すぎるので，計装機器に頼ることになる。計装設備は，計装機器，計器盤，動力源，その他設備等で構成される。

　処理プロセスの状態を示す値として，温度，流量，圧力，濃度，レベル等がある。まず現場にはこれらを検出して中央の制御装置へ伝送する役割の検出装置がある。制御装置（調節計）は，検出装置から送られた信号と基準信号とを比較してその差を求め，プロセスの状態を基準の状態に戻すために行う操作の量（給水配管や空気配管に設けられた弁やダンパの修正開度など）を指示する操作信号を出力する。さらに制御装置から送られた操作信号によって電圧，電流，空気圧，油圧を変化させ，ダンパなどの制御対象を実際に駆動させる操作装置がある。

ニ　アナログ計装とデジタル計装

　温度，圧力，流量のように連続的に変化する物理量を目盛板上の指針で示すような連続的な量をアナログ量といい，これを有限個の区分に分け，数字あるいは符号を割り当てることをデジタル化という。アナログ式計装は，制御および表示がアナログ量で処理されるものをいい，一昔前は一般的であった。デジタル式計装は，制御および表示がデジタルで行われるもので，マイクロプロセッサを組み込んだ電子式計装機器をいう。最近のコンピュータの高機能化に伴い，安価で高性能でしかも信頼性の高いコンピュータを用いた高度な制御システムが多く使われるようになった。データロギング（運転記録を自動的に行う）や日報や週報などの作成などの管理業務からオペレータガイダンス（運転員に運転指示を出す）あるいは燃焼制御，自動運転制御（クレーンの自動運転，焼却炉の自動起動・自動停止，搬入車の自動受付・車両

管制)などを行う。さらには，運転員の経験をソフトウェアに取り込んだ，より人間に近い制御を行うこともできる。最近は制御を数重ねることで自己学習したり，自身で解析したりして，制御ルールを自動的に修正する機能をもつなど，より高度な制御が容易に行えるようになった。さらに汎用コンピュータも制御専用に劣らないほどの高機能となり，これを用いた低価格の制御システムも広まっている。

⑪ 土木建築設備

一般的な建築物との違いは，まずプラント工事と建築工事が同時並行で進行することである。また構造的には，ごみピットなど大きな地下部分が多いこと，炉室のような大きな空間をもつこと，ごみの悪臭の漏洩(ろうえい)を防ぐために密閉構造が必要なことなどがある。産業廃棄物の焼却炉が屋外にプラント部分だけが建てられるのに対し，一般廃棄物の焼却炉は，そのプラントを建屋で覆うことがほとんどである。したがって建築設備の配管，ダクト，電線がプラントと競合して通ることになる。そのため，その設計や施工においては，両者を合わせた十分な検討を行わないと無理や無駄が多くなる。

一時，ごみ処理施設が迷惑施設であるがためにその外観や見学者対応用の施設をあまりにも華美にして，話題を集めたことがある。今後の民営化も視野に入れると実用的な仕様が要求されることになる。

現在の一般廃棄物処理施設は，単なる廃棄物の中間処理施設の役割だけでなく，循環型社会構築の教育の場である。したがってあらゆる人々が集まり，そこで働くことを考えなければならない。そのためにも，アメニティだけではなくハンディキャップのある人も受け入れ易い，ユニバーサルデザインの仕様とならなくてはいけない。

2 ガス化溶融，ガス化改質技術

(1) ガス化溶融，ガス化改質技術の開発導入経緯

資源循環型社会の構築に向け，廃棄物の排出そのものの抑制，再利用とリ

サイクルの促進が行われ，最後に熱処理しか処理法がないものについては，それを行うが，その代わりに適正な処理が求められる。ダイオキシン類問題の解決を目指す経過のなかで，この技術は従来の焼却法に代わる新しい熱処理方法として，「次世代型焼却システム」という名のもとに，多数のメーカーが一斉に開発に着手した。そして共通の開発命題は以下であった。

- 排ガス中汚染質のより一層の低減化（低NOx排出，低ダイオキシン類排出：目標$0.05ng\text{-}TEQ/m^3_N$以下）
- 焼却残さの溶融スラグ化によりダイオキシン類や重金属の無害化と再資源化
- ごみのもつエネルギーを利用した効率的な溶融システムの構築
- 焼却エネルギーの効率的回収
- 低空気比燃焼による排ガス量の低減化と排ガス処理設備のコンパクト化
- スラグや鉄，アルミなどの回収品質の向上によりマテリアルリサイクルの推進

これらの命題の解決のために各社は，当時ヨーロッパで開発，実証が進んでいた「熱分解ガス化溶融システム」「ガス化改質システム」に注目した。そして，技術導入するもの，自社開発するものなど多様な動きのなかで，2002（平成14）年12月のダイオキシン類対策特別措置法の猶予期間終了による規制強化の時期に合わせるため，開発・実証・建設が行われた。

「ガス化溶融」の基本は，ごみを加熱，熱分解してできたガスおよび炭素（炭化物ないしチャーと呼ぶ）を高温燃焼・溶融して排ガスとスラグにすることである。また，「ガス化改質」は同じく，ごみを熱分解したガスを改質器で低分子化し高質燃料化するものである。いずれも燃焼はガス燃焼であるので，低空気比で高温燃焼が可能である。そのためダイオキシン類およびその前駆体をほぼ完全に分解するものであり，排ガス中のダイオキシン類濃度は$0.05ng\text{-}TEQ/m^3_N$以下に抑制するものである。

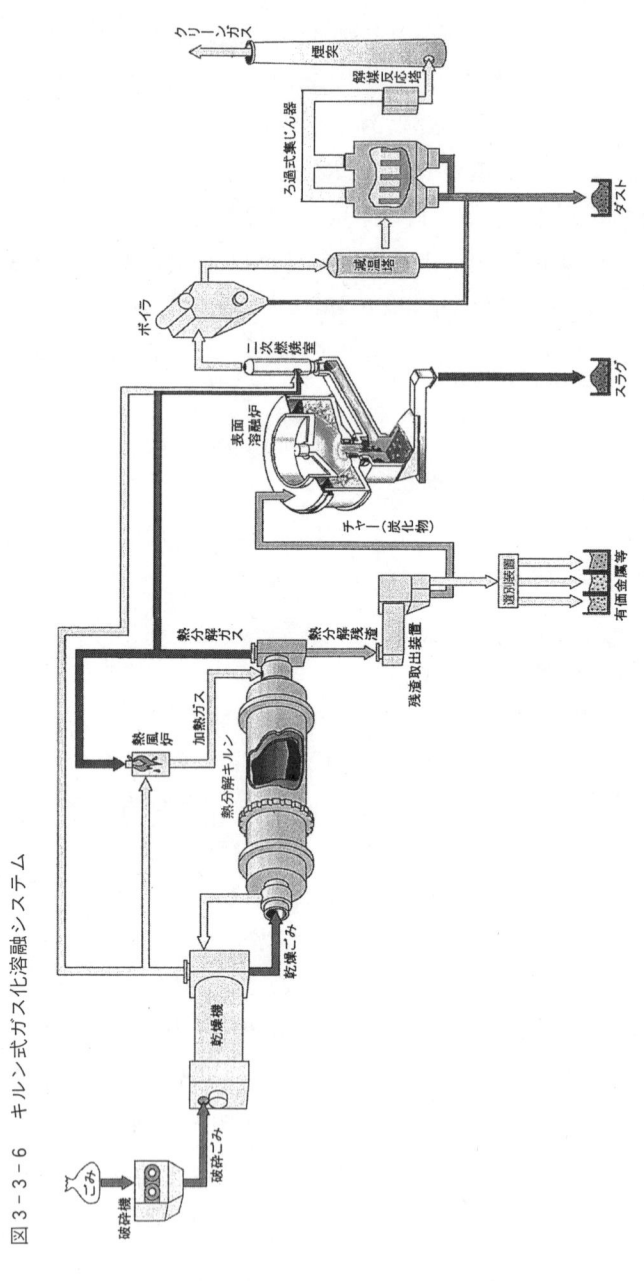

図3-3-6 キルン式ガス化溶融システム

出典 石川島播磨重工業(株) カタログ

(2) ガス化溶融設備，ガス化改質設備の種類

ガス化溶融システムには次の3種類の形式がある。
・キルン式ガス化溶融システム（間接加熱式熱分解ガス化）
・流動床ガス化溶融システム（部分酸化式熱分解ガス化）
・シャフト炉式ガス化溶融システム（熱分解溶融一体式）

また，この他にもガス化改質システムもある。
以下，それぞれの形式について概説する。

① キルン式ガス化溶融システム（図3-3-6）

外熱キルン式熱分解炉と燃焼溶融炉により構成されるシステムである。酸素の供給を断って間接的に加熱して熱分解を行う方式であり，ヨーロッパで数例開発されていた。よって，本方式の一部は技術導入によって実施されている。

ごみは効率よく熱分解が行われるように，150mm以下に破砕し，ごみ質の安定化を図るために事前に直接気流乾燥を行って，熱分解キルンに供給される。熱分解キルンに供給されたごみは，間接加熱され1～2時間かけてゆっくりと乾燥・熱分解が行われる。間接加熱の熱源として，熱分解ガスを燃焼してできた高温排ガスを用いる。また，熱源として燃焼溶融炉からの高温排ガスとの熱交換で得た高温空気で行う形式もある。キルンからは熱分解ガスのほかに熱分解残さとして不燃物と固定炭素（チャー）が同時に排出される。これらは安全な温度まで冷却され，ふるい分け磁選およびアルミ選別により鉄とアルミの有価金属とチャーに分別される。キルン内が酸素の供給のない還元状態となり，金属類は，リサイクルに適したきれいな状態で排出される。チャーはそのまま燃焼溶融炉に送られる。燃焼用の高温空気を吹き込まれて，未燃揮発分を残したチャーは燃焼溶融炉で1350℃の高温で燃焼しながら，自身の不燃物を溶融スラグ化する。その後排ガスは二次燃焼室へ送られ，残った熱分解ガスとともに，空気比1.3程度の低空気比燃焼により高温にて完全燃焼され，ダイオキシン類およびその前駆体を分解する。高温でありながら低空気比および還元二段燃焼のため，窒素酸化物（NOx）の発生は抑制され

図3-3-7 流動床ガス化溶融システム

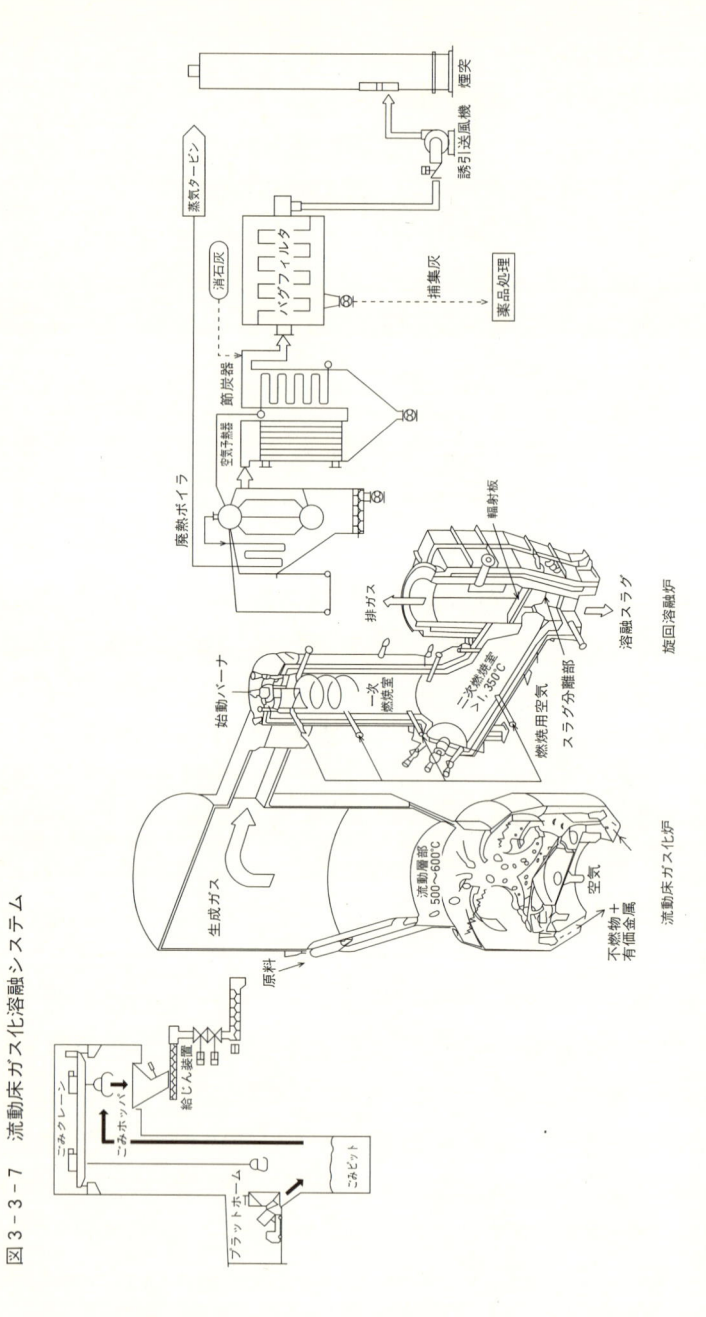

出典 石川龍一:ごみ焼却におけるダイオキシン類除去技術 燃料及び燃焼,64(12)(1997年)

る。

　溶融炉が旋回溶融炉の場合，チャーは粉砕された後に溶融炉に導入される。溶融炉では，熱分解ガスとチャーが燃焼用空気の吹き込みにより1300℃程度の高温で燃焼し，灰は溶融スラグとして排出される。

　二次燃焼室ないし溶融炉を出た排ガスは廃熱ボイラにより熱回収され，バグフィルタにより除じんされる。ガス燃焼であるため，余剰空気量が他の焼却方式に比べ少ないため，排ガス量が少なく，排ガスの持ち出し熱量が小さいため熱回収効率が向上する。

② 　流動床ガス化溶融システム（図3-3-7）

　流動床ガス化溶融システムでは，ごみは流動床ガス化炉に投入される。ここで，ごみの一部が燃焼する部分酸化が行われ，その燃焼熱を利用して熱分解が行われる。流動床ガス化炉では500〜600℃と比較的低温でまた極低空気比でごみの乾燥・熱分解ガス化がゆっくり行われる。

　流動床ガス化炉で生成する熱分解ガスとチャーは直接ダクトを通って後続の旋回溶融炉に導入され，ここで燃焼用空気が吹き込まれ，1300〜1400℃の高温燃焼が行われる。ここでダイオキシン類を完全に分解し，灰は溶融，スラグとして排出する。

　溶融燃焼炉以降の熱回収と排ガス処理は他システムと同じである。

　流動床ガス化炉における不燃物の分離排出は流動床焼却炉と同様であり，金属，ガラス，陶磁器片および石ころ等の不燃物は流動床ガス化炉の底部より流動媒体とともに排出され，ふるい分けにより流動媒体はガス化炉へ戻される。金属類は有価物として回収されるが，流動床ガス化炉が極低空気比の還元雰囲気で運転されるため，キルン式と同様の状態での回収が可能である。

③ 　シャフト炉式ガス化溶融システム（図3-3-8）

　高炉技術のごみ処理への応用であり，ガス化溶融炉本体は竪型シャフト炉で熱分解ガス化と溶融機能を一体化させている。炉内は上方から下方に向かって乾燥・熱分解ガス化域と燃焼溶融域から構成されている。

　ごみは補助燃料のコークスおよび溶融助剤の石灰石とともに炉頂より投入

図3-3-8 シャフト炉式ガス化溶融システム

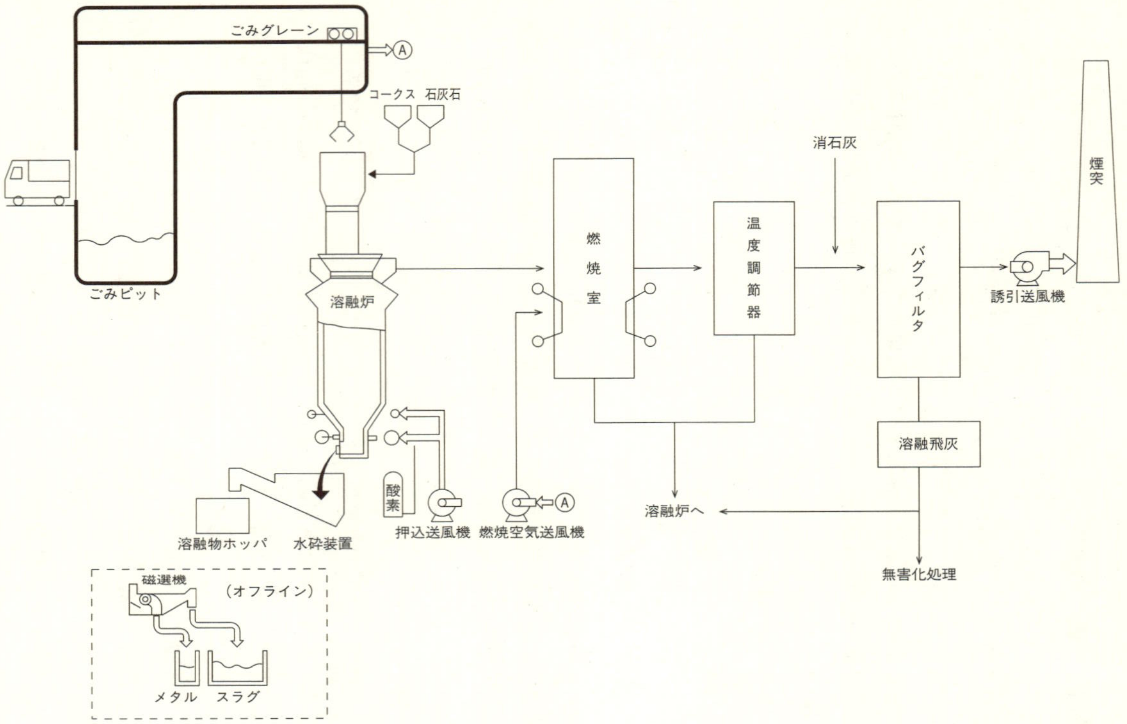

出典 (財)廃棄物研究財団：次世代型ごみ焼却処理施設の開発研究（平成8年度報告書）

第3章　ごみ処理と資源化の技術

され，溶融炉内を降下し乾燥・熱分解ガス化域で乾燥・熱分解ガス化が行われる。この領域は空気吹込口からの送風により700℃程度に保たれる。

ガス化された残りの灰分と無機物はコークスや石灰石とともに燃焼溶融域に下降する。燃焼溶融域では主な空気吹込口から酸素富化高温空気を吹き込まれ，1700～1800℃の高温により金属や不燃物を溶融スラグ化する。熱分解ガスは溶融炉上部または別置の燃焼室において燃焼用空気を吹き込まれ1000℃程度の高温で燃焼する。

燃焼室以降の熱回収と排ガス処理は他システムと同じである。

各システムは熱分解ガス化の方法や灰のスラグ化の方法に差があるものの，共通して以下の機能をもっている。

- 高温完全燃焼により，ダイオキシン類の発生とガス冷却過程における再合成を抑制し，ダイオキシン類排出量を低減する（$0.05\mathrm{ng\text{-}TEQ/m^3_N}$以下）。
- ごみの保有熱を有効に利用して灰の溶融固化を行い，灰は無害化されスラグとして有効利用が図られる。
- 低空気比燃焼により，設備がコンパクトになる。
- 低空気比燃焼により高効率の熱回収を行う。

すなわち，高度な完全燃焼によるダイオキシン類の発生抑制と灰の溶融固化処理および高効率発電を同時に実現するものである。

④　ガス化改質システム

有機物を熱分解させ，できたガスを種々の反応で高カロリーのガスに転換する操作をガス化改質という。廃棄物処理において実績がある方式としては，ヨーロッパからの導入技術である，図3-3-9に示す方式がある。

投入されたごみは外熱式熱分解に入る前に圧縮脱気される。熱分解炉を出た後熱分解ガスと熱分解カーボンほかに分離する。熱分解カーボンは純酸素を吹き込まれて，2000℃で溶融し，スラグとメタルになって排出される。一方熱分解ガスは，1200℃，2秒以上保持されてタール分が分解してガス改質（クラッキング）が行われる。その後70℃まで水噴射により急冷される。こ

図3-3-9 ガス化改質システム

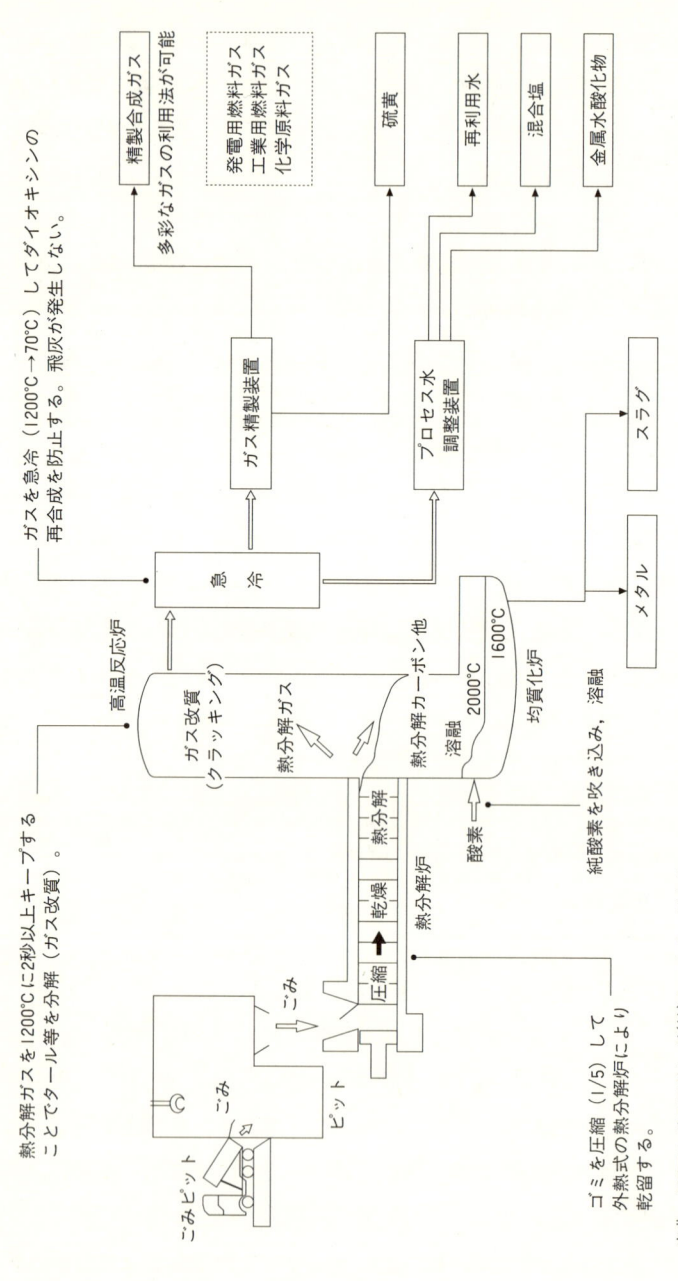

熱分解ガスを1200℃に2秒以上キープすることでタール等を分解（ガス改質）。

ガスを急冷（1200℃→70℃）してダイオキシンの再合成を防止する。飛灰が発生しない。

多彩なガスの利用法が可能
- 精製合成ガス
- 発電用燃料ガス
- 工業用燃料ガス
- 化学原料ガス

- 硫黄
- 再利用水
- 混合塩
- 金属水酸化物

ガス精製装置

プロセス水調整装置

急冷

高温反応炉
ガス改質（クラッキング）

熱分解ガス
熱分解カーボン他
溶融 2000℃
均質化炉 1600℃

酸素

- スラグ
- メタル

純酸素を吹き込み、溶融

熱分解
乾燥
圧縮
ごみ
ピット
ごみピット
ごみ

ゴミを圧縮（1/5）して外熱式の熱分解炉により乾留する。

出典 JFEエンジニアリング(株)ホームページより

第3章 ごみ処理と資源化の技術 129

図3-3-10 加圧二段ガス化炉

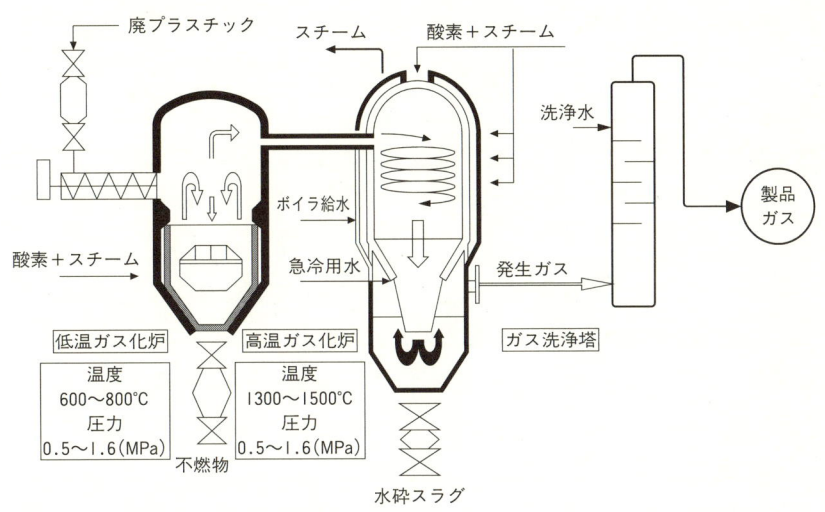

[図: 加圧二段ガス化炉の構成図。廃プラスチック投入、低温ガス化炉（温度600～800℃、圧力0.5～1.6(MPa)）、高温ガス化炉（温度1300～1500℃、圧力0.5～1.6(MPa)）、酸素＋スチーム、スチーム、ボイラ給水、急冷用水、洗浄水、発生ガス、ガス洗浄塔、製品ガス、不燃物、水砕スラグ]

出典 (株)荏原製作所ホームページより

の過程で，ダイオキシン類の再合成が防止されるとともに，飛灰成分は水側へ移行する。改質されたガスはさらに脱硫などを行うガス精製装置を経て，発電用ガス燃料や化学工業の原料ガスとして利用される。また排水からも金属水酸化物などの回収が行われる。

このように，従来の焼却の延長線上の廃熱利用だけではなく，工業用原料としてマテリアルリサイクルの可能性を示した画期的なシステムである。

ガス化改質はこの他にも，流動床ガス化を応用して酸素・スチームによる加圧二段ガス化により，廃プラスチックを熱分解し原料ガス化するプロセスも実用化されている（図3-3-10）。

(3) 焼却技術との差異

焼却施設の燃焼の過程で行われている熱分解の過程を単独で行い，熱分解ガスとチャーを取り出し，その分解ガスとチャーを低空気比で高温燃焼させて溶融まで一気に行うのが，ガス化溶融システムである。つまり，焼却と溶

融の過程を一つのプロセスで行うことで効率化を図っている。溶融の方式は必然的に燃焼式となり，その排ガスはごみ焼却に由来するものである。したがって，以下の詳細な違いを除いて，施設内の各設備は大きな相違はなく，前項第3節-1で解説した内容を踏襲している。

- 燃焼温度が高く，炉内の耐火材の仕様は溶融炉と同様に高級で，過酷な使用条件にさらされている。したがって，その消耗は焼却炉の比ではない。
- 残さとしてスラグが排出される。スラグの利用価値を高めるためには，摩砕，粒度選別設備などを追加したほうがよい。
- 排ガス中の飛灰の成分は溶融排ガスと同様に，重金属が濃縮し，塩類の濃度が高い。したがって，ボイラ伝熱管などには形状，材質など考慮を要する。
- 低空気比燃焼であるので，排ガス量は焼却に比べ少なく，排ガス処理設備の容量を小さくできる。

3 焼却残さ溶融技術

(1) 焼却残さ溶融技術の目的と適用

ここで焼却残さとは，焼却灰，飛灰，排水処理残さ，排ガス処理残さ等の総称で，ごみ焼却過程から排出される残さの総称をいう。

これまで一般廃棄物の処理は，焼却により廃棄物を減容化，安定化，無害化した後，焼却残さを埋立処分する方法が一般的であった。しかし，適正処理のために不可欠な最終処分場の確保が困難になってきて，焼却残さの埋立処分量を削減し，リサイクルを図ることは，最終処分場の延命化の点からも重要な課題となっている。

ごみ焼却に伴い発生したダイオキシン類は，排ガス中だけでなく，焼却残さ中，特に集じん設備で捕集されたばいじんの中に多く含まれており，そのダイオキシン類量を削減するとともに，処分に伴う環境汚染の防止を図る必

要があった。同じくばいじんに含まれる重金属の溶出は，地下水の汚染をもたらすことから，特別管理一般廃棄物として，溶出防止策を義務づけられていた。同じく産業廃棄物を焼却したあとのばいじんも同様に有害であるので，その飛灰は特別管理産業廃棄物に指定されている。

　一方，燃料や電気のエネルギーを用いて，焼却残さを加熱高温条件下に置き，残存する有機物を完全燃焼し，無機物を溶融した後に冷却してスラグとする溶融固化技術が開発された。重金属の溶出防止およびダイオキシン類の分解，削減に有効であるとされていた。スラグはその品質が確保されれば，道路用材，コンクリート骨材等に有効利用することができ，最終処分量を削減するとともに，砕石採取の環境破壊，資源枯渇防止の点からも重要であり，資源循環型社会構築の一歩となり得る技術であった。

　これらの観点から，焼却残さの溶融固化の実施の推進とスラグの有効利用の促進を目的として，1997（平成9）年1月の厚生省通達衛環第21号「ごみ処理に係るダイオキシン類の削減対策について」のなかで「ごみ焼却施設の新設に当たっては，焼却灰・飛灰の溶融固化施設等を原則として設置すること」とされ，溶融施設の設置推進が始まった。

　近年では産業廃棄物処理においても，その残さの埋立地不足とスラグ，溶融飛灰の資源化を目的に溶融固化技術が一般的となりつつある。

　溶融固化技術の目的を再度まとめると，以下のとおりである。
- ・焼却残さの再資源化
- ・重金属等の溶出防止
- ・重金属等の含有量の低減
- ・ダイオキシン類の分解，除去
- ・最悪の場合，埋立処分されることを考え，減容化

(2) 焼却溶融技術の種類

　溶融炉は，加熱・溶融する熱源によって分類され，電気から得られた熱エネルギーを用いる電気式，燃料の燃焼熱を用いる燃料燃焼式，並びにごみを

図3-3-11 溶融炉の分類

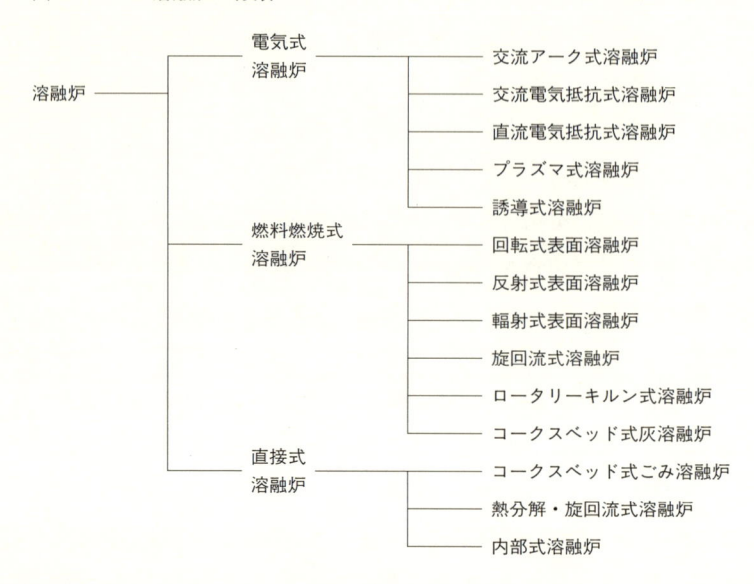

```
                ┌─ 電気式    ┌─ 交流アーク式溶融炉
                │  溶融炉    ├─ 交流電気抵抗式溶融炉
                │            ├─ 直流電気抵抗式溶融炉
                │            ├─ プラズマ式溶融炉
                │            └─ 誘導式溶融炉
                │
                │            ┌─ 回転式表面溶融炉
                │            ├─ 反射式表面溶融炉
  溶融炉 ───────┼─ 燃料燃焼式 ├─ 輻射式表面溶融炉
                │  溶融炉    ├─ 旋回流式溶融炉
                │            ├─ ロータリーキルン式溶融炉
                │            └─ コークスベッド式灰溶融炉
                │
                │            ┌─ コークスベッド式ごみ溶融炉
                └─ 直接式   ├─ 熱分解・旋回流式溶融炉
                   溶融炉   └─ 内部式溶融炉
```

図3-3-12 焼却残さ溶融固化施設一般フロー

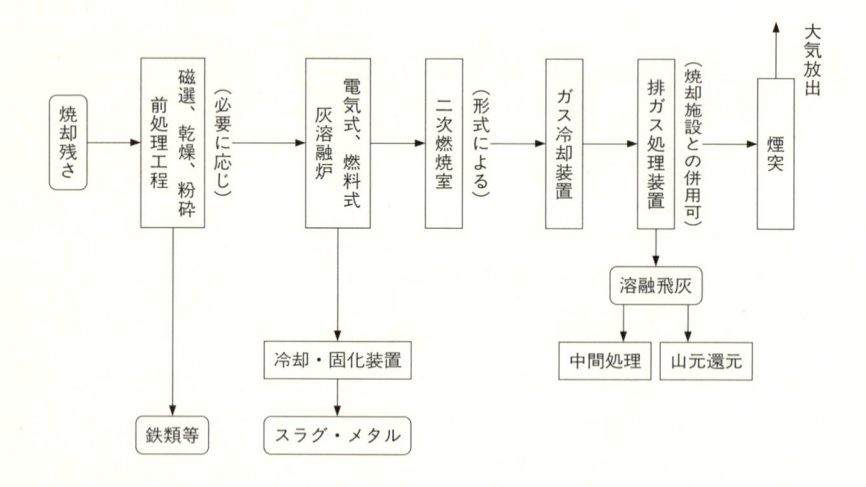

焼却残さ → 磁選、乾燥、粉砕 前処理工程 →(必要に応じ)→ 電気式、燃料式 灰溶融炉 →(形式による)→ 二次燃焼室 → ガス冷却装置 → 排ガス処理装置（焼却施設との併用可）→ 煙突 → 大気放出

前処理工程 → 鉄類等
灰溶融炉 → 冷却・固化装置 → スラグ・メタル
排ガス処理装置 → 溶融飛灰 → 中間処理／山元還元

直接溶融する直接式に分類される。図3-3-11に示すようにそれぞれエネルギーの取り出し方式，炉形状により詳細に分類される。

図3-3-12に溶融固化施設の一般的なフローを示す。排ガス処理装置のうち，低沸点重金属が蒸発しやすいので集じん器としてはバグフィルター等の高度な設備で処理することが一般的である。溶融飛灰を集じんするとともに，消石灰等の吹き込みにより排ガス中の塩化水素や硫黄酸化物などを除去することが可能である。焼却施設と併設の場合は焼却施設の発電による電気エネルギーが利用可能であり，排ガス処理装置のうち，塩化水素や硫黄酸化物の除去装置や脱硝装置も併用可能である。

スラグの冷却方式により，水冷スラグ，空冷スラグ，除冷スラグの3種に分類することができる。また，それぞれ性質も異なる。

① 水冷スラグ

水冷スラグは，溶融スラグを冷却水槽に直接落下させ急冷固化，細粒化して製造する。細かく砕かれた形状から水砕スラグとも呼ばれる。装置の長所として，
- 装置の構造がシンプルで設備費が安く，設置スペースが小さい。
- 維持管理が容易で作業性がよい。また炉内圧の保持性能がよい。
- 装置としての熱の放散が少なく，建屋内の作業環境が良好に維持できる。

短所として，冷却水の水量，水質，水温の管理が必要となる。

水砕スラグの長所は，
- 砂状のため，ハンドリングが容易である。
- スラグとメタル[1)]の分離が容易である。
- 土木建築分野でそのまま細骨材の代替品として利用可能である。

また，短所として
- 急冷固化するため，ひび割れがあり天然砂と比較して脆い。
- 溶融条件によっては水砕スラグの一部が針状となる場合があり，細かく

---

1) メタル：残さ中の各種金属のうち溶融したものが混じり合い，合金に似た状態で排出されたもの。

擦りつぶす摩砕などの後処理が必要となる。
② 空冷スラグ

空冷スラグは，溶融スラグを鉄製の搬送コンベヤまたはモールド（成型枠）に受け，空気中で放冷して作られる。装置の長所として，
- 水砕スラグ製造装置に比べて，冷却水の取り扱いが不要である。
- 排水管理が不要である。

短所として，
- 溶融スラグを高温のまま取り出すため，取り扱いに注意が必要である。
- 装置が大型になる。

空冷スラグの長所として，
- スラグとメタルが冷却前に分離している場合が多く，空冷後メタルを分離する必要が無い。
- 高温から空冷するため，水砕スラグに比べて強度が高い。
- 破砕した後，粒度調整すれば路盤材等への再利用が容易となる。

短所としては，比較的粒度が粗く，細骨材や砂の代用として使用するためには破砕処理が必要である。

③ 除冷スラグ

除冷スラグは，溶融スラグを一定量モールドに受け，保温室を経由して排出することにより作られる。

装置は，モールド室の温度調整を行わなければならないなど，複雑かつ大型のものとなる。しかし，その性質は除冷することにより，結晶化が進んでおり，空冷スラグよりも強度が高い。また，天然骨材と同等の物性をもつスラグができ，再利用用途の可能性が大きい。

(3) 生成物，副生物の有効利用

焼却残さの溶融固化処理により，スラグ以外にも以下の副生物が排出される。

① 前処理残さ

溶融固化する前の前処理工程から排出されるもので，大型の金属類（鉄，アルミ等），焼却炉内の極所高温により灰が溶融してできるクリンカなどの夾雑物がある。これらは，埋立処分を行うが，付着する飛灰には重金属やダイオキシンが含まれるため，事前に洗浄等が必要となる。

② 溶融飛灰

溶融固化施設の集じん器で捕集された飛灰で，特別管理一般廃棄物となる。そのため，最終処分する際は法令で定められた，溶融固化，セメント固化，薬剤処理，酸その他の溶媒による安定化，焼成のいずれかの方法で処理することにより，溶出濃度は埋立基準を満たさなければならない。低沸点の重金属（鉛や亜鉛）が濃縮されており，従来から山元還元へ回すべきとされてきたが，実際は引き取り価格で折り合わず，実例が少なかった。近年精錬業者の環境事業への取り組み強化により，実例ができつつあり，近い将来には再生ルートとして確立されるものと思われる。

③ メタル

溶融炉に投入された焼却残さ中の金属は，メタルとなってスラグと同時にまたは比重差で分離されて排出される。スラグと同時に排出されたメタルは，磁選機によって磁力選別される。水砕されたメタルは，数mmの粒状であり，また分離排出後に空冷されたメタルはブロック状となっている。これまでは，リンや硫黄の含有量が多く，製鉄原料には不向きで，建設機械の釣合いおもり程度しか，用途がなかった。しかし，溶融対象物によっては，銅や金などの含有量が多く，条件がそろえば精錬業者が有価で引き取る場合がある。

④ スラグ

溶融固化技術が実施され始めたときから，その資源化は重要な課題であったが，その用途は試験的なものの領域を出ることがなかなかなかった。しかし，溶融施設の一般化，ガス化溶融施設の普及により，その用途開発は必須のものとなった。近年やっと，道路用骨材としてJIS制定を目指した動きが活発化している。今後の溶融処理施設の普及に関わることであり，再利用の拡大が可能な条件づくりが望まれる。

利用技術の詳細は，p.148「スラグ利用技術」による。

4 特別管理廃棄物の無害化技術

(1) 特別管理廃棄物の種類と性質

1992（平成4）年に「廃棄物の処理及び清掃に関する法律」が改正され，一般廃棄物および産業廃棄物のうち，爆発性，毒性，感染性その他の人の健康または生活環境に係る被害を生じるおそれがある性状を有するものをそれぞれ特別管理一般廃棄物，特別管理産業廃棄物に区分し，処理方法などを別に定めた。

① 特別管理一般廃棄物

特別管理一般廃棄物には，大別して，PCB（ポリ塩化ビフェニル）を使用する部品，ばいじん，感染性一般廃棄物がある。

PCBを使用する部品とは，旧式のエアコンやテレビ，電子レンジなどのうち絶縁油としてPCBを使っている可能性のある廃品が適用する。PCBそれ自体が危険であるだけでなく，処理方法を誤ると，大量のダイオキシン類を発生させるからである。

ばいじんとは，焼却施設内の集じん設備にて集められたものをいう。これは，主に重金属を含有し，未処理で埋立最終処分された場合に，重金属が溶出し地下水汚染を引き起こすからである。また，ダイオキシン類を高濃度で含有している危険性もある。

感染性一般廃棄物は，病院，診療所，老人保健施設や感染性病原体を扱う研究施設から排出されるもののなかで,感染性病原体を含んだり付着したり，またはその恐れのある廃棄物のうち,産業廃棄物の扱い以外の廃棄物をいう。その危険性は，人体が直接接触することにより，感染する可能性があるからである。

② 特別管理産業廃棄物

特別管理産業廃棄物とは,特に引火性の高い廃油,pHが2.0以下の強力な廃

酸，pHが12.5以上の強力な廃アルカリ，感染性産業廃棄物，PCBを含んだり付着した産業廃棄物，飛散する恐れのある石綿を含む産業廃棄物があるほか，特に有害であるため取り扱いに注意を要する特定有害産業廃棄物の指定がある。特定有害産業廃棄物の判断は，その性状ごとに決められた，金属や有機溶剤，有害物質の含有量や溶出量で決める。

(2) 特別管理廃棄物の無害化技術の種類
① PCB汚染廃棄物

PCBそのものの処理については，国内では化学的脱塩素化法，触媒分解法，水熱酸化分解法があるが，処理施設としては化学的脱塩素化法が主となっている。PCBを含む廃棄物の処理としては，適正な焼却処理を行うことになっている。

② 感染性廃棄物

「廃棄物処理法に基づく感染性廃棄物処理マニュアル」に従い，適正な焼却，溶融処理を行うか，滅菌処理，消毒処理を行ったのち，通常の廃棄物として処理することになっている。

③ 廃油，廃酸・廃アルカリ，廃石綿等，金属汚染物

以下法令に従い，廃油は焼却，蒸留を行う。廃酸・廃アルカリは中和，焼却，イオン交換を行う。廃石綿は耐水性材料で梱包，固化した後に遮断型埋立処分する。金属汚染物は適正な無害化処理を行い，判定基準以下であれば管理型，基準以上であれば遮断型の埋立処分を行う。

④ ばいじん

旧厚生大臣の定める4種類のうちのいずれかの方法で有害性を除去しなければ最終処分することができない。この4方式に加え，2000（平成12）年に焼成技術が追加された。

有害性を判定する基準については，1973（昭和48）年環境庁告示第13号に定める溶出試験方法に基づく重金属類の溶出値が，1973（昭和48）年総理府令第5号に定める「有害産業廃棄物に係る判定基準」以下になるように処理

する必要がある。1994（平成6）年11月に前記「有害産業廃棄物に係る判定基準」の一部が改正され，そのなかで鉛の溶出基準値がそれまでの3 mg/lから0.3mg/lと10分の1に強化され，薬剤添加法が主流となった。

旧厚生大臣が定めるばいじんの処理方法は以下のとおりである。

イ　セメント固化方法

従来から最も多く採用されている方法で，飛灰に約10〜20％のセメントを加え，そこに約15〜25％の水分を加えて十分に混練した後，成型機で成型するもので，パン型造粒機，押し出し式成型機，振動型成型機などいろいろな種類の成型機がある。その後セメントが水和反応によって固化強度が出るまで養生コンベヤなどで静かに養生した後，灰バンカや灰ピットなどに貯留し搬出する。

重金属類の固定のメカニズムは，セメントのもつ強いアルカリ性（pH12）により水溶性重金属類を難溶性の水酸化物に変化させ不溶化させることであり，セメント成分と金属イオンの化学的結合作用が主体的である。

ロ　薬剤添加法

重金属類を固定する薬剤を水に溶解して飛灰に添加し混練する方法で（薬剤添加率は飛灰に対して数％），薬剤には液体キレート剤等が用いられる。固定メカニズムは，薬剤が重金属と強力なキレート結合状態となり，不溶性となるものである。

現在種々のキレート薬剤が開発されているが，排ガス処理設備において消石灰を添加する方法が多くなり飛灰のpHが12を超えるようになってきたため，その強アルカリ状態でも鉛の溶出を押さえることが可能なキレート剤の開発がなされてきた。

キレート薬剤のほかにリン酸塩による不溶化や重金属をフェライト化するために鉄塩を添加する方法などもある。

ハ　溶融固化法

前項で説明した焼却残さの溶融固化処理である。飛灰としての溶融固化は，焼却灰と混合して行うのが通常行われている方法である。熱エネルギー源と

して電気を用いる方法と油,ガスなど燃料を用いる方法に大別できる。

溶融固化は,1200℃以上の高温で無機物である灰を溶かしてガラス状にし,その中に重金属類を閉じこめてしまう方法で,減容率が最も高い。リサイクルは当面しないまでも,最終処分場の確保が困難な自治体では採用する傾向にある。

溶融炉の耐火材の損耗,電極やプラズマトーチなどの消耗でランニングコストがかさむ問題がある。また,塩化物や低融点金属類が主成分となった溶融飛灰を捕集し,その溶融飛灰をさらに別の方法で処理しなければならないといった問題点も抱えている。

最近の飛灰は,公害規制値が厳しくなったため,排ガス処理設備において添加された消石灰を多く含み,塩基度(CaO/SiO_2)が高く融点が1400℃以上にもなる。また塩の再揮散により煙道の閉塞などの問題があり,飛灰だけの溶融は非常に難しい。鋭意研究開発の結果,数件の実績が出始めた。

ニ 酸抽出法

この方法は,飛灰を酸性溶液のなかに入れて重金属類を抽出し,飛灰の安定化を図るもので,飛灰中に塩化物もなく最終処分地において酸性雨に対しても溶出しがたい方法といわれている。しかし,飛灰を溶液から脱水分離する際,機械的な脱水方法では必ず残存する水分があり,そのなかの塩化物や溶解重金属類が問題となるので,何回も水洗浄しなくてはならず,実装置ではかなり複雑になるとともに重金属を含んだ排水の処理設備が必要になるので,採用されている例は少ない。

ホ 焼成処理

セメント焼成炉に投入して,焼成処理を行うとともにセメントの原料とする処理である。この処理は,飛灰を融点近傍の1300℃に加熱し,十分な焼成時間で,固体粒子を融解固着させ,緻密な焼成物とする。重金属のうち低沸点のものはガス中に揮散し,一部は焼成物中に移行する。移行した金属は緻密化した組織に取り込まれて,溶出が防止される。

いずれも大容量のセメント原料の一部として処理される。対象飛灰の重金

属や塩素濃度や量は，製品セメントの各社基準値以下に抑えることができる量が処理量の上限となる。

5 破砕技術

(1) 破砕処理対象物と処理目的

一般収集ごみの中には，焼却やガス化溶融対象の可燃ごみ以外に，粗大ごみ（不燃性および可燃性），燃えないごみ（不燃ごみ）がある。

このほかにも，資源ごみとして分別収集や集団回収されるもの，危険物として別途収集されるもの，「容器包装リサイクル法」や「家電リサイクル法」により別収集や有償引き取りとなるものがある。

粗大ごみや不燃ごみを破砕して，細かくする目的は，以下のとおりである。
- 容積を小さくして，搬送効率を上げたり，埋立処分場の効率を上げる。
- 金属やガラスを回収するための分離性能を向上させる。

(2) 破砕処理技術と適用対象物

破砕機の種類には，高速回転式破砕機，切断式破砕機，低速回転式破砕機の3種類があり，その原理と構造は図3-3-13に示すとおりである。

高速回転式破砕機は，一般的に使用され，急激な負荷変動にも耐える慣性力を有しており，後段の選別機において高純度の資源を回収することに主眼を置き，選別機の回収率・純度が十分発揮できる形状，粒度に破砕することができる。

切断式破砕機は，長尺の可燃性粗大ごみの破砕，不燃ごみの粗破砕に使用されることが多い。柔らかいものから硬い物まで広範囲のものを処理でき，破砕時に火花や高熱の発生がないので，爆発の危険性が少なく安心して操業できる。

低速回転破砕機には，剪断式とスクリュー式の2種類があり，軟質粗大ごみ（畳，マットレス等）の破砕，不燃ごみの粗破砕（高速回転式の前処理）

図3-3-13 破砕機の特徴比較

項目＼方式	高速回転式	切断式（ギロチン式）	低速回転式
1．破砕原理	ハンマーの高速回転による，衝撃・剪断破砕	カッターの往復動作による，切断破砕	カッターの低速回転による，剪断・引裂破砕
2．構造	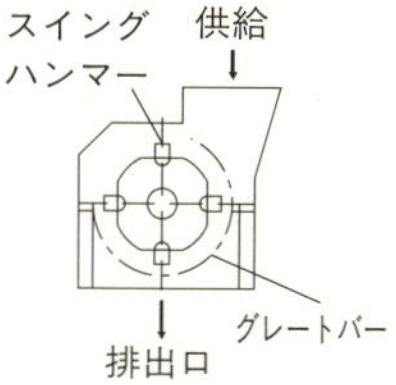 スイングハンマー／供給／排出口／グレートバー	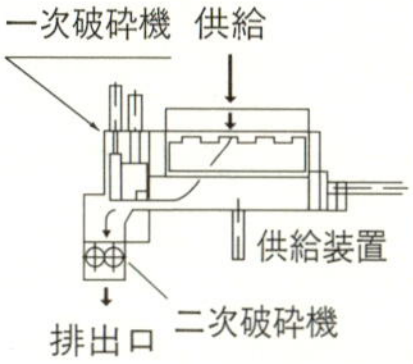 一次破砕機／供給／供給装置／二次破砕機／排出口	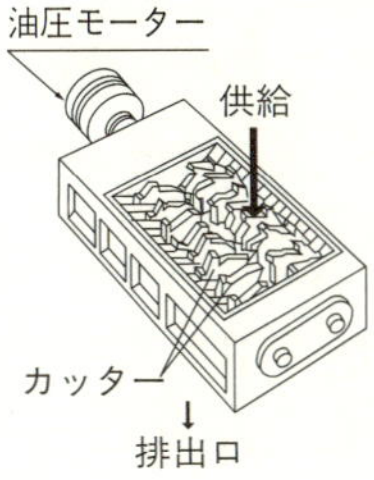 油圧モーター／供給／カッター／排出口
3．難破砕物	柔軟性のもの（マット，布団，畳等）	硬脆のもの（ブロック，ガレキ類）	硬脆のもの（ブロック，ガレキ類）

に使用されることが多い。切断式と同様に，柔らかいものから硬い物まで広範囲のものを処理でき，破砕時に火花や高熱の発生がなく，切断式と同様に安全である。

（三村正文）

参考文献
- ㈳全国都市清掃会議・㈶廃棄物研究財団：ごみ処理施設整備の計画・設計要領（1999）
- ㈱クボタホームページ　http://www.kubota.co.jp/
- JFEエンジニアリング㈱ホームページ　http://www.jfe-eng.co.jp/
- ㈱荏原製作所ホームページ　http://www.ebara.co.jp/
- ㈶廃棄物研究財団：スラグの有効利用マニュアル，環境産業新聞社（1999）
- 環境事業団ホームページ　http://www.jec.go.jp/
- ㈶廃棄物研究財団：特別管理一般廃棄物ばいじん処理マニュアル，化学工業日報社（1993）

第4節　資源化技術

　地下資源の枯渇や熱帯雨林の減少，地球温暖化などの問題がクローズアップされ，地球環境の保護が次世代に対する大きな命題になると，それまでわが国の高度成長時代を支えた多消費型経済は反省され，省資源・省エネルギーが社会の主要な目標となった。ここに，持続的発展と資源循環型社会との調和がこれからの廃棄物管理の目標となった。端的な活動テーマとして，リデュース，リユース，リサイクルの3R（Reduce，Reuse，Recycle）が掲げられた。本節では，資源であるごみからの再利用資源の回収技術を紹介する。

1　資源の選別・回収技術

　一部サーマルリサイクルに関する部分もあるが，広義のマテリアルリサイクルとして，ごみから各種資源を回収する方法を紹介する。

(1)　選別・回収技術と回収物の用途
① 再利用

　リサイクル・再資源化の最も望ましい形態は，製品をそのまま再利用，使い回しすることであり，社会システムが整備されていればリサイクルのためのコストは非常に安くなる。自治体においては，リサイクルセンターやリサイクルプラザ等を建設し，そこで粗大ごみとして収集した廃製品（自転車，家具など）を修理して展示・即売している例も少なくない。民間においてもリサイクルショップ，ガレージセール，青空市等で各家庭の不用品を集めて安く販売するといった活動が広く行われ，生活習慣の転換が起こっている。使い捨ての生活を止め，よいものを長く使い，それでも使わなくなれば，使ってくれる人を探し，使い回しをする生活にしていかなければならないであろう。

産業界においては，収集や再利用するためのコストがかかることやその労働力の確保が困難なことから，使い捨て容器が増えているが，一部ビールびんなどにみられるようにリターナブルびんを堅持しているものもある。便利さもコストであり，総合的に価格を判断できる消費者とならなければならない。

② 物質回収

再利用の次にコストのかからない再資源化の形態で，鉄，アルミ，紙，ガラスびんなどを製品としてではなく物質として回収し，それを原料にして再び製品をつくるリサイクルである。ごみとして排出される際に，どれくらい排出者すなわち住民の協力が得られて，分別されるかが重要なポイントである。また同時に自治体においても，これら分別した回収物の集積場所の確保，回収品の買い取り価格の安定化，収集回数の改善など積極的な対応が不可欠である。

住民によって集団回収され，直接業者に売却されるものには，古紙，段ボール，スチール缶，アルミ缶，牛乳パック，古布などがある。

自治体によって収集されるごみの分別方法は，それぞれの自治体によって異なるが，粗大ごみ（不燃性粗大ごみ，可燃性粗大ごみ），不燃ごみ，資源ごみ，可燃ごみ等に分けられるのが一般的である。

スチール缶，アルミ缶，色別ガラスカレットなど資源別に収集する場合と処理施設において手選別や機械選別によって回収する場合があるが，一般的に大部分は後者である。後者もいったん破砕してから機械選別する場合と，びん・缶などのように集積した後人力による選別や機械による選別を行う場合がある。特に近年は，各種センサーや識別ソフトの向上による機械選別装置の能力向上が著しい。主な選別装置として，生きガラスびんのサイズと色を識別する「ガラスびん自動色選別装置」，容器包装リサイクル法により集められたプラスチックボトルの塩化ビニル部分を除去するなどの材質別選別を行う「プラボトル自動選別機」，同じく紙と2種類のプラスチックに選別する「紙・プラスチック自動選別機」などがある。

前節で説明した破砕設備で細かに破砕された不燃物や可燃物は、以下の機械式選別機を使ってより分けられる（図3-4-1～3参照）。
・粒度選別機——大ものの可燃物と細粒の不燃物に分別する。振動篩とトロンメルがあるが、近年ではトロンメルが一般的になってきた。

図3-4-1　粒度選別機の特徴比較（振動篩－トロンメル）

項目 \ 方式	振動篩	トロンメル
1. 概要	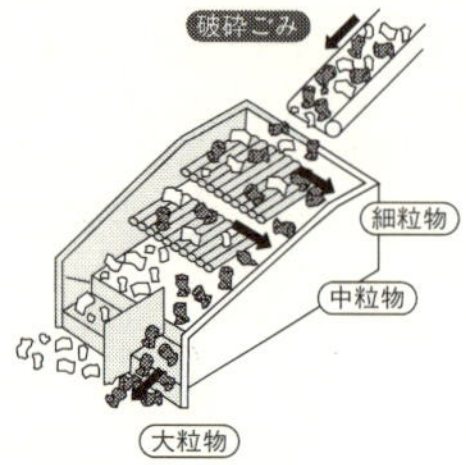 （図：破砕ごみ、細粒物、中粒物、大粒物）	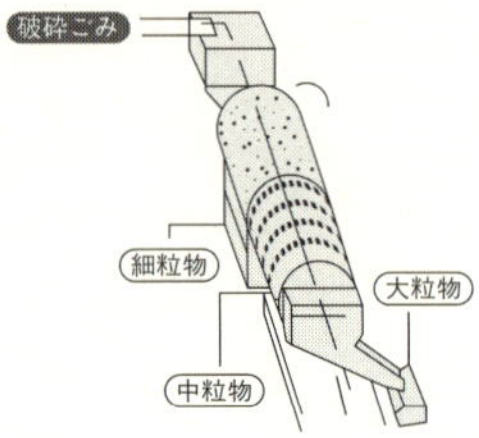 （図：破砕ごみ、細粒物、中粒物、大粒物）
2. 特徴	・機幅、機高ともに小さくてすむ。（設置スペース小） ・篩目が詰まりにくい。 ・篩目の交換が比較的容易。 ・騒音、振動が大きい。	・円筒ドラムのため機幅、機高ともに大きくなる。（設置スペース大） ・篩目が比較的詰まりやすい。 ・篩目の交換がやや困難。 ・騒音、振動が小さい。

図3-4-2　磁力選別機の特徴比較（吊下ベルト－ドラム式－プーリ式）

項目 \ 方式	吊下ベルト方式	ドラム式	プーリ式
1. 概要	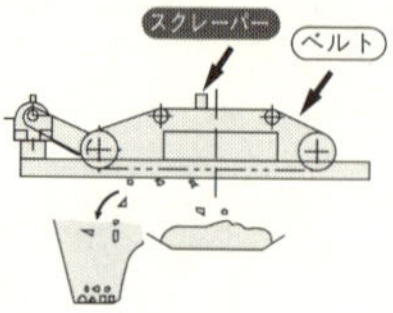 （図：スクレーパー、ベルト）	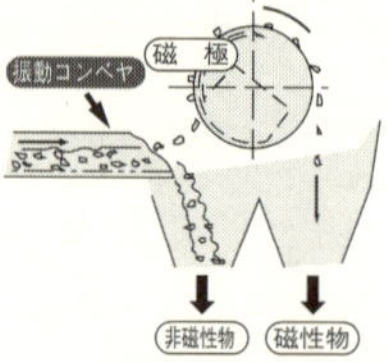 （図：磁極、振動コンベヤ、非磁性物、磁性物）	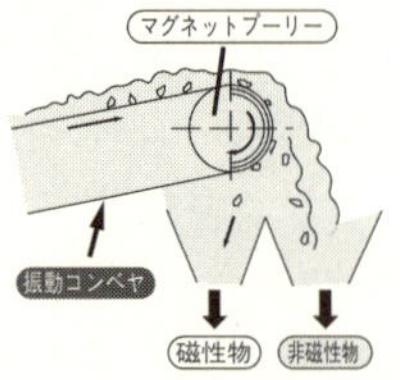 （図：マグネットプーリー、振動コンベヤ、磁性物、非磁性物）
2. 機構	磁石で吸着した鉄を、ベルトによって移動させ、ごみと分離させる。鉄は磁石端部で落下する。	円筒形のドラム内部に半割状の磁石が内蔵され、吸着された鉄はドラムの回転により移動し、磁石端部で落下する。	ベルトコンベヤの頭部プーリ自体に磁石を用いるもので、最も簡便な方式。
3. 特徴	・吸着力は大きい。 ・搬送物の層厚が大きい場合に利用される。 ・鉄片が大きいときに有利。	・吸着力はやや小さい。 ・搬送物の層厚が小さいときに利用される。 ・鉄片が比較的小さいときに有利。	・吸着力は小さい。 ・搬送物の層厚が小さいときに利用される。 ・鉄片が小さいときに有利。

図3-4-3　アルミ選別機の特徴比較

項目 \ 方式	リニヤモータ・振動式	リニヤモータ・回転式	永久磁石・回転ドラム式
1. 概　要	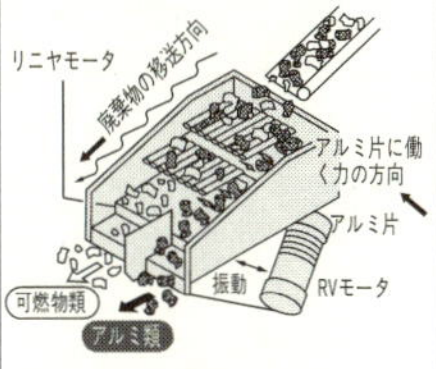	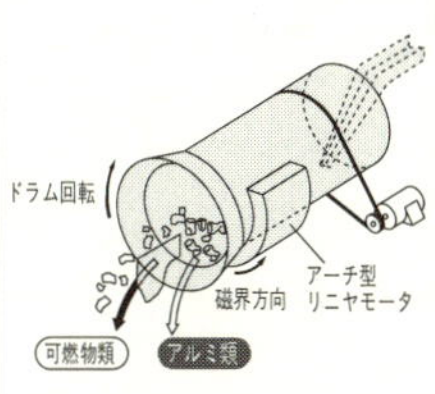	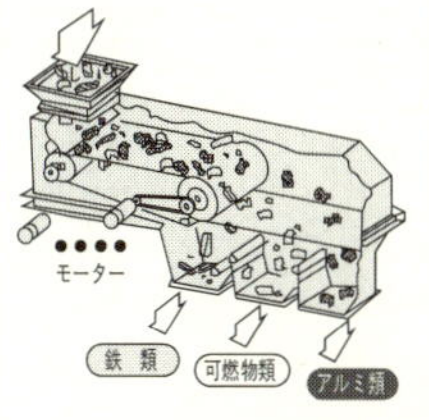
2. 機　構	振動フィーダでごみを移送し，底部に取り付けたリニヤモータによってアルミを横方向に動かし，ごみと分離させる。	振動フィーダの代わりに，回転ドラムを使用するもので，リニヤモータは円筒半割状のアーチ形をしている。	ドラムに内蔵した永久磁石を高速回転させて，アルミに発生する渦電流の動きによって，アルミを上前方へはねとばす。
3. 特　徴	・リニヤモータで，平面上での選別であるため選別効率は比較的良い。 ・設置スペースが大きい。 ・騒音・振動が大きい。	・リニヤモータであるが，円筒形での選別であるため，選別効率はやや劣る。 ・設置スペースが大きい。	・高性能の永久磁石を使用し，アルミの分離方向が上前方であるため，選別効率が高い。

・磁力選別機——磁性物である鉄と非磁性物を分別する。吊下げベルト式，ドラム式，プーリ式がある。風力選別機との組み合わせで高い純度の得られる吊下げ式が多く採用される。

・アルミ選別機——アルミと非金属を分別する。リニヤモータ・振動式，リニヤモータ・回転式，永久磁石・回転ドラム式がある。

　このほかに，回収した金属を圧縮して搬送効率を向上させる金属圧縮機や紙，布，プラスチックなどを圧縮結束する自動梱包機などの省力機械も採用される。

　以上によって鉄，アルミ，不燃物，可燃物に分けられ，不燃物は埋め立てられ，可燃物は焼却される。

③　ガス化，油化

　プラスチック類はあらゆる分野で広く利用されているが，もともと石油製品であり，焼却すると非常に高温になり焼却炉を損傷する。また，塩化ビニルが含まれていると塩化水素ガスを発生してボイラをはじめとする機器の金属部分を腐食する。そのため焼却不適物として分別収集し，そのまま埋め立

ている自治体も多い。しかしながら最終処分場の確保が非常に難しい現状で，プラスチックのように軽くて腐敗しない物質は，最終処分場の大きな負荷になると同時に，埋め立て終了後の跡地利用面でも問題がある。そのため，最近はサーマルリサイクルとして焼却する自治体もある。しかし，燃焼の不安定を引き起こし，ダイオキシン類の発生の原因となることもあるので，慎重な量設定ないし高度な燃焼制御が必要である。

そのほかにプラスチック類だけを分別して熱分解ガス化したり，油化する技術の開発も行われており，一部の都市では実施されている。これらの技術では，プラスチック類だけを分別するのが難しく，さらに塩化ビニルや金属類の含有率が低いほど品質がよくなるのでこれら夾雑物をいかに除去するかがポイントになる。得られた熱分解ガスや燃料油をどのように再利用するかがまだ明確でなく，法の整備や流通の整備も必要である。

④　固形燃料化

ア　RDF（Refuse Derived Fuel）

一般廃棄物を対象としたものを通常RDFと呼び，可燃ごみを処理して一定形状に固形化し，燃料として取り扱うものである。その製造方法は，以下のように行う。

・一般可燃ごみを破砕，乾燥させる。
・不燃物，鉄，アルミを除去分離する。
・腐敗防止用の添加剤を加えて，圧縮成型する。

RDFは，発熱量が3000～5000kcal/kg程度あり，輸送・保存も可能とされ，一部自治体の採用事例があった。その際の燃料の利用先としては，近隣のセメント工場へ持ち込むこととしていた。

燃料としての特質を生かし，一か所に大規模で高効率の専用燃焼施設と発電用ボイラを建設し，近隣の複数小規模市町村にて一般廃棄物を固形燃料化したものを集約して集中的に燃焼，発電を行う事業が大牟田市，三重県，石川県などで実現している。

このように固形燃料化方式の採用には，燃焼利用施設の有無が成立の大き

な条件となる。しかし，ごみ由来の特性から，ダイオキシン類ガイドラインに沿った廃棄物焼却施設で燃焼させる必要があるため，利用施設が大きく普及せず，固形燃料化施設の普及も滞った状態である。

イ　RPF（Refuse Paper & Plastic Fuel）

一般可燃ごみではなく，再生困難な古紙と塩化ビニルを除いた廃プラスチックを原料にして成型固形化したものを，RPFと呼んでいる。こちらは既に，燃料として流通していて，製紙・パルプ工場，製鉄工場などで石炭の代用として採用されている。化石燃料を対象にCO_2削減を目的とした炭素税を機に，その存在が注目されている。また，プラスチックを単に破砕しただけの燃料もあり，ライフサイクルコストで判断した場合のプラスチックの再利用方法として，サーマルリサイクルが議論を呼んでいる。

ウ　炭化燃料

ごみのガス化溶融施設で採用している熱分解キルンを使って，一般可燃ごみを熱分解炭化する。ボイラの腐食防止のため炭化物の塩素分を除去した後，固形化して燃料とする。これを炭化燃料と現状では呼んでいる。近隣施設の燃料として供給する施設が建設されている。RDFよりも保存性に優れ，今後新しいごみ燃料として注目されるであろう。

⑤堆肥化（コンポスト化）

ごみのなかでも厨芥（台所ごみ），食品残さおよび剪定枝などの植物性残さを分別収集し，破砕した後発酵槽内に送り，空気を送りながら発酵させる。農業，園芸用の肥料や土壌改良材等に用いることのできる堆肥化とする。家庭では，厨芥や剪定した葉や枝を容器内に積み上げて堆肥化するが，集約して行う場合は機械化した設備で行う。

ごみの堆肥化は，資源の有効利用，農業への有機資材の提供という点から評価され，野菜くず，もみがら等の農業廃棄物や，し尿汚泥と合わせて堆肥化される例がある。

良質な堆肥を生産するには，プラスチック類やガラスなど生ごみ以外の異物の混入をできるだけ少なくすることが重要であるが，これをすべて機械選

別によって行うのではコストが高くなり不経済である。最近は都市化が進み農家が減って堆肥の需要が少なくなり，しかも家庭からは野菜くずなど厨芥類が排出されなくなったので都市部におけるコンポストプラントはほとんど建設されず，地方の農村部で小規模なプラントが建設されているのみであった。しかし近年，厨芥や，し尿汚泥などバイオマス有機資源を対象に，空気を遮断して行う嫌気性処理を行って，メタンガスを取り出し，小規模であるが発電を行う技術が研究開発されてきている。

2 スラグ利用技術

　焼却残さ溶融施設にて製造されるスラグは，溶融処理の目的に合致した安全な性状をもつものでなければならない。「スラグの有効利用マニュアル」では，スラグを有効利用するにあたって，土壌汚染，地下水汚染を引き起こすことのないよう，安全性を確保する目的で目標基準を定めている。それは，土壌環境基準を参考に設定されたもので，具体的内容としては，表3-4-1に示す6項目である。

表3-4-1　スラグにかかる目標基準

項目	溶出基準（単位：mg／l）
カドミウム	0.01以下
鉛	0.01以下
六価クロム	0.05以下
砒素	0.01以下
総水銀	0.0005以下
セレン	0.01以下

(1)　スラグ利用技術の種類
①　スラグの加工，改質
　スラグに磁選，破砕，粒度調整等の加工を加えることで，土木・建築用資

材としての性状を向上させることができる。さらに，スラグ性状の改質を行うことにより，強度の向上や天然素材特性に近づけるなど品質を高めることになる。性状の向上は，利用のしやすさにつながり，有効利用の用途，機会を増やすことになる。スラグの有効利用量の増加につながるので，積極的に考慮すべきである。

② スラグの有効利用先

イ 道路用骨材

アスファルト舗装の材料の一部として，有効利用が可能である。

それぞれの材料としての規格が定められており，それに合致しなくてはならない。

ロ コンクリート用骨材

骨材とは，コンクリート，アスファルト，道路用舗装に使用する砂，砂利，砕石等の総称である。コンクリート骨材は年間6億トンが消費されているといわれており，スラグの利用先としては有望な分野である。利用にあたっては，「コンクリート用砕石および砕石」のJIS規格を準用する。

ハ コンクリート二次製品

利用先としては，インターロッキングブロックやコンクリート管などの原料が考えられるが，これらについても既存の規格に適合しなくてはならない。

ニ 盛土材，埋め戻し材

盛土材，埋め戻し材などの土木用材として利用することができる。埋立処分場の覆土材としての利用は，天然材料の削減に役立つ。スラグは透水性に優れているので，水抜けが必要な用途に十分利用可能である。

ホ 各種窯業原料

スラグを利用したタイルやレンガなど焼成品の原料に利用可能である。

(2) 利用技術の実例

前項で列記したように，ほとんどの用途にはそれぞれ既存の材料規格があり，それに適合することが利用の第一歩である。2000（平成12）年度の有効

写真3-4-1　アスファルト舗装実証試験

写真 3-4-2　インターロッキングブロック

利用率は発生量の約50％，約70,000トンとされている（エコスラグ利用普及センター調べ）。経済原理だけで考えれば，既存材料，製品を使う方が現在の日本国内では安価であろう。「スラグ利用マニュアル」においても，公共工事への積極的な利用促進をうたっており，各種工事の発注仕様書における採用の記載が必要である。近年，大都市を中心に溶融スラグの規格の制定や大量消費に備えたストックヤードの設置の標準化など，積極的利用を前提にした動きが出始めている。

　スラグ利用の一例として，アスファルト舗装の実証試験を行っている状況を，写真 3-4-1 に示す。これは，ガス化溶融炉から出たスラグを使って試験舗装し，従来材料と比較したものである。結果は，なんら不具合はなかった。
　写真 3-4-2 は，溶融スラグを利用して試作したインターロッキングブロックである。

3 熱回収技術

(1) 熱回収方法とその利用法

焼却施設の項でその一例として，熱回収方法を述べた。ここでは，焼却，熱分解ガス化溶融施設，溶融処理施設など熱処理技術の排ガスからの熱回収方法と利用法について述べる。

① 蒸気回収方法

燃焼ガス冷却設備の項で述べたように，廃熱ボイラによって蒸気として回収される。近年の技術開発により，その回収熱量が増大した。その設備を設ける投資効果から考え，中規模以上の連続操業を行う施設で採用されている。その利用方法のうち，最も一般的なものは自家用発電である。その他，焼却施設の各設備の加熱源，冷暖房用の熱源などに利用される。また場外へ蒸気のままで送られることもある。

イ 発電用蒸気

蒸気の利用としては，熱エネルギーを運動エネルギーに変換する蒸気タービンを使った汽力発電が最も一般的である。焼却処理が本格化した頃から大都市では，焼却熱を利用した自家用発電を行い，電気代の節約が行われていた。しかし，設備や運用の複雑さもあり，有資格技術者が必要であったので全国的には普及しなかった。しかし，近年，ごみのカロリーが高くなり，石炭などに近くなってきたことや，地球温暖化防止策としての廃熱利用の高まりから，ごみ発電が盛んになった。さらに電気事業法の改正により運用が簡素化され，また技術開発によって日本のごみ質でも高効率で発電を行うことが可能となり，ごみによる発電は中都市まで行われるようになってきた。

高温高圧の蒸気を蒸気タービンに導入し，そのエネルギーを最大限に活用して回転動力を得て発電機を駆動する。ごみ焼却特有の塩素による腐食があり，ボイラ伝熱面の保護のための温度制限がある。それを決定する発生蒸気の温度圧力条件が低いこと，海水など多量の冷却水を使用する水冷蒸気復水器が採用できないため蒸気タービン出口蒸気条件がまだ高いことにより，電

力会社の事業用発電や産業用自家用発電と異なり，その効率がまだまだ低い。焼却に伴って発生した全エネルギーに占める発電エネルギーの割合を示す発電効率は，事業用が40％程度に対し最高でも20％程度である。

　発電量の制御方式には，2通りがある。
・施設内の需要量以上で最大限に発電し，発電量に制限を設けない。電力会社や電力卸会社に逆送売電し，収入を得ることができる。
・施設の方針や送電ラインの制限により，発電量に制限を設けることがある。この場合，逆送を行うことはなく，電気的制限回路を設ける。

ロ　動力用蒸気

　同じ蒸気タービンを使用しても，送風機やポンプの動力として，電動機と並用する方法である。発電用のボイラと蒸気タービンは電気事業法の適用を受けるのに対し，こちらの方法は，労働安全衛生法の適用を受け，運転の資格や運用の方法が異なる。蒸気条件も比較的低い条件で済み，設備投資的にも低価格で済む。

ハ　加熱用蒸気

　水分の多い低質なごみの時に燃焼効率を上げるために燃焼用の空気を加熱する。湿式の排ガス処理装置を採用した場合に排ガスを再加熱したり，触媒脱硝を用いるためにガスを加熱したりする。また，ボイラ給水の溶存酸素を除去するために用水を加熱する。これらの熱源に蒸気を用いる。これに蒸気タービン中段の抽気を用いることが多い。

ニ　冷暖房，給湯，ロードヒーティング用など

　焼却施設内の建築用蒸気利用として，1.0MPa（約10気圧）未満の低圧蒸気を吸収式冷凍機や温水熱交換器に供給して，冷暖房や給湯に用いる。寒冷地では，同じく熱交換器で不凍液を加熱して所内の道路凍結防止用ロードヒーティングの熱源とする。

　地域への還元として場外余熱利用施設を併設して，ごみ焼却の余熱を供給する計画が多く実施されている。通常は80℃程度の中温水を蒸気で製造して供給することが多い。余熱利用施設としては，温水プール，憩いの家などの

コミュニティ施設，老人ホーム，熱帯植物園，クアハウスなどがあり，これらの暖房，給湯用の熱源として利用される。

ホ　高温水供給用蒸気

地域熱供給施設や余熱利用施設が大規模な場合など多量の熱量を必要とする施設へ供給する場合や，施設までが遠距離の場合は，熱ロスや返送条件を考え蒸気そのものではなく高温水を用いて熱供給を行う。高温水とは，大気圧以上で120℃程度の熱水で，低圧蒸気を使って製造し循環供給する方式が多く採用されている。東京都新江東清掃工場から東京都熱帯植物園や辰巳国際水泳場への給熱はこの方式である。

② 温水回収方法

比較的小規模の施設で採用される方法で，熱交換器を直接排ガスライン中に設置し，排ガスと水を直接熱交換して温水をつくる方法と，熱交換器を排ガスライン中に設置し，いったん排ガスと空気を熱交換させて温風をつくり，その温風と温水の熱交換器（温水発生器）を別に設ける方法がある。直接熱交換する方法は熱交換器で排ガス中の酸性ガスによる腐食が起こりやすく，その設置位置や構造に特別の配慮が必要となる。温水温度は約80℃程度の中温水で，利用先は前項と同じ場内および場外の余熱利用設備の暖房，給湯用

表3-4-2　ごみ焼却施設における余熱利用の状況

（平成9年度末現在：廃止施設を除き建設中を含む）

	総数	場内温水	場内蒸気	場外温水	場外蒸気	場内発電	場外発電	その他利用	利用無し
施設数	1843 (100.0%)	1006 (54.6%)	188 (10.3%)	260 (14.1%)	88 (4.8%)	188 (10.2%)	104 (5.6%)	118 (6.4%)	714 (38.7%)
処理能力 (t／日)	192,243 (100.0%)	160,975 (83.7%)	80,290 (41.8%)	61,021 (31.7%)	37,407 (19.5%)	85,455 (44.6%)	59,011 (30.7%)	19,688 (10.2%)	15,167 (7.9%)
年間処理量 (t)	40,032,563 (100.0%)	33,681,228 (84.1%)	18,375,213 (45.9%)	13,317,382 (33.3%)	8,801,881 (22.0%)	19,556,193 (48.9%)	13,902,518 (34.7%)	4,568,678 (11.4%)	2,715,202 (6.8%)
発電施設*	190施設 (100.0%)　　86,305t／日 (44.9%)								
発電能力 (kW)	843,348 (100.0%)					825,918 (97.9%)	695,150 (82.4%)		

注　発電施設はあるが，余熱利用として発電を行っていない施設を除く。
出典　環境省：平成13年版 循環型社会白書（2001）

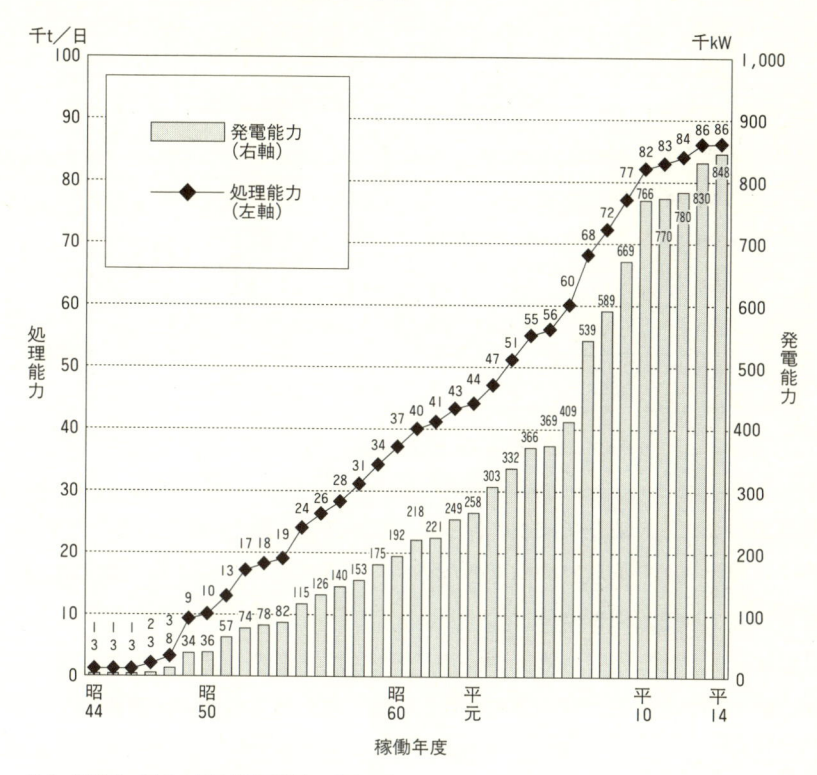

図3-4-4　ごみ発電施設処理能力の推移

出典　環境省：平成13年版 循環型社会白書(2001)

である。

　場外余熱利用設備を併設する場合は，焼却施設の休止時期との調整が難しいため，バックアップ用の補助ボイラを設けることが多い。

(2)　高効率熱回収技術の開発と実例

　表3-4-2は，1997（平成9）年度までの一般廃棄物処理における余熱の利用状況を示したものである。また，図3-4-4は，一般廃棄物処理における発電設備の設置状況と発電総量を示したものである。このように，近年の廃棄

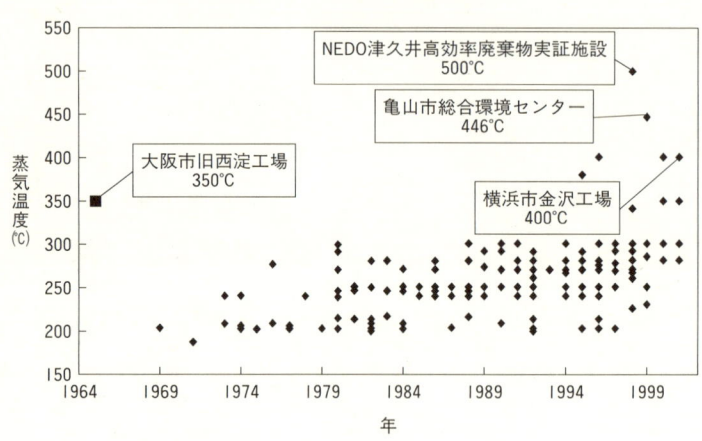

図3-4-5 廃棄物発電設備の蒸気温度の推移

[図: 1964年から1999年以降にかけての廃棄物発電設備の蒸気温度(℃)の散布図。主な例として、大阪市旧西淀工場 350℃、亀山市総合環境センター 446℃、横浜市金沢工場 400℃、NEDO津久井高効率廃棄物実証施設 500℃が示されている。縦軸:蒸気温度(℃) 150～550、横軸:年]

出典　NEDO:廃棄物発電導入マニュアル 改訂版(2002)

物発電の高まりに応じて順調に伸びてきている。また，前項で述べたように，廃熱ボイラでの熱回収率の向上のために，回収蒸気は年を追って高温高圧化が実現している（図3-4-5）。

　図3-4-6に高効率の熱回収が可能なごみ焼却施設のボイラ構造の例を示す。焼却炉の形式はストーカであるが，ボイラの基本的構造は流動床でも似通っている。一次および二次燃焼室のほとんどを水管壁で構成して，ごみの焼却熱を放射伝熱で受ける。その後流には接触伝熱を受ける蒸発管群とボイラから出た飽和蒸気をさらに過熱する過熱器（スーパーヒータ）を配している。付着した飛灰による腐食や伝熱不良を防ぐため，蒸気噴射式や機械槌打式の払い落とし装置が装備される。現在，国内で最高の廃熱回収を行っている例として，焼却施設規模で900トン/日，発電機容量3万2000kW，発電端効率22.93%の計画で建設された「大阪市舞州工場」がある。これは，ごみ焼却単独の発電例であるが，ごみ焼却にガスタービン発電およびその廃熱による蒸気の高温化を行い，さらに高効率の発電を行った例もある。これをガスタービンリパワリング複合型発電（スーパーごみ発電）と呼ぶ。国内では，高崎市，堺市，北九州市，千葉市の4例が実施されている。

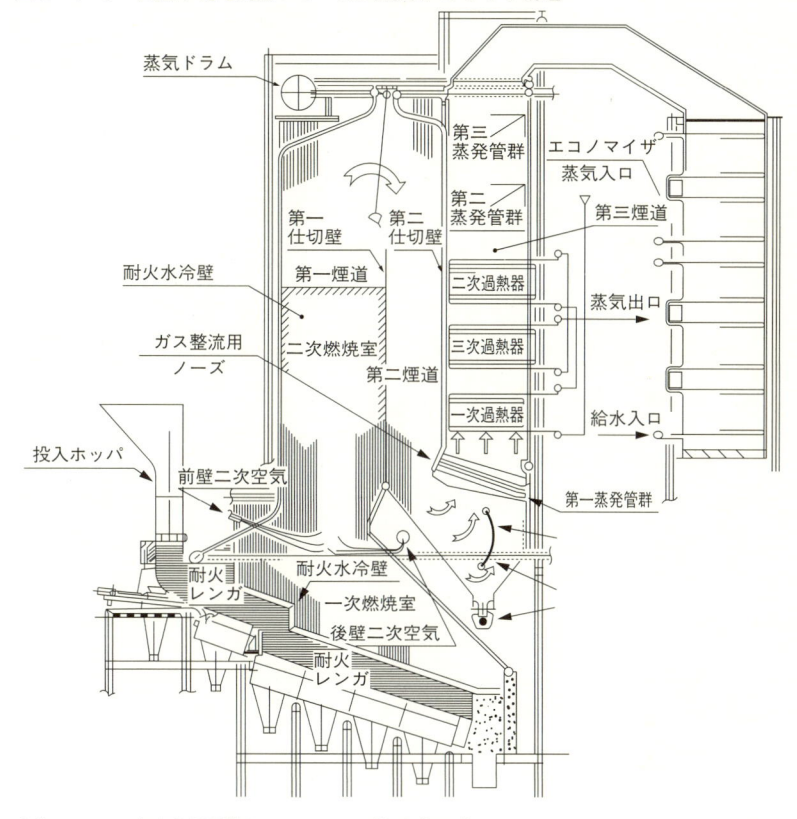

第3章 ごみ処理と資源化の技術　157

図3-4-6　高効率発電対応ストーカ式焼却炉のボイラ構造

出典　NEDO：廃棄物発電導入マニュアル 改訂版(2002)

　このように，廃棄物焼却時の熱エネルギーを電力に変換して，事業用発電による化石燃料使用量削減の一助となる事業が今後も発展していくものと考える。廃棄物からの直接資源化が進んでも，どうしても焼却せざるを得ない廃棄物は発生する。その焼却処理と排ガス処理などの後処理を適正に行いながら，熱エネルギーを高効率に回収，利用する事業が循環型社会における重要な役割となるに違いない。

（三村正文）

参考文献
- ㈶廃棄物研究財団:スラグの有効利用マニュアル,環境産業新聞社(1999)
- ㈳日本産業機械工業会エコスラグ普及センター:循環社会の輪をつなぐ溶融スラグ(エコスラグ)有効利用の課題とデータ集(2002)
- 新エネルギー・産業技術総合開発機構(NEDO):廃棄物発電導入マニュアル 改訂版(2002)

第5節　最終処分の技術

1　埋立処分の目的

　国土が狭く最終処分場用地の確保が困難なわが国では，従来から焼却や破砕など中間処理による減容化，無害化，安定化を図った後，残さを埋立処分することを廃棄物処理の基本としている。このため埋立処分により収集・運搬からはじまる一連のごみ処理がいったん終了することになる。しかし埋立処分が終了しても埋め立てられたごみから浸出水やガスが発生したり埋立層の沈下が続くため，これらが一定の基準（廃止基準）を満たすまで埋立地を管理しなければならない。埋立が終了してから廃止までの期間は埋め立てるごみの質や埋立方法によって異なるが一般的に10年以上といわれている。これらのことから埋立処分の目的は生活環境の保全上支障が生じない方法で，ごみを安全・確実に貯留し，自然界の代謝機能（降水による汚濁物の洗い出しや微生物による分解等）を利用し安定化することである。ちなみにごみを埋立処分しているところを埋立地，埋立地を構成する諸施設を含む敷地全体を最終処分場と呼んでいる（図3-5-1）。

2　埋立地安定化のメカニズム

(1)　埋立地の安定化とは

　最終処分場はごみの埋立中はもちろん，埋立完了後，埋立ごみが安定し，廃止されるまで，その機能を保たなければならない。その期間は埋立期間と安定化期間をあわせた期間で一般的には数十年，継続されることとなる。図3-5-2にその概要を示したが，最終処分場は埋立完了後，閉鎖の措置がなされ埋立ごみが安定化したのち廃止され，その寿命を終える。すなわち廃止までは廃棄物処理法の規制下にあることとなる。

図 3-5-1　最終処分場

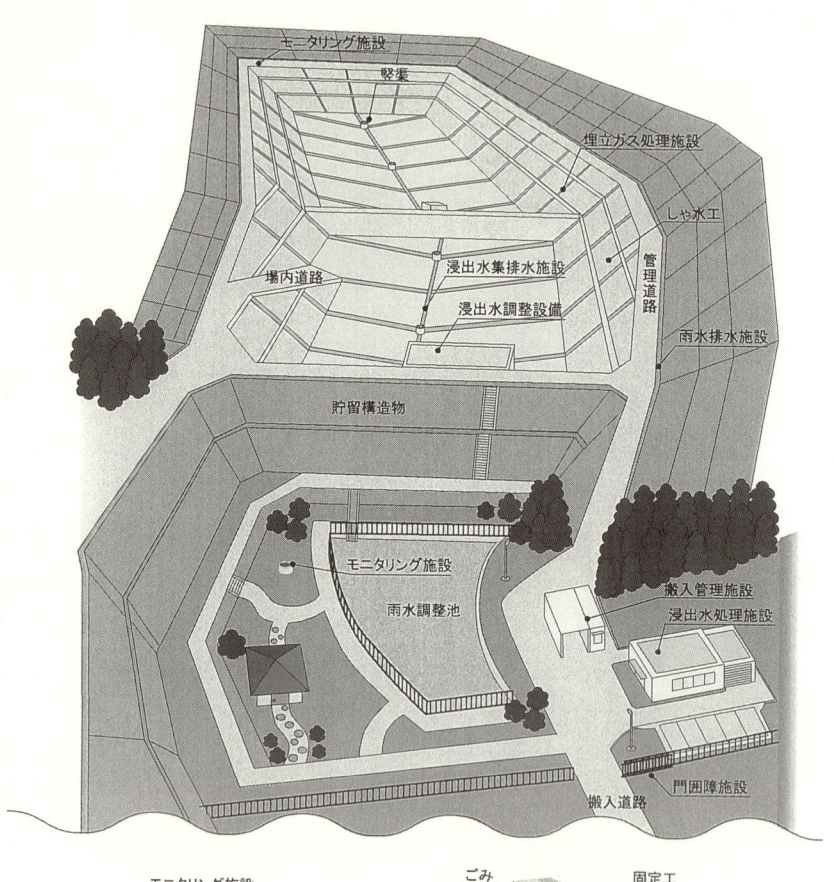

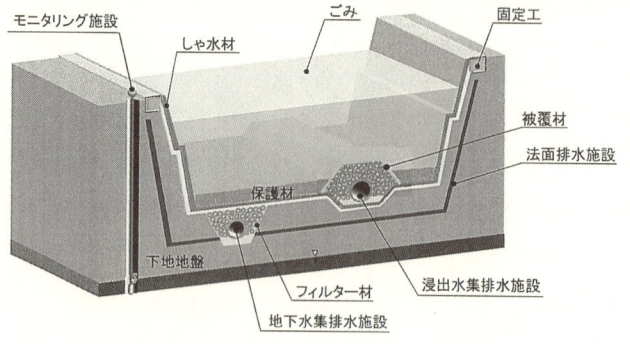

図3-5-2　最終処分場のライフ

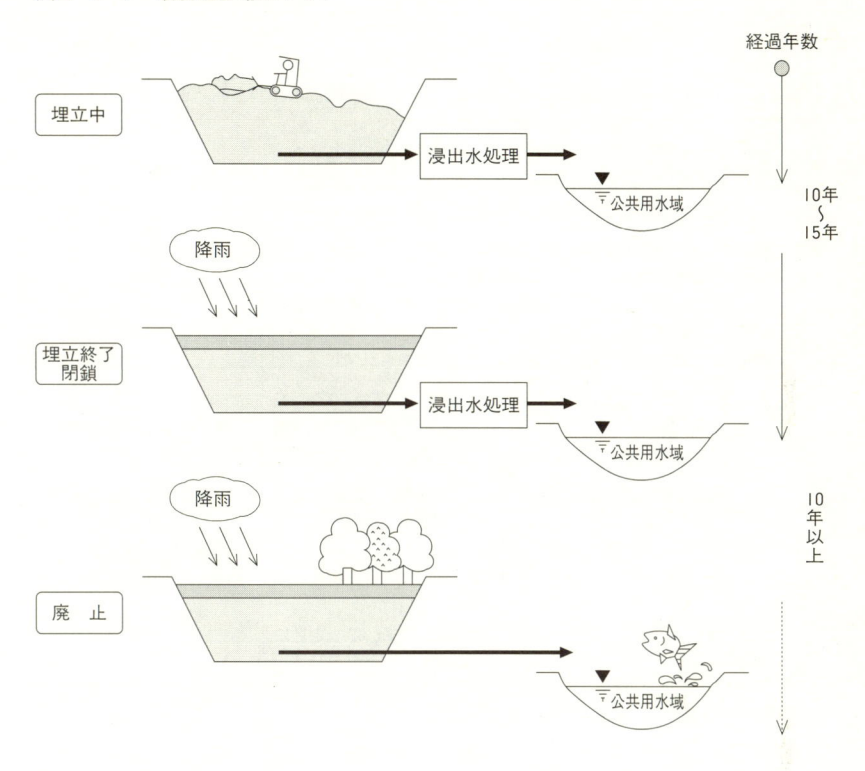

① 法律で定める廃止基準

　1998（平成10）年6月「一般廃棄物の最終処分場及び産業廃棄物の最終処分場に係る技術上の基準を定める省令」（以下「基準省令」と称する）が改正され，この中で最終処分場の廃止について具体的な基準値が示された。表3-5-1に最終処分場の廃止基準の概要を示した。

　このうち管理型処分場と一般廃棄物処分場の基準として定められた「排水基準等に2年以上適合している」の排水基準等とは，維持管理計画に定めた基準であるため，未規制水質項目を含め自主排水基準値を維持管理計画に定めた場合，それが廃止基準となる。例えば塩素イオンやカルシウムイオンの除去を維持管理計画の排水基準に定めた場合や生活環境影響調査等により

表3-5-1 最終処分場の廃止基準の概要

	安定型処分場	管理型処分場 (一般廃棄物処分場)	しゃ断型処分場
共通基準	1．最終処分場の外に悪臭が発散しない措置が講じられている。 2．火災発生防止措置が講じられている。 3．そ族こん虫等が発生しない措置が講じられている。 4．地下水水質が基準に適合していること，基準に適合しない恐れがない。 5．現に生活環境保全上の支障が生じていない。		
個別基準	6．ガスの発生がほとんど認められない，またはガス発生量の増加が2年以上認められない。 7．埋立地の内部が周辺の地中温度に対して異常な高温でないこと。 8．50cm以上の覆いにより開口部が閉鎖されている。		—
	9．地滑り，沈下防止工，雨水排水設備について構造基準に適合している。	11．囲い，立て札，調整池，浸出液処理設備を除き構造基準に適合している。	14．地滑り，沈下防止工，仕切設備が構造基準に適合している。
	10．浸出水が次の基準を満たすこと。 (1) 地下水基準：適合 (2) BOD：20mg/l以下	12．次の項目，頻度で2年以上基準に適合している。 (1) 排水基準等：6月に1回以上 (2) BOD, COD, SS：3月に1回以上	15．外周仕切設備と同等の効力を有する覆いにより閉鎖。
		13．雨水が入らず，腐敗せず，保有水が生じない廃棄物のみを埋め立てる処分場の覆いについては，沈下，亀裂その他の変形が認められない。	16．廃棄物と外周仕切設備について定められた措置が講じられている。

出典 環境庁：98.06.15 一般廃棄物の最終処分場及び産業廃棄物の最終処分場に係る技術上の基準を定める命令の一部改正について，環境庁報道発表資料（1998）を参考に作成

BOD排水基準値を10mg/lや5mg/lに定めた場合，これらの項目と基準値が廃止目標値となる。また，「雨水が入らず，腐敗せず，保有水が生じない廃棄物のみを埋め立てる処分場」については覆いの沈下，亀裂変形が認められないことを条件に廃止できることとなっている。「雨水が入らない構造」としては被覆型最終処分場などが考えられる。「腐敗せず，保有水が生じない廃棄物」については具体的に記述がないが溶融物，焼却残さ等が該当すると考えられ

る。
② 望ましい安定化とは

　埋立地の安定化を考えた場合，一つの考え方として，基準省令に定められた廃止基準に基づき廃止の措置がなされると廃棄物の処理及び清掃に関する法律（廃棄物処理法）の規制から外れるため，この時点で埋立地は安定化したと判断される。しかし，廃止要件の一つである浸出水を考えると，降水が埋立層内に浸入した後，浸出水となり，浸出水集水施設に至るまで，埋立層内にみずみちを形成し，常時みずみちを流下していることが予想される。すなわち，降水は重力水として浸出水集水施設に集められるまで，埋立廃棄物層と均一に接触することなく，間隙に形成されたみずみちを流下するため，埋立層中の汚濁物を完全に洗い出すことが不可能な状況となっている。このため，法律で定めた廃止基準は埋立ごみの質についての規定はないこととなる。このようなことから埋立ごみの質が一定のレベル（例えば限りなく土壌環境基準に近いレベル）になった時点を安定化とすることが望ましいとする議論がある。

(2) 安定化のメカニズム

　最終処分場に埋め立てられるごみは，生物的作用および物理化学的作用により安定化していく。浸透した雨水などが埋立地を経由すると，初期には可溶性の易分解物質が溶脱，分解して高濃度のBODやCODを示す浸出水を発生したり，メタンガスを発生したり，また，生物化学反応で高温の地中温度が観測されたりする。その後，時間の経過とともに，浸出水のBODやCOD濃度が低下し，周辺地下水や表流水への影響がなくなり，ガスの発生もなくなる。地中温度も周辺温度と大差がなくなる。また，地盤の沈下もなくなってくる。究極的には埋立物そのものが無機化安定化していく。最近では埋立ごみが，焼却残さや破砕不燃ごみが中心となったためカルシウムイオンや塩素イオン等無機塩類が多く含まれるようになった。これらの大部分は生物学的作用を受けないので降水により洗い出され流出してくる。また焼却残さや破砕不燃

図 3-5-3　埋立構造の分類

- 嫌気性埋立
  平地の掘削あるいは谷部に廃棄物を投棄したもので，廃棄物は水びたしの状態であり，かつ嫌気性である。

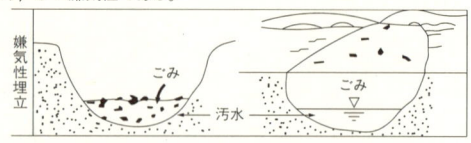

- 嫌気性衛生埋立
  嫌気性埋立にサンドイッチ状に覆土を行った構造で廃棄物の状態は嫌気的である。

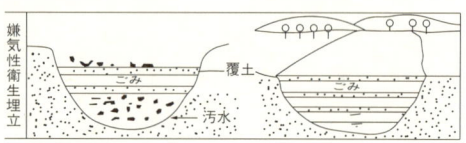

- 改良型嫌気性衛生埋立
  嫌気性衛生埋立の底部に水抜きのための集水管を設けた構造で，嫌気的ではあるが，含水率は小さくなっている。

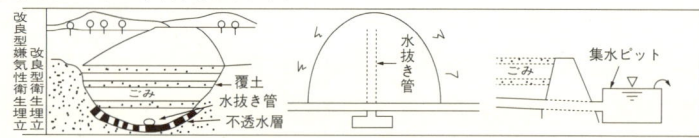

- 準好気性埋立
  集水管に十分な大きさを持たせ，かつ，その開口部を大気中に開放することにより，管内の空気の流通を可能にした埋立構造である。含水率は小さく集水管より酸素が供給され準好気性の状態となる。

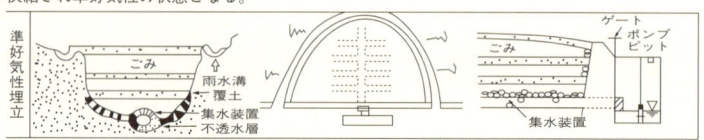

- 好気性埋立
  空気送入管を敷設し，強制的に空気を送入することにより，廃棄物層内は好気的状態の構造である。

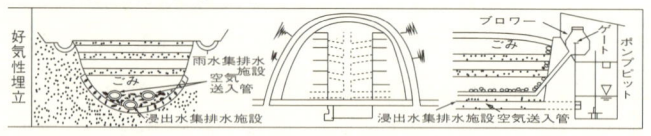

出典　花嶋：日米廃棄物会議資料を修正

ごみにも有機物が付着残存しているので低濃度ではあるが前述のような経過により安定化する。

3 埋立構造と自浄作用による安定化

　1960年代の初めは，溜池や湿地帯にごみを埋め立てる，小規模で嫌気的な衛生埋立が一般的で，埋立地から出る浸出水もあまり大きな公害問題としては取り上げられなかった。ごみ量の増大と埋立地の規模の拡大により，埋立地からいろいろな公害が発生し始めた。そこで花嶋は，埋立地の改善のため，埋立地に直接空気を吹き込む好気性の埋立を中心に研究を進めた。1973（昭和48）年に日本で初めての大型実験槽を用いて好気性埋立の実証研究を行い，これらの研究の成果から，浸出水集排水管を大きくすることと常にその排水管の出口を水没させずに大気中に開放することで，常に埋立層内へ空気が導入できる構造を考え，これを準好気性構造と名付けた。また，埋立地に埋立構造の概念を導入し，日本の埋立地を五つの埋立構造に分類した（図3-5-3）。埋立ごみの分解により発生したガスは竪渠(たてきょ)等から大気中へ抜け，抜けたガスにより埋立層内に負圧が生ずる。この時，取水ピットの水位を集水管より下部に保つことにより抜けたガス量とほぼ同じ容積の空気が集水管に流入し，埋立層内に空気を供給し，好気性分解を促進させる。一方，空気流通のない埋立層中央部では嫌気的雰囲気となり硫酸塩等により重金属類の不溶化が行われる。すなわち好気的部分では有機物分解，嫌気的部分では重金属類の固定が行われ，好気と嫌気が混在しているため準好気性埋立構造と呼んでいる。準好気性埋立構造は，わが国の埋立地の標準となっているほか，わが国と同様の気候の東南アジア諸国でも普及している。埋立構造による埋立層内のごみの安定化と浸出水の浄化の順位としては，好気性，準好気性，嫌気性埋立構造の順になる。一例として四つのタイプの構造のBODの経時的変化を図3-5-4に示す。

　生ごみを埋め立てた場合，埋立物が有機物から無機物へ変わるとともに処

図3-5-4　埋立構造とBOD

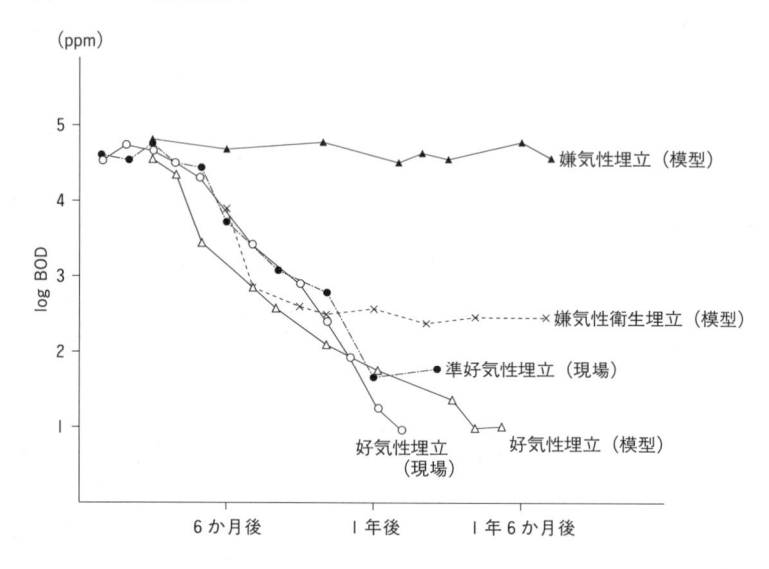

（グラフ：横軸 6か月後、1年後、1年6か月後；縦軸 log BOD (ppm)）
- 嫌気性埋立（模型）
- 嫌気性衛生埋立（模型）
- 準好気性埋立（現場）
- 好気性埋立（現場）
- 好気性埋立（模型）

分場からの浸出水の質も変化している。今までのように，有機物主体から重金属や塩類が多く含まれるようになり，これに対応するために浸出水処理施設にはこれらの物質を除去するための設備として膜処理による脱塩処理設備やカルシウム除去設備等が強化された。廃棄物が無機化したとはいえ，焼却灰や破砕不燃物にもいまだ有機物が含まれており，これを埋立地の内部で浄化する必要があるので，準好気性埋立構造は有効である。

4　浸出水処理の方式と課題

　埋立地に降った雨水はごみ層に浸透し浸出水として流出してくる。浸出水はごみ層を浸透する間にごみ中の汚濁物を取り込むためさまざまな汚濁物が含まれている。このため水処理施設で処理した後，公共用水域に放流する。また日本は降水量が多いため梅雨等多降水時に発生する多量の浸出水を一時的に貯留する浸出水調整設備が必要となる。

(1) 浸出水処理施設の構成

浸出水処理施設は図3-5-5に示すように取水導水設備，浸出水調整設備，水処理設備，放流設備等から構成される。

(2) 浸出水量

浸出水量の計算方法は合理式等により計算される。埋立地に降った雨は一部は表面流出し，一部は蒸発し，残りが埋立層内に浸透し，時間をかけて流出してくる。一般的に降水量の30〜60%が浸出水として流出してくる。

(3) 浸出水水質

浸出水水質は埋め立てるごみの性状により異なるが，焼却残さや不燃ごみを埋め立てる場合，最大濃度でBOD（生物化学的酸素要求量）250mg/l，SS（浮遊物質）300mg/l，COD（化学的酸素要求量）100mg/l，窒素100mg/l程度である。また焼却残さに含まれる無機塩類により近年の浸出水はカルシウムイオンや塩素イオン濃度が高い傾向がある。これらは埋立終了後，微生物による浄化や降水による洗い出しにより徐々に低減化する。

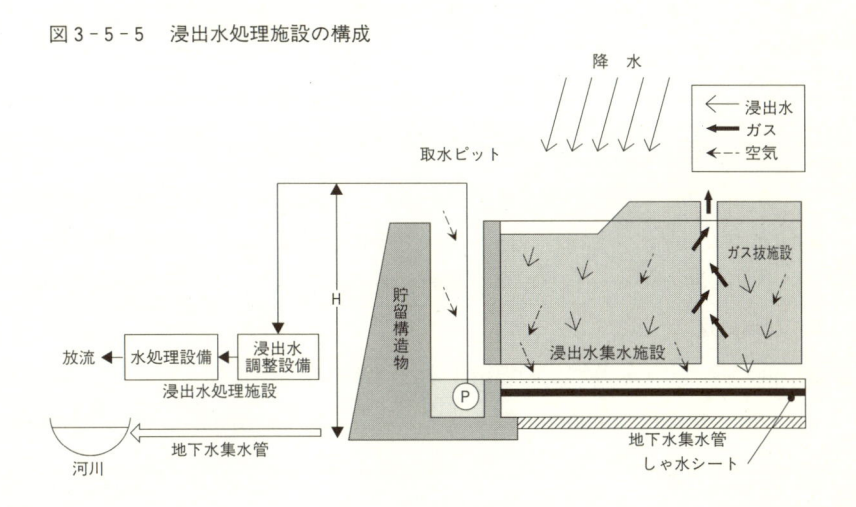

図3-5-5　浸出水処理施設の構成

(4) 浸出水処理

浸出水は基準省令によりBOD60mg/l以下に処理することが義務づけられている。一般的には生活環境調査の結果や最終処分場周辺の利水状況などを踏まえBOD20mg/l以下まで処理するところが多い。一部の地域では公共下水道に放流するところもある。浸出水処理方法は生物処理と物理化学処理の組み合わせにより行われる。BODや窒素は接触ばっき法などの生物処理，CODやSSは凝集沈殿法やろ過，活性炭等の物理化学処理により処理される。以下に最近の浸出水高度処理事例を紹介する。

① カルシウム除去

一般廃棄物埋立地浸出水処理施設において，浸出水中のカルシウムによるスケーリングの問題が顕著になっている。高カルシウム濃度浸出水が水処理施設に流入した場合には，カルシウムイオンが水中や空気中のCO_2と反応して$CaCO_3$（炭酸カルシウム）等を生成，析出する。これらは，設備の機器類に沈着し，センサーの測定能力低下，配管やポンプ等の閉塞による物理的な障害をもたらすので，問題が生じている事例がみられる。このような場合には埋立ごみの改善対策を含め何らかの対策をとる必要がある。浸出水処理施設のスケール成分はそのほとんどが炭酸カルシウムであるため，炭酸カルシウムを発生させないことがスケーリング防止の主な目的となる。炭酸カルシウムの生成防止方法としては，①カルシウム生成を除去することによりスケール生成を防止する（カルシウム除去法），②カルシウム成分を除去せずスケール防止剤を添加しスケール析出，成長を抑制する（スケール抑制法）の2方式がある。日本国内のカルシウム除去法としては，炭酸ソーダ添加凝集沈殿法（ライムソーダ法）が，スケール防止の確実さ，重金属類の除去が同時にできる等のメリットから実績が最も多い。

② 脱塩処理

最近，浸出水中に高濃度の塩素イオンが含まれ問題となっている。塩素イオンの障害例には生態系へ影響を及ぼした例として，山間部の河川に汽水性の珪藻（アンフィプローラ・アラータ）が出現したことが代表的である。こ

の対策として脱塩処理が検討されている。脱塩技術としては，電気透析法，逆浸透法等が実用化されている。

③ ダイオキシン類対策

焼却残さ中にはダイオキシン類等の塩素系有害物質が含まれていることが，今日的課題となっている。ダイオキシン類は水に溶解しないためSS等微細な粒子を分離回収することにより対応することが可能である。分離除去法としては凝集沈殿処理，砂ろ過処理，膜処理等がある。また溶解性のダイオキシン類の分解技術としてUVオゾン併用による促進酸化法も開発され一部の自治体において導入された事例がある。

(5) 浸出水処理の今後の課題

浸出水処理の今後の課題として以下の3点が挙げられる。

① 適正な規模の浸出水調整設備

前述したとおり水処理施設の規模は一定であるが，降水量は不定である。すなわち入力条件と出力条件が異なるため中間にその差分量を調整する浸出水調整設備が必要である。浸出水調整設備の規模が適正でない場合，埋立地の中に浸出水が滞留し，埋立層内が嫌気的状態となり，水質が悪化するとともに遮水シートに水圧がかかり漏水リスクが高まることになる。このため適正な規模の浸出水調整設備が必要となるが，規模決定のための対象降水量の設定方法や浸出水量削減のための埋立管理技術の開発などが求められる。

② 脱塩濃縮排水の処理

最近，浸出水処理に脱塩処理を組み込む自治体が増えている。脱塩処理を行うと脱塩処理水とともに濃縮排水が発生する。濃縮排水はさらに微量有害物の除去を行い，精製乾燥することにより工業塩等としての再利用が可能である。しかしソーダ工業等の原料塩はコストが低いために廃棄塩の再利用が困難な状況にある。最終処分場からの塩類回収のほか，焼却処理や山元還元等においても塩類は大きな問題となっている。循環型社会構築の上で廃棄塩を有効に利用するシステムが必要である。例えば廃棄塩を原料としたエコア

ルカリやエコ酸を製造し，焼却場や廃水処理施設の中和剤等として使用することが考えられる。

③ 浸出水の安全性評価手法の開発

浸出水は一般的に処理水の水質で評価されている。しかし一般住民の多くにとって水質指標であるBODやCOD等は理解し難い指標である。このためメダカ等の生態を指標とした安全性評価手法の開発が望まれる。

5 埋立処分の将来展望

最近，旧来の一部の施設における遮水工損壊による地下水汚染や周辺環境汚染が最終処分場全体の信頼性を著しく損ない，新規の施設立地は極めて困難な状況となっている。このため，最終処分場の安全性を確保するためのさまざまな技術開発とともに地域に受け入れられる施設づくりが望まれている。一方，循環型社会における最終処分場のあり方が議論され，焼却残さのセメント原料への利用や溶融物の建設資材利用など最終処分場を二次資源の保管庫として位置づける動きも活発である。循環型社会を迎え，今後の最終処分場のあり方について紹介する。

(1) 二次資源の備蓄庫としての最終処分場

われわれは，地球上の資源を採取しさまざまな工程を経て製品とし，消費した後ごみを発生させている。すなわちごみの源は資源ということができる。このごみと資源の関係からごみの定義を考えると，「ごみとは現時点で技術的問題等から経済的メリットを見出せない潜在的資源」ということができる。資源に乏しいわが国は，世界中から資源を輸入し，製品に加工して輸出する加工貿易により立国している。その結果，多量のごみ（潜在的資源）がわが国土に埋立処分（備蓄）されている。すなわち見方を変えると，わが国は二次資源大国ということができ，その二次資源は最終処分場に備蓄されていると考えられる。

(2) 循環型社会における最終処分場の機能

　循環型社会に求められる最終処分場のあり方のイメージを図3-5-6に示した。循環型社会においては従来の「貯留機能」,「処理機能」,「環境保全機能」の強化のほか,二次資源の「保管・備蓄機能」,回収した二次資源からの「資源回収機能」,回収した資源の「流通機能」などが求められると考えられる。すなわち,循環型社会における最終処分場はさまざまな機能が要求される。

(3) 循環型社会対応型最終処分場への取り組み

　循環型社会対応型最終処分場への取り組み事例として廃棄物洗浄型埋立処理システム,クローズドシステム処分場,焼却残さの建設資材利用,焼却残さ分級選別によるリサイクルシステム等が研究され一部実用化されている。このうち,ここでは廃棄物洗浄型埋立処理システム（Wash Out Waste sys-

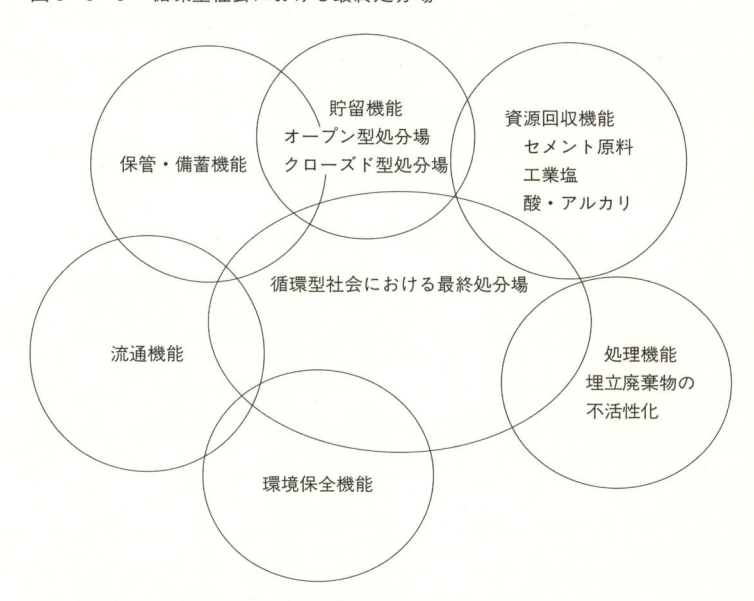

図3-5-6　循環型社会における最終処分場

出典　樋口壯太郎：循環型社会における最終処分場のあり方,月刊廃棄物（2001）

tem：WOWシステム）とクローズドシステム処分場を紹介する。廃棄物洗浄型埋立処理システムは廃棄物を埋立前に洗浄した後，埋立処分し，埋立地の早期安定化，早期廃止を行うとともに洗浄廃棄物や洗浄排水の資源化を図るものである。具体的には，従来の処分場施設に前処理施設として洗浄装置を組み込むもので，洗浄排水は浸出水処理施設により処理を行う。資源化内容としては，洗浄廃棄物のセメント原料化，洗浄回収した金属の山元還元，浸出水の塩類除去に伴う濃縮塩からの工業塩，酸，アルカリの回収，再利用などで構成される。濃縮塩からの工業塩等回収の場合，最終処分場1か所あたりから生成される濃縮塩は微量であるため，個々の浸出水処理施設ごとに濃縮塩の回収装置を設置することは極めて非効率である。このため濃縮塩集中処理センターを地域ごとに設置し，各浸出水処理施設から発生する濃縮塩を濃縮塩集中処理センターまで輸送し処理，回収を行うことが考えられる。さらに飛灰の山元還元により排出される洗浄塩についてもセンターに輸送処理することにより処理，回収は可能である。ただし，資源化された工業塩や酸，アルカリの再利用先の確保が急務であるが，工業塩はソーダ工業のほか，金属精錬業，融雪剤としての利用が可能であり，酸やアルカリは浸出水処理施設や焼却施設あるいは下水道終末処理場での利用が可能である。このような施設や資源化物の受け皿ができることにより循環型社会対応型最終処分場は急速に普及すると予測される。

　クローズドシステム処分場は屋根等で被覆された空間で埋立処分や資源保管を行うもので，降水変動等の影響を受けることなく，人為的にコントロールされた条件下で廃棄物の早期安定や資源保管を効率よく行うことが可能である。このため前述した廃棄物洗浄型埋立処理システムと連携して廃棄物の洗浄や洗浄廃棄物の保管あるいは埋立跡地を再生資源の保管庫として利用することも可能である。これらの概念フローを図3-5-7に示した。

(4)　おわりに

　最終処分場問題の高まりの中でゼロ・エミッション社会の実現に向けたリ

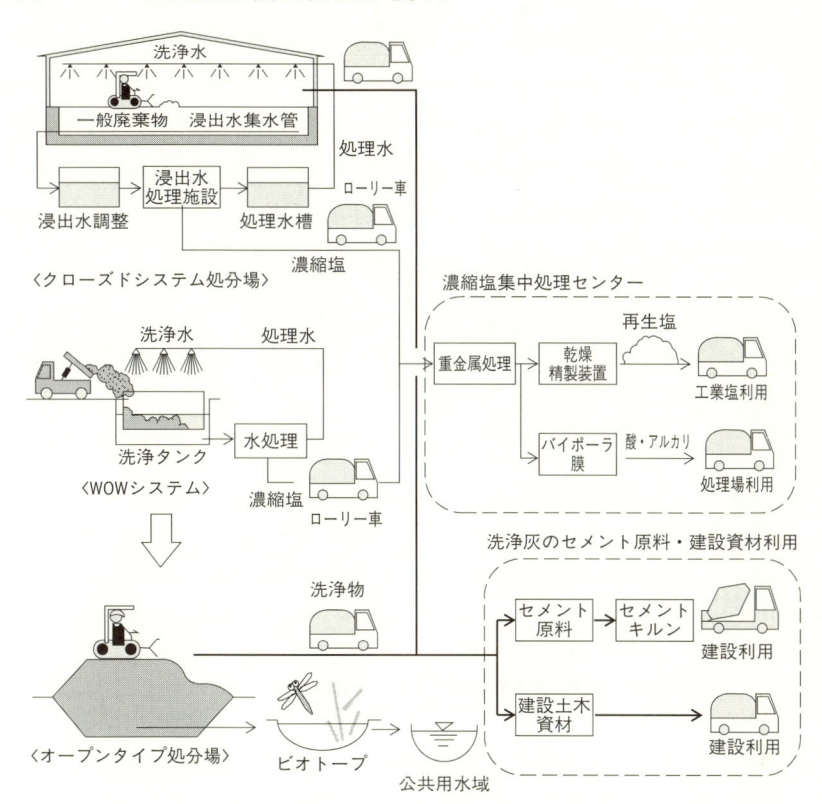

図3-5-7 循環型社会対応型最終処分場事例

出典 樋口壮太郎：循環型社会における最終処分場のあり方，月刊廃棄物(2001)

サイクル運動が盛んとなり，ごみゼロ工場をうたう企業が現れている。また，ガス化溶融炉など次世代型ごみ処理技術によりエネルギー回収やスラグ利用，あるいはエコセメント化により最終処分場ゼロ社会を目指そうという動きも盛んである。資源化により，ごみ量を減らし，最終処分量をゼロに近づける努力をすることは当然のことであるが，資源化を進めれば進めるほど，ごみや残さは減少するが，プロセス工学的に残さの質が濃縮され悪化することや，資源化にかかるエネルギー，資源化物と需要量のマスバランス，あるいは資源化物がライフサイクルを終えた時の問題などの課題を残している。

また最終処分量そのものは減少すると考えられるが，ごみ処理完結の受け皿として最終処分場は必要である。ごみ処理体系が大きく変わろうとしている現在，最終処分場に求められる機能も多様化し，処理機能，貯留機能，環境保全機能に加え，保管機能，管理制御機能等が求められている。廃棄物の源は資源であり，資源利用後の最終の受け皿として「最終処分場」という名称がつけられている。循環型社会においては「最終処分場」から二次資源の「保管施設」として位置づけられ負の遺産化を回避し，資源循環のサイクルに組み込まれることが望まれる。

(樋口壯太郎)

参考文献
- 環境庁：一般廃棄物の最終処分場及び産業廃棄物の最終処分場に係る技術上の基準を定める命令の一部改正について，環境庁報道発表資料（1998）
- 藤倉まなみ：土壌環境の保全と埋立処分，廃棄物学会誌 Vol.10, No.2, pp.24-31(1999)
- 田中信寿：環境安全な廃棄物埋立処分技術，廃棄物学会誌 Vol.10, No.2, pp.118-127（1999）
- 花嶋正孝：廃棄物の好気性埋立てに関する研究，九州大学学位論文（1985）
- 花嶋正孝・古市徹監：日本の最終処分場2000，環境産業新聞社（2000）

第4章
ごみ問題と環境リスク

第1節　ごみ処理とダイオキシン問題

1　ダイオキシン問題の経緯

　ダイオキシン問題は近年の最も大きな環境問題の一つであり，また，国内での最大の発生源が廃棄物の焼却処理であることから，ごみ問題を考える上できわめて重要な視点となる。しかし，このような近代的なごみ処理とは別に，ダイオキシンは，いくつかのエピソードを伴って歴史に登場してきた。その主なものを整理すると，表4-1のようになる。
　第二次世界大戦の前後から各種の有機塩素系農薬が量産されるようになった。ソーダ工業で食塩の電気分解によって工業基礎原料として有用な水酸化ナトリウムを得ようとすると，用途のない塩素が大量に残ってしまうことが背景にあり，塩素の"はけ口"が求められたのである。このような有機塩素系農薬の一つである除草剤2,4,5-T (2,4,5-トリクロロフェノキシ酢酸) のアメリカの製造工場で1949年に事故が起こり，労働者に塩素化合物特有の健康障害が生じた。後に，この原因が不純物として含まれる2,3,7,8-TCDD (テトラクロロジベンゾ-p-ジオキシン) であることが明らかになった。1960年代には，よく知られるようにベトナム戦争で2,4,5-Tや同類の2,4-D(2,4-ジク

表 4 - 1　ダイオキシン類に関連する事項とその概要

年	事　項	概　要
1962～1971	米国がベトナム戦争において，枯葉剤として2,4,5-Tを使用した。	・2,4,5-T製造過程の副生成物として，ダイオキシンが含まれていた。 ・後に，肝臓がん，流産，出生欠陥などが多発していることが報告された。
1976	イタリア北部のセベソにおいて2,4,5-T製造工場で爆発事故が発生した。	・四塩化ダイオキシン（TCDD）が飛散し，事故後，ニワトリ，猫などの動物が死亡した。 ・約20万m³にのぼる汚染土壌が発生した。 ・有害廃棄物の越境移動の事例ともなった。
1978	米国ニューヨーク州ナイアガラフォールズ市ラブカナルで農薬工場の化学系産業廃棄物による汚染事故が発生した。	・運河に約2万tの廃棄物が投棄された。跡地に建てられた住宅の地下室などでダイオキシン類を含む多種類の有害物が浸出した。 ・数百世帯が移転した。
1982	米国ミズーリ州タイムズビーチで土壌汚染が発覚した。	・農薬工場のダイオキシン類を含む廃棄物が油に混ぜられ，ほこり止めとして道路などに散布された。 ・米国政府は町全体を買上げ，全町民および企業を移転させた。
1983	国内で初めてごみ焼却場のフライアッシュからダイオキシンを検出と報道された。	・調査9施設で，TCDDが7～250ng/gの範囲で検出された。
1983頃～	香川県豊島で産業廃棄物の大規模な不法投棄が行われた。	・シュレッダーダスト，廃油汚泥などが投棄された。 ・各種溶剤や重金属類のほかダイオキシン類も検出された。
1990	厚生省からダイオキシン類発生防止等ガイドライン（旧ガイドライン）が示された。	・完全燃焼と排ガス処理の低温化が重要であるとし，新設炉で0.5ng-TEQ/m³$_N$とすることが期待された。 ・全国の焼却施設への徹底は不十分であった。
1995頃～	国内各地で焼却施設によるダイオキシン汚染が指摘された。	・地域住民からダイオキシン類がもたらす健康への不安が訴えられた。 ・一般廃棄物焼却施設だけでなく，産業廃棄物焼却施設や小規模な施設へも関心と懸念が高まった。
1996	厚生省研究班により耐容1日摂取量（TDI）について報告された。	・10pg-TEQ/kg・日が提案された。
1997	厚生省から，ごみ処理に係るダイオキシン類発生防止等ガイドライン（新ガイドライン）が示された。	・緊急対策と恒久対策が示された。 ・狭いダイオキシン対策だけでなく，総合的な対応策が示された。

1998	大阪府能勢町で焼却施設周辺土壌から高濃度のダイオキシン類が検出された。	・排ガスの湿式洗浄装置における洗煙水が原因であったことが判明した。同様の施設への注意が喚起された。 ・埼玉県所沢市近傍の焼却施設密集地周辺など全国各地での汚染が問題化した。
1998	WHOからTDIについて提案された。	・環境ホルモン作用などについての科学的知見に基づいて1〜4 pg-TEQ/kg・日を提案した。
1999	厚生省と環境庁の合同検討会によりTDIについて報告された。	・WHOの提案を受けて、日本での当面のTDIが4 pg-TEQ/kg・日と示された。
1999	ダイオキシン類対策特別措置法が成立した。	・2000年1月に施行され、大気、水質、土壌に関する環境基準が定められた。2002年には底質に関する環境基準が定められた。
2000	産業系などからの排水中への新たなダイオキシン類の排出が明らかになった。	・カプロラクタム製造施設、クロロベンゼン製造施設などからの排出が明らかになり、特定施設に追加された。 ・排ガスの湿式洗煙排水に高濃度に含まれる場合のあることが明らかになった。
2000	青森・岩手県境で大規模な産業廃棄物不法投棄が明るみとなり、調査が始まった。	・埋立て廃棄物や湧水からダイオキシン類が検出されている。
2001	焼却施設の解体時におけるダイオキシン類汚染が問題化した。	・解体時におけるダイオキシン類への暴露防止のマニュアルが作成された。解体処理に要する経費が大きな課題となる。

ロロフェノキシ酢酸）が枯れ葉剤として用いられた。奇形児が生まれたことは報道などで知るところであるが、ベトナムからの帰還兵にもダイオキシン類によるとみられる身体的障害が起こっている。

　一方、1976年にイタリア北部の町セベソの近郊にあった有機塩素系農薬の製造工場で爆発事故が起こり、不純物としてのダイオキシン（2,3,7,8-TCDD）によって周辺の土壌が汚染された。この汚染物はドラム缶に保管されていたが、行方不明になり、後にフランスの農村で発見された。この事件は、有害廃棄物の越境移動の典型的な事例としても知られている。1970年代後半には、米国ニューヨーク州ナイアガラフォールズ市において、地元の化学会社が産業廃棄物を埋め立てた運河の跡地につくられた住宅や学校などで、ダイオキシンや有機塩素系溶剤など種々の有害物質による地下水や室内

空気などの汚染とそれによる健康障害が発生した。州政府による非常事態宣言がなされ，多くの住民がこの地を立ち退くこととなった。これがラブカナル事件であり，その後の土壌汚染などの修復に関するスーパーファンド法（包括的環境対策補償責任法）成立の契機になった。1980年代には，ミズーリ州タイムズビーチで 2,3,7,8-TCDD を含む廃油が競馬場や道路の地固めに散布されたことによる汚染が生じ，同様に住民の退去に至っている。

　ごみ処理との関連については，1970年代後半，ヨーロッパでごみ焼却からの飛灰（フライアッシュ）にダイオキシン類が含まれていることが技術雑誌に報告されたことに始まる。欧米諸国で活発な調査・研究が行われ，1983（昭和58）年には日本国内でもフライアッシュおよび焼却残さにダイオキシン類が含まれることが新聞紙上で報道された。これを契機に科学的・技術的な検討が種々行われ，1990（平成2）年には「ダイオキシン類発生防止等ガイドライン」が通知された。この時点において，一部の専門家や焼却施設の建設などに携わる技術者の間ではダイオキシン類に対する関心が高まり，排ガスの高度処理に関する検討が始まったが，まだ広く一般の市民が関心を示すという状況ではなかった。しかし，元来，ごみ処理を焼却主体で行い，国内に1800か所に近いごみ焼却施設をもつという背景のもとに，先進諸国のダイオキシン類対策が進展する一方で日本の対策の遅れが認識されるようになり，1997（平成9）年には焼却処理における新たなダイオキシン類対策ガイドラインが定められた。排ガス中ダイオキシン類の基準値設定が一般市民にわかりにくかったこと，清掃工場でのダイオキシン汚染の発覚，さらには建設廃棄物解体事業場の小規模な焼却施設での不適切な焼却などによるダイオキシン類汚染が次々に明らかになったことから世論が盛り上がり，1999（平成11）年には，国際的にも例のないダイオキシン類対策特別措置法が定められた。以後，現在までの間に大気，水，土壌，最も新しくは2002（平成12）年に底質に関する環境基準が定められたほか，発生源としての排ガス，排水の基準，あるいはばいじん中の含有基準が順次定められた。この間に，ダイオキシン類という用語の定義が，それまでのポリ塩化ジベンゾパラジオキシン（PCDD

または多数であることからPCDDsとも表記する）とポリ塩化ジベンゾフラン（同様にPCDFまたはPCDFs）に加えて，PCBの一種であるコプラナーPCB（またはコプラナーPCBs）を含めたものとなった。

2　ダイオキシン類の科学的基礎

　ダイオキシン類には，図4-1に構造を示すようにPCDDs，PCDFsおよびダイオキシン類に類似した性質と毒性をもつコプラナーPCBs（ベンゼン環上のオルト位に塩素置換がまったくないか，または一つあるPCB）が含まれる。ベンゼン環上で塩素の置換が起こり得る炭素原子の位置に1〜4および6〜9という番号がつけられている。ダイオキシン類は，この塩素の置換位置の違いによって多くの異性体（分子式が同一でも塩素置換の位置が異なるために性質が異なる化合物を互いに異性体という）をもち，PCDDs全体では75種類，うち四塩素化物は22種類ある。PCDFsでは135種類にのぼる。物質の数が多いことが特徴の一つである。

　一般に化学物質の物理化学的な性状を把握することは，物質が環境中ある

図4-1　ダイオキシン類および関連するクロロベンゼン類，クロロフェノール類の化学構造

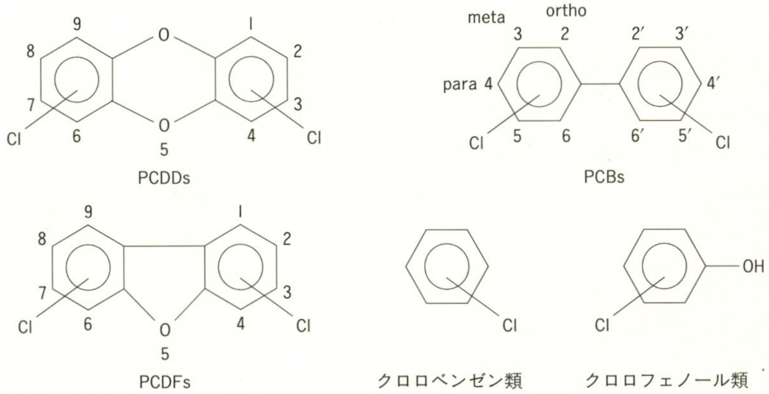

いは排ガス中に存在するときの状態を説明したり，大気，水，土壌間の分配や移動に関わる特性を考察したりする場合に役立つ。ダイオキシン類については，種類が非常に多く，また性状値そのものも非常に小さな値になるため測定が難しく，すべての化合物について求められているわけではない。代表的な物質について，環境化学的に重要な物理化学的性状値を示すと表4-2[*1]のようである。数多いダイオキシン類異性体のすべてについて，これらの性状値が整備されているわけではない。しかも，数値が微小であるだけに正確な実測値を得るのは難しく，測定者や方法(理論的な計算による場合も含めて)によってかなり異なる場合がある。多数の一般化学物質に比較すると蒸気圧がかなり小さく，また水への溶解度も小さい。一方，生体への蓄積性と関連する有機相と水相間の分配性を示すオクタノール-水分配係数 (Kow，通常，対数をとって表す) は，非常に大きな値になる。これより，ダイオキシン類はきわめて揮発性が小さく，水に溶けにくく，脂肪に濃縮しやすいという性

表4-2 ダイオキシン類およびPCBの各同族体ごとの典型的または平均的な物理化学的性状値

	同族体	融点 ($°C$)	蒸気圧[a] (Pa)	水への溶解度[b] (mg/l)	ヘンリー測定数 ($Pa/mol \cdot m^3$)	オクタノール-水分配係数の対数 ($\log Kow$)
P C D D s	TeCDDs	305.5	5.8×10^{-7}	3.3×10^{-4}	3.2	7.38
	PeCDDs	240.5	5.8×10^{-8}	1.2×10^{-4}	0.26	7.95
	HxCDDs	264.5	9.1×10^{-9}	4.4×10^{-6}	2.0	8.70
	HpCDDs	285.5	2.5×10^{-9}	2.4×10^{-6}	0.76	8.70
	OCDD	325.5	2.5×10^{-10}	7.4×10^{-8}	7.1×10^{-4}	8.70
P C D F s	TeCDFs	227.5	3.3×10^{-6}	4.2×10^{-4}	0.87	6.17
	PeCDFs	196.5	3.9×10^{-7}	2.4×10^{-4}	0.63	6.56
	HxCDFs	237.3	2.4×10^{-8}	1.3×10^{-5}	1.0	7.00
	HpCDFs	229.0	4.7×10^{-8}	1.4×10^{-6}	1.0	7.92
	OCDF	259.0	4.7×10^{-9}	1.2×10^{-6}	1.0	10.2
P C B s	TePCBs	100 ± 20	0.06	$(1.0 \sim 2.9) \times 10^{-3}$	320	$5.6 \sim 6.7$
	PePCBs	100 ± 20	0.01	$(1.0 \sim 2.6) \times 10^{-3}$	23	$6.3 \sim 7.8$
	HxPCBs	130 ± 20	1×10^{-4}	$3.6 \times 10^{-5} \sim 4.1 \times 10^{-4}$	7.1	$6.5 \sim 7.7$
	HpPCBs	140 ± 20	1×10^{-4}	$6.3 \times 10^{-5} \sim 4.4 \times 10^{-4}$	5.7	8.1

注 a 25°Cでの値。 b 20～25°Cでの値。
出典 公害防止の技術と法規編集委員会編：公害防止の技術と法規 ダイオキシン類編, pp.11-16, ㈳産業環境管理協会 (2003) をもとに一部改変および追加。

状がみてとれる。これらの点が典型的な特徴であるが，ダイオキシン類の各グループ相互間でも，PCDFsはPCDDsに比較するとやや蒸気圧が高いことが指摘できる。コプラナ―PCBsになるとさらにPCDDs・PCDFsに比較して蒸気圧が高いことがわかる。また，同じグループ内では置換した塩素原子数が多くなるほど上記の性状が強くなる。オクタノール-水分配係数が大きいということは，排水や環境水中で有機性の炭素分を含む粒子状物質に強く吸着されること，同様に土壌粒子に対する吸着性が非常に強いことを示している。

ダイオキシン類の毒性に関しては，一般に各種の毒性が認められており，とりわけ四塩素化物の2,3,7,8-TCDDは，急性毒性が強いことで知られる。たとえばモルモットへのLD50（半数致死量；供試動物の半数が死ぬ投与量）は，わずか$0.6\mu g/kg$である。ただし，この急性毒性については種差や雌雄差が大きいといわれる。ヒトに現れる症状としては，PCBについてもみられる塩素挫創（クロロアクネ）と呼ばれる黒いにきび状の皮膚の異常が，これら有機塩素化合物による暴露症状の典型である。急性毒性以外にも，慢性毒性，発がん性，催奇形性などが動物実験をもとに報告されている。発がん性については，1997年に，国際がん研究機関（IARC）により，「ヒトに対して発がん性を示す物質」に分類・指定された。また，近年問題化した内分泌攪乱化学物質の一種でもあり，生殖機能への影響が指摘されている。

このようにさまざまな観点からの毒性が認められるが，ダイオキシン類の種類は非常に多く，ベンゼン環についた塩素の数と置換位置すなわち異性体によって毒性の強さは大きく異なる。このことから，毒性の発現機構などを考慮して個々の異性体の毒性を2,3,7,8-TCDDの毒性に換算する方法が通常用いられる。このための換算のファクターが毒性等量換算係数（TEF：2,3,7,8-TCDDを1とする）であり，換算を行いそれぞれの値を合計して，一つの濃度表示を得たものが毒性等量（TEQ）である。毒性の知見より，PCDD，PCDFの四塩素化物から八塩素化物（PCDDは7種，PCDFは10種）およびコプラナ―PCB（12種）にTEFが割り当てられている。焼却排ガスをはじめ，通常各種試料には多種類のダイオキシン類が含まれるので，TEQと

表4-3 ダイオキシン類の毒性等価係数（TEF）

	異性体	WHO-TEF（1998）
PCDD	2,3,7,8-TCDD	1
	1,2,3,7,8-PCDD	1
	1,2,3,4,7,8-H6CDD	0.1
	1,2,3,6,7,8-H6CDD	0.1
	1,2,3,7,8,9-H6CDD	0.1
	1,2,3,4,6,7,8-H7CDD	0.01
	OCDD	0.0001
PCDF	2,3,7,8-TCDF	0.1
	1,2,3,7,8-PCDF	0.05
	2,3,4,7,8-PCDF	0.5
	1,2,3,4,7,8-H6CDF	0.1
	1,2,3,6,7,8-H6CDF	0.1
	1,2,3,7,8,9-H6CDF	0.1
	2,3,4,6,7,8-H6CDF	0.1
	1,2,3,4,6,7,8-H7CDF	0.01
	1,2,3,4,7,8,9-H7CDF	0.01
	OCDF	0.0001
コプラナーPCB ノンオルト体	3,4,4',5-TCB	0.0001
	3,3',4,4',-TCB	0.0001
	3,3',4,4',5-PCB	0.1
	3,3',4,4',5,5'-H6CB	0.01
モノオルト体	2',3,4,4',5-PCB	0.0001
	2,3',4,4',5-PCB	0.0001
	2,3,3',4,4'-PCB	0.0001
	2,3,4,4',5-PCB	0.0005
	2,3',4,4',5,5'-H6CB	0.00001
	2,3,3',4,4',5-H6CB	0.0005
	2,3,3',4,4',5'-H6CB	0.0005
	2,3,3',4,4',5,5'-H7CB	0.0001

いう総体としての毒性表示が役立つといえる。TEFとして現在用いられるのは，表4-3に示す1997年にWHOから提案され，翌年正式に決定されたものである。

　ダイオキシン類の摂取量と毒性との関係を判断する指標になるのが耐容一日摂取量（TDI）である。1996年に，当面のTDIとして10pg-TEQ/kg・日（体重1kg当たり，1日当たり）という値が示されたが，1998年にWHOなどによる見直しの結果，1～4pg-TEQ/kg・日という数値が示された。わが国ではこれらを精査した上で，改めて4pg-TEQ/kg・日が適当とされた。日本の一般的な生活環境のもとでダイオキシン類の摂取量として見積もられている値は，食品，大気および土壌を通して約1.5pg-TEQ/kg・日であり，4pg-TEQ/kg・日を超えてはいない。その内訳は，平均的な食事からの摂取量推計値（平成11年度の厚生労働省の調査に基づく）が1.45pg-TEQ/kg・日，呼吸による空気からの摂取が0.05pg-TEQ/kg・日，手についた土が口に入るなどして摂取される量が0.0084pg-TEQ/kg・日と推計され[*2]，暴露経路の主体は食品であることがわかる。なお，飲料水からの摂取量はほとんど問題にならないと思われる。

3　ごみの焼却とダイオキシン類および類縁化合物の生成

(1)　ダイオキシン類の生成

　日本におけるダイオキシン類の発生源と排出量（インベントリー）は，表4-4のように整理される[*3,4]。主なものは，1）都市ごみ焼却施設，2）有害廃棄物，各種産業廃棄物および医療廃棄物の焼却施設，3）製鉄プラントや金属精錬業などの施設，4）有機塩素系化学品製造施設および塩素漂白を行う紙，パルプ工業施設，5）小規模焼却炉あるいは火災事故などの分散した発生源などである。工程という観点では燃焼工程と産業工程に大別できる。排出される環境媒体は主に大気と水になる。都市ごみ（一般廃棄物）焼却からの発生量は，1997（平成9）年には5000g-TEQ/年であったが，削減対策の結

表 4-4 ダイオキシン類の発生源と排出量に関する推計値の変遷

発生源	排出量				
	平成9年	平成10年	平成11年	平成12年	平成13年
1.大気への排出					
一般廃棄物焼却施設	5,000	1,550	1,350	1,019	812
産業廃棄物焼却施設	1,500	1,100	690	555	533
小型廃棄物焼却炉等 　（事業所設置。焼却能力200kg未満）	368〜619	368〜619	307〜509	353〜370	185〜202
火葬場	2.1〜4.6	2.2〜4.8	2.2〜4.9	2.2〜4.9	2.2〜4.8
製鋼用電気炉	228.5	139.9	141.5	131.1	95.3
鉄鋼業焼結工程	135.0	113.8	101.3	69.8	65.0
亜鉛回収施設	47.4	25.4	21.8	26.5	9.2
アルミニウム合金製造施設	21.3	19.4	13.6	12.8	15.0
アルミニウム圧延業アルミニウムスクラップ溶解工程	3.73	3.73	3.73	3.73	2.2
アルミニウム鋳物・ダイカスト製造業アルミニウムスクラップ溶解工程	0.036	0.036	0.036	0.036	0.044
製紙（KP回収ボイラー）	0.041	0.038	0.039	0.041	0.039
塩ビモノマー製造施設	0.20	0.20	0.20	0.19	0.29
セメント製造施設	4.03	3.48	3.38	3.44	3.18
耐火物原料製造施設	0.00129	0.00104	0.00101	0.00096	0.00080
耐火レンガ製造施設	0.035	0.028	0.027	0.029	0.027
瓦製造施設	0.41	0.35	0.34	0.35	0.33
板ガラス製造施設	0.0048	0.0040	0.0042	0.0040	0.0035
ガラス繊維製造施設	0.0053	0.0048	0.0048	0.0051	0.0050
電気ガラス製造施設	0.055	0.052	0.056	0.061	0.042
光学ガラス製造施設	0.058	0.061	0.060	0.061	0.054
フリット（瓦うわぐすり原料）製造施設	0.0049	0.0039	0.0037	0.0039	0.0036
フリット（ホーローうわぐすり原料等）製造施設	0.00089	0.00089	0.00089	0.00089	0.00089
ガラス容器製造施設	0.27	0.25	0.24	0.23	0.071
ガラス食器製造施設	0.018	0.017	0.015	0.015	0.013
タイル製造施設	0.00130	0.00108	0.00096	0.00097	0.00095
衛生陶器製造施設	0.029	0.024	0.022	0.021	0.019
こう鉢製造施設	0.00063	0.00054	0.00050	0.00045	0.00041
陶磁器食器製造施設	0.022	0.019	0.017	0.015	0.013
ガイシ（碍子）製造施設	0.0079	0.0076	0.0068	0.0064	0.94
石灰製造施設	1.01	0.95	0.95	1.01	0.94
鋳鍛鋼製造施設	1.98	1.98	1.53	1.40	0.49
銅一次製錬施設	4.88	4.88	0.45	0.59	0.31
鉛一次製錬施設	0.055	0.055	0.038	0.189	0.230
亜鉛一次製錬施設	0.33	0.33	0.13	0.12	0.076
銅回収施設	0.053	0.053	0.048	0.038	0.013
鉛回収施設	1.23	1.23	0.44	0.54	0.13

貴金属回収施設	0.031	0.031	0.046	0.055	0.012
伸銅品製造施設	3.16	3.16	1.16	1.28	1.30
電線・ケーブル製造施設	1.25	1.25	1.21	1.30	1.07
アルミニウム鋳物・ダイカスト製造施設	0.36	0.36	0.37	0.39	0.48
自動車製造（アルミニウム鋳物・ダイカスト製造）施設	1.02	1.02	1.02	1.02	3.62
自動車用部品製造（アルミニウム鋳物・ダイカスト製造）施設	0.58	0.58	0.58	0.58	0.23
火力発電所	1.63	1.55	1.64	1.71	1.61
たばこの煙	0.1～0.2	0.1～0.2	0.1～0.2	0.1～0.2	0.1～0.2
自動車排出ガス	1.61	1.61	1.61	1.61	1.59
2.水への排出					
一般廃棄物焼却施設	0.044	0.044	0.035	0.035	0.019
産業廃棄物焼却施設	5.27	5.27	5.29	2.47	1.47
パルプ製造漂白施設	0.74	0.71	0.74	0.73	0.90
塩ビモノマー製造施設	0.54	0.53	0.55	0.20	0.58
アルミニウム合金製造（アルミニウム圧延等）	0.338	0.066	0.091	0.054	0.075
アルミニウム合金製造（自動車・自動車部品製造）	0.0015	0.0015	0.0015	0.0015	0.0067
カプロラクタム製造（塩化ニトロシル使用）施設	2.50	2.52	2.53	1.80	0.072
クロロベンゼン製造施設	0.011	0.011	0.011	0.012	0.0097
硫酸カリウム製造施設	0.078	0.074	0.076	0.081	0.028
アセチレン製造（乾式法）施設	1.80	1.61	1.63	1.76	0.018
アルミナ短繊維製造施設	0.074	0.087	0.082	0.096	0.017
下水道終末処理施設	1.09	1.09	1.09	1.09	0.99
共同排水処理施設	0.126	0.126	0.126	0.126	0.107
最終処分場	0.093	0.093	0.093	0.056	0.027
合　　計	7,343～7,597	3,353～3,612	2,659～2,864	2,219～2,218	1,743～1,762
うち水への排出	12.7	12.2	12.3	8.5	4.59

果2001（平成13）年には812g-TEQ/年まで低減され，2002（平成14）年12月からの恒常的な規制に至った。

　ダイオキシン類の生成過程には，農薬合成などの有機合成プロセス，塩素漂白プロセスおよび廃棄物の焼却などの熱的プロセスがある。このうち，熱的プロセスが排出量に占める割合が大きいのは先にみたとおりである。多くの研究例を通じて，ごみの焼却に関し主要な機構と考えられているのは，1）前駆物質を厳密に経由する生成と，2）de novo（デノボ）合成である。前駆

物質からの生成とは，クロロベンゼン類やクロロフェノール類などの分子があらかじめ存在し，これらが縮合反応，塩素化反応，酸化反応などの反応を通じて生成するものである。たとえば，クロロフェノールが加熱を受けて縮合しPCDDが生成する反応があり，農薬2,4,5-Tの合成においてもこの反応が生じる。

　de novo合成とは，ダイオキシン類と構造上直接的な関係のない物質が塩素と反応して"新規に"生成する経路を指す用語であるが，反応についての詳細な経路などが完全には明らかになっておらず，やや漠然とした表現にとどまっている。あり得る機構の一つとして，飛灰粒子上の炭素（未燃炭素がこれに相当する）などの比較的大きな構造物に対して塩化水素などから生じた活性な塩素原子が配位し，その後炭素の周囲の構造が分解することによって生成するといった経路が考えられる。このとき銅，鉄，亜鉛あるいはニッケルなどの金属単体または塩化物などの各種化合物—$CuCl_2$，CuO，$CuSO_4$，$FeCl_3$など—が触媒として機能する。この生成反応は，300～350℃付近の温度域で最も起こりやすいとされるが，500℃近い温度でも起こることが認められている。上記生成機構を概念的に図4-2に示す。

　実際の焼却施設でのダイオキシン類の生成については，前述した2通りの反応が主に起こっていると考えられる。焼却炉内では局部的な不完全燃焼に伴ってダイオキシン類が生成することもあり，これについては一次生成と呼ばれることがある。しかし，850～900℃という高温の焼却炉内では，もともとごみの中に含まれていたダイオキシン類とともに，いったん生成したダイオキシン類もおおむね分解すると考えてよい。焼却炉から出た排ガスがボイラー部から熱交換器，ダクトを経て温度がしだいに低下していく過程において上記de novo合成が生じる（従来は電気集じん器において多く生成した）と考えられ，これが二次生成または再生成と呼ばれる。

　表4-4に示したダイオキシン類インベントリーから明らかなように，ごみ焼却に起因するダイオキシン類の発生は大きく削減されてきた。図4-3[*5]には，2000（平成12）年12月から2001（平成13）年11月までの間における一般

図4-2 ごみ焼却におけるダイオキシン類の生成機構

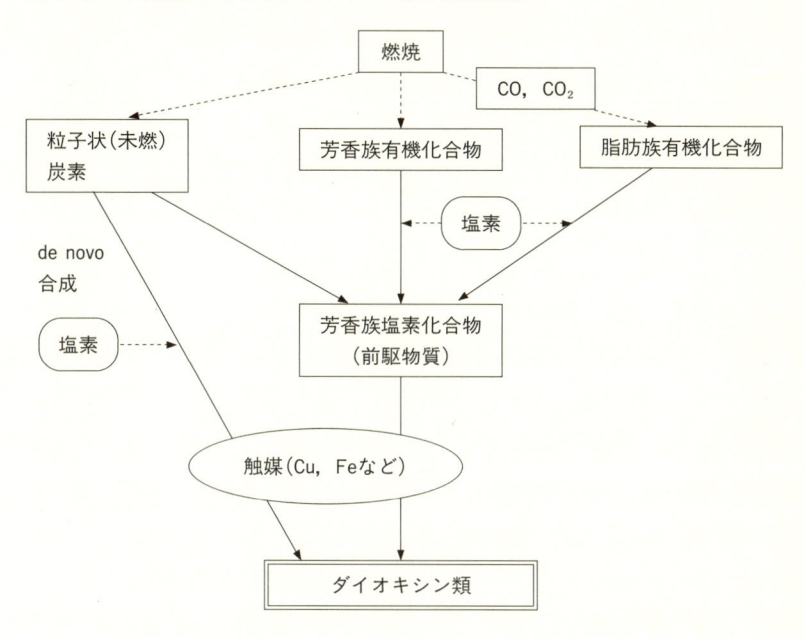

```
                    燃焼
         ┌───────────┼───────────┐
         ↓           ↓      CO, CO₂
   粒子状（未燃）  芳香族有機化合物   脂肪族有機化合物
      炭素           ↓           ↓
       │          ←塩素→
   de novo           ↓
    合成             ↓
    塩素  ─→  芳香族塩素化合物
              （前駆物質）
                    ↓
              触媒(Cu, Feなど)
                    ↓
              ダイオキシン類
```

図4-3 一般廃棄物焼却施設（市町村設置）排ガス中のダイオキシン類濃度

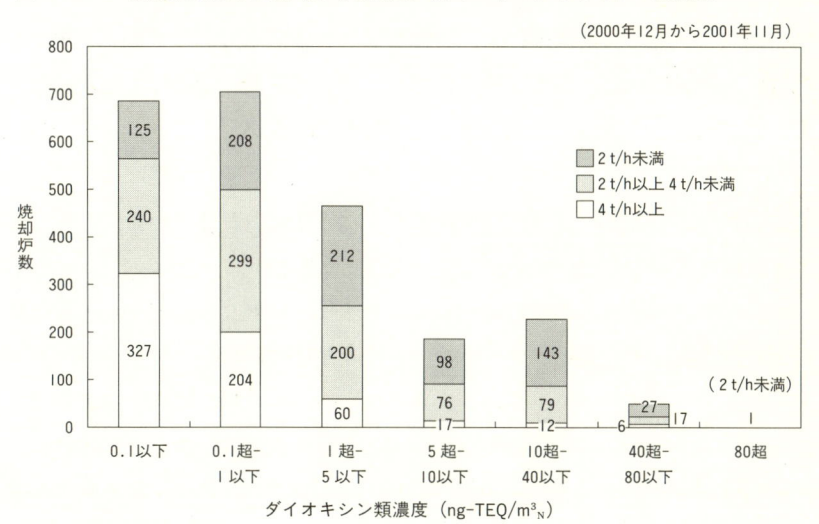

（2000年12月から2001年11月）

凡例：
- 2 t/h未満
- 2 t/h以上 4 t/h未満
- 4 t/h以上

ダイオキシン類濃度（ng-TEQ/m³ₙ）	4 t/h以上	2 t/h以上4 t/h未満	2 t/h未満
0.1以下	327	240	125
0.1超-1以下	204	299	208
1超-5以下	60	200	212
5超-10以下	17	76	98
10超-40以下	12	79	143
40超-80以下	6	17	27
80超			1 （2 t/h未満）

出典 環境省資料（2002）

廃棄物焼却施設からの排ガス中ダイオキシン類濃度の実態分布を示す。数年前の状況と比較すると，4トン/h以上の規模の大きい施設については，より低濃度レベルの炉数が多いという特徴は同様であるが，全体に濃度の低い方へ分布が動いている。恒常的な規制に移った今，さらに削減が進んでいると思われるが，2トン/h以上4トン/h未満の中間的な規模にある焼却施設の中に排出濃度レベルの高いものがみられ，改善が急がれる。

(2) ダイオキシン類縁化合物

　ダイオキシン類の化学構造を特徴づけているジベンゾ-p-ジオキシン，ジベンゾフラン骨格への塩素原子の結合が，同じ元素グループの臭素原子に置き換わった化合物が臭素化ダイオキシン類（ポリ臭化ダイオキシン類：PBDDs・PBDFs）と呼ばれて関心が高まっている。さらに，塩素と臭素が混在して置換している臭化/塩化ジベンゾ-p-ジオキシン（PXDDs）および臭化/塩化ジベンゾフラン（PXDFs）についても非常に多種類が存在する。ダイオキシン類対策特別措置法の附則第2条において，「政府は，臭素系ダイオキシンにつき，人の健康に対する影響の程度，その発生過程等に関する調査研究を推進し，その結果に基づき，必要な措置を講ずるものとする」と規定された。この背景には，塩素と臭素はともにハロゲン族元素として化学的な性質が似ているので環境化学物質としての両者の特質が近いこと，毒性についても臭素化ダイオキシン類の中に塩素化ダイオキシン類と同程度の物質のあることがわかってきたこと，環境中の検出例も報告されてはいるが，ダイオキシン類に比較すると知見が少なかったことがある。

　一方，プラスチックの難燃剤として，ある種の有機臭素化合物が大量に使用されてきた。ポリ臭化ジフェニルエーテル類（PBDEs）やテトラビスフェノールA，ヘキサブロモシクロドデカンといった化合物が代表的である。テトラブロモビスフェノールAの生産量は1999年において3万1000トン，PBDEsのそれは同じく4700トン，ヘキサブロモシクロドデカンのそれは2000トンである。PBDDs・PBDFsは，これらの有機臭素系難燃剤が燃焼などの熱

的な作用を受けたときに生成することがわかってきている。主なダイオキシン類縁化合物の化学構造を図4-4に示した。臭素系難燃剤製造過程での生成，ポリマー樹脂成形過程での生成の可能性があることから，プラスチック材料自体にもPBDDs・PBDFsが含まれることが明らかになっており，PBDFsがppmのオーダーで含まれることがある。[*6]

ポリ臭化ダイオキシン類をはじめとするダイオキシン類縁化合物は，臭素という元素の原子量が大きいため，対応する塩素化合物に比較して分子量が大きく，融点が高く，また蒸気圧がより小さいと考えられる。水への溶解度は非常に小さく，逆にオクタノール-水分配係数は非常に大きいと推測されるが，これらについての精度の高い測定値は十分に得られていないのが現状である。なお，PBDDs・PBDFsは，PCDDs・PCDFsに比較して光分解をより受けやすいことが指摘されている。

臭素系難燃剤が家電製品などに多量に使用されていることから，廃棄物に含まれて焼却施設などに入り込むことが想定される。そこで，焼却排ガス中のPBDDs・PBDFsほかダイオキシン類縁化合物の濃度レベルについて，実験

図4-4 主なダイオキシン類縁化合物の化学構造

ポリ臭化ジベンゾ-p-ジオキシン

ポリ臭化ジベンゾフラン

ポリ臭化ジフェニルエーテル

テトラブロモビスフェノールA

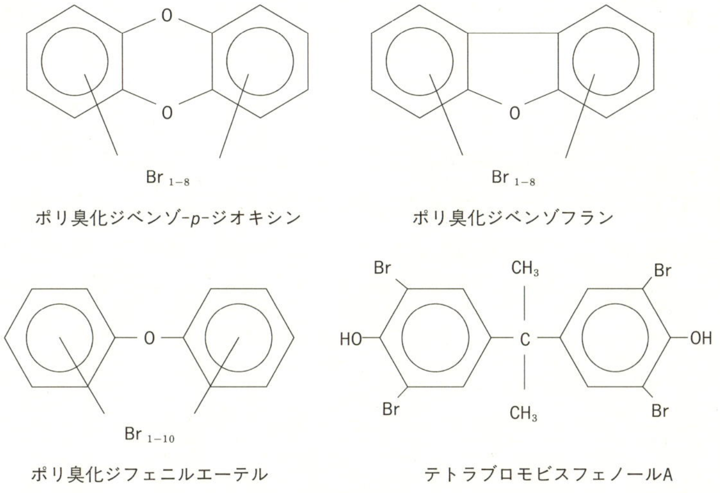

的に検討されている。テレビのケーシング材とプリント基板を含む試料を小規模の燃焼試験設備で燃焼実験させたところ，燃焼室出口での排ガス中に500〜1000ng/m³$_N$のPBDDs・PBDFsが検出された[*6]。また，最近の検討例では，有機臭素系難燃剤を含む樹脂を試料に用いて，一次燃焼炉（ロータリーキルン型）および二次燃焼炉からなる小型の焼却施設で燃焼実験を行ったところ，二次燃焼炉出口の排ガス中に含まれたPBDDs・PBDFs濃度は3回の測定で320，560および2900ng/m³$_N$であった[*7]。この排ガスがバグフィルターを経るとそれぞれ11，320および200ng/m³$_N$となり，さらに活性炭吸着塔の出口では8.4，5.8ng/m³$_N$および検出限界未満となり，ダイオキシン類と同様に，高度な排ガス処理を行うことによって十分低濃度になることが確認された。一方，ダイオキシン類規制に対応するための改造を行った施設において，通常考えられる量の数十倍の廃テレビのケーシング破砕物をごみに混入させて焼却させた実験例をみると次のようである。改造前の試験では，集じん器入口および出口での排ガス中PBDDs・PBDFs濃度は6.9および3.9ng/m³$_N$であったが，改造後の試験では同じく入口および出口での排ガス中PBDDs・PBDFs濃度は1.9および0.021ng/m³$_N$であった。なお，PXDDs・PXDFsのうち，1臭素化体の濃度は改造前の集じん器出口で96ng/m³$_N$，同じく改造後は0.21ng/m³$_N$であった[*7]。

このように，臭素系ダイオキシン類をはじめとしたダイオキシン類縁化合物の排出の現状と，焼却さらには溶融処理における挙動については，種々の検討を通じて次第に明らかになりつつある。しかし，有機臭素系難燃剤を含む廃棄物が廃棄されたりリサイクルされたりする過程でどのように環境中への排出が起こり，それを通じたリスクがどれだけのレベルであり，また必要なリスク低減のためにどのような対応をとるべきか，いまだ十分な科学的知見が得られていない部分もあり，一層の対応が必要とされる。

4 ダイオキシン類と化学物質問題

ダイオキシン類は，表4-4にあるようにさまざまな発生源から環境中に排出されているが，廃棄物焼却施設から排ガスとして大気中に排出される量がもっとも多いと推定される。しかし，人体に取り込まれる段階では，呼吸する空気ではなく魚介類を中心とした食品が主たる摂取媒体となっている。このことは，ダイオキシン類が広い環境の中で媒体間を移動していることを意味している。つまり，大気環境に入り込んだダイオキシン類が，例えば沈着や吸収などの機構によって水環境，土壌環境さらに底質を交えて"クロスメディア"的に移動する。空気や水を通じた摂取のほかに食物連鎖が起これば魚に濃縮され，大気からダイオキシン類が移行した野菜，あるいは肉類などを通じ，ヒトが摂取することとなる。この流れの概要を図4-5に示す。

これらのさまざまな過程で，4.1.2で述べた化学物質のもつ物理化学的性状値である蒸気圧，水への溶解度，オクタノール-水分配係数，あるいは微生

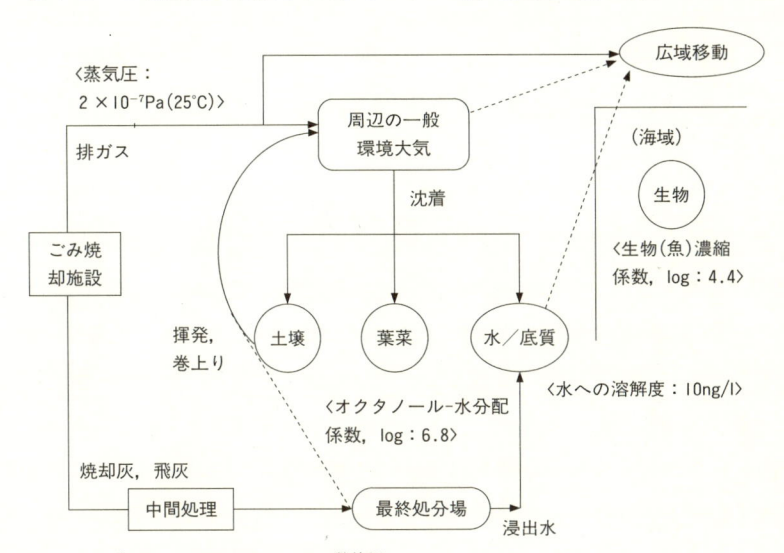

図4-5 ごみ焼却から排出されたダイオキシン類の環境中運命の概念

〈蒸気圧：2×10^{-7} Pa(25℃)〉

〈生物(魚)濃縮係数，log：4.4〉

〈オクタノール-水分配係数，log：6.8〉

〈水への溶解度：10ng/l〉

注 〈 〉内は2,3,7,8-TCDDについての数値例

物や光などによる分解の速度定数などが重要な意味をもつ。これらの比較的少数の数値から，環境中で化学物質がどのようにふるまうか，すなわち環境中での挙動をおおむね予測することができる。ダイオキシン類は，揮発しにくく，土壌や底質の粒子に強く吸着する性状をもっているが，異性体の中でも比較的塩素数の少ないものは，わずかではあるが揮発性を示すようになり，PCBではその性状はより強くなる。また，古くからの有機塩素系農薬であるDDTなども類似した特徴をもつ化学物質として取り上げられ，これらが，残留性有機汚染物質（Persistent Organic Pollutants：POPs）として，削減・全廃に向けて国際的に取り組まれている。

　POPsとは，長期の残留性，生物への高い濃縮性，"ある程度の"しかし地球規模に及ぶ揮散移動性および問題となる毒性をもつ物質とされる。"ある程度の"と記したのは，揮発性の溶剤などと比較するとたいへん揮発しにくいが，それでも揮発は生じ，とくに温度の高い地域で広い面積を考えた場合無視できない量の移動が生じるということである。そして，極地方近くに到達すると温度が低いために凝縮し，地上や海上に移行する。移動の様を表して，グラスホッパー（バッタ）効果と呼ばれる。POPsに関するストックホルム条約（2001年）が規定しているのは，アルドリン（殺虫剤），ディルドリン（殺虫剤），エンドリン（殺虫剤），クロルデン（シロアリ駆除剤），ヘプタクロル（シロアリ駆除剤），マイレックス（シロアリ駆除剤，ただし日本での使用実績なし），トキサフェン（殺虫剤，ただし日本での使用実績なし），ヘキサクロロベンゼン（殺菌剤），DDT（殺虫剤），PCB，PCDDs，PCDFsである。DDT，アルドリン，クロルデンなどは，わが国でも過去において意図的に使用されていた農薬である。先進国ではすでに使用されなくなって久しいが，開発途上国の一部では依然として使用されるようである。また，課題として，使用されなくなってから保管されている農薬を廃棄物として安全に処理・処分すること，ダイオキシン類をはじめヘキサクロロベンゼンのように，燃焼過程や産業工程などから非意図的に生成し放出される物質の制御について，リスクを考慮して的確に行っていかなければならないことなどがある。この

意味で，進み始めたPCBの処理事業は，重要な意味をもつといえる。

一方，ダイオキシン類は内分泌攪乱作用を示す物質，いわゆる環境ホルモン物質の一つでもある。動物の生体内に取り込まれた場合に，本来その生体内で営まれている正常なホルモン作用に影響を与える外因性の物質と定義される内分泌攪乱化学物質は，正常なホルモンが結合すべき受容体に結合することにより，遺伝子に誤った指令を与えるために影響が現れると考えられている。表4-1中の米国のタイムズビーチでのダイオキシン汚染で，ダイオキシンの暴露を受けた母親から生まれた子どもへの影響について，免疫異常と左右前頭葉の機能障害が確認されている。[*8] 実験動物を用いたさまざまな検討の結果，ダイオキシン類の投与がきわめて少量でも生殖系に影響が現れることが明らかになっており，人体に通常含まれるごく微量な範囲でも影響が現れるという環境ホルモン物質の特徴をみることができる。このような科学的知見がさらに明瞭になれば，ダイオキシン類のTDI値にも反映されることと思われる。環境ホルモン物質の人体への影響については，研究がいろいろな面から進められてはいるが，現段階ではまだ不明な点が多い。こういった現状を認識した上で，次世代に対する影響の未然防止という原則に基づいた行動が，いまの私たちの世代に求められているといえよう。

第2節　ダイオキシン類と対策技術

ダイオキシン類対策特別措置法に基づく廃棄物焼却炉の排ガスに対する排出基準は，表4-5のようである。最近の，あるいは今後新設される焼却施設は，ごみ処理量がおおむね1日100トン程度以上の規模になると考えると，4トン/hに対する基準値0.1ng-TEQ/m^3_Nを遵守しなければならないということになる。さらに，技術的な対応が可能なこともあって都市部の焼却施設などでは0.05または0.01ng-TEQ/m^3_Nが目標とされることもめずらしくない。0.01ng-TEQ/m^3_Nという値を目標とすることにどれだけの意味があるかは

表4-5 ダイオキシン類対策特別措置法に基づく廃棄物焼却炉排ガスに対する排出基準（酸素濃度12％補正を行う）

特定施設の種類		新設施設（平成9年12月1日以後設置）の排出基準（ng-TEQ/m^3_N）	既設施設（平成9年11月30日以前設置）の排出基準（ng-TEQ/m^3_N）
廃棄物焼却炉（施設の処理能力50kg/h以上）	4 t/h以上	0.1	1
	2～4 t/h	1	5
	2 t/h未満	5	10

総合的な観点から考慮すべき点があるように思われるが，その前に，各段階でダイオキシン類を抑制する上での考え方を整理しよう。

　発生源での生成を抑制することが基本であることは論を待たないであろう。後に述べる排ガス処理によって，基準に十分に適合するようにダイオキシン類を低減することは可能であるが，処理のためのエネルギーや資材の消費を削減するという面から発生源での抑制が基本であることはまちがいない。

1　発生源での抑制

　生成抑制の第一は，焼却炉内に投入されたごみを完全に燃焼させ，ダイオキシン類を含む不完全燃焼物が生成することなく可燃物はすべて二酸化炭素と水蒸気に変換できるよう努めることである。1997（平成9）年に示された，ごみ処理に係るダイオキシン類発生防止等ガイドラインにおいても，この条件が実現できるように，新設炉については850℃以上で2秒間の滞留を技術指針とし，可能ならば温度は900℃以上が望ましいとしている。

　一般に，完全燃焼のためには，3Tと略称される三つの要因に留意することが重要である。これは，燃焼温度（Temperature），滞留時間（Time），そして供給された空気（酸素）とごみの熱分解によって生成されるガスが乱流（Turbulence）状態を形成して，炉内で十分に混合されなければならないこ

との三つである。実際の焼却炉における対策では，この空気との攪拌混合が最も工夫を要する点といえる。ストーカ炉を例にとると，焼却炉の下部から入れる一次空気に対して側面から入れる二次空気量の割合を増やしたり，吹き込みノズルの位置，本数，角度などを工夫したりすることになる。また，滞留時間を長くするためには，炉の容積を拡大することが必要になるであろう。一方，温度の上げ過ぎはクリンカー（灰が溶融し塊となって炉壁などに付着したもの）が生じやすくなるため，安定した温度制御が必要である。

　固体であるごみの焼却の難しい点は，燃料としての均質性と定量供給を保つことの困難さにある。最近はコンピュータを利用した燃焼制御技術の高度化が進んだ結果，一酸化炭素濃度が大きく低減され，また瞬時的な高濃度ピークの出現も抑えられるようになり，同時にダイオキシン類の発生抑制も十分に達成できる場合が増えてきた。また，天然ガスを燃焼排ガスの再循環ガスに吹き込むことにより，完全燃焼を図る方法（天然ガスリバーニング）も適用される。

　焼却でのダイオキシン類の主たる生成が，300℃前後の温度域でのde novo合成にあることから，焼却炉出口で850℃程度の排ガスを200℃またはそれを20～30℃下回る温度まで，できるだけすみやかに冷却することが望ましい。排ガスの急冷といわれる方策である。排ガス温度が200℃以下になると，大幅にダイオキシン類の生成が抑制されることが実験や実際の焼却プラントでの経験から明らかになっている。温度の降下はボイラ，減温塔，空気予熱器などの諸設備によって行うことになるが，注意すべきことは，排ガスが冷却される過程の煙道内に堆積したダスト表面上でde novo合成が生じることがあり得るということである。ダストが長期にわたって堆積しないように，清掃によって取り除きやすくする工夫が必要となる。

　ダイオキシン類は，塩素原子が有機化合物の構造中に入り込んだ物質であることから，ごみ焼却の際の塩素源が重要な生成要因となる。市民によるごみの出し方に関わる問題として，特に，ポリ塩化ビニルとダイオキシン類の生成との関係がある。これについては，従来，たいへん多くの検討が行われ

てきた。例えば，ごみ中の有機塩素系プラスチック類の量を示す指標として，多数の施設でのごみの塩素含有量と焼却排ガス中ダイオキシン類濃度のデータを解析した例，燃焼物としての固形燃料（RDF）に含まれる塩素量を精度よく調整して燃焼させ，排ガス中ダイオキシン類濃度との関係を解析した例などである。その結果，正の相関があるとする主張，有意な相関はないとする見解など多くの議論がなされてきている。

焼却炉への塩素の供給源は多様であり，ポリ塩化ビニルやポリ塩化ビニリデンなどの有機塩素系プラスチック類は，排ガス中の塩化水素発生量に関して70％程度の寄与率をもつといわれる。一方，厨芥類などに含まれる食塩に代表される無機塩素も焼却炉内の反応によって一部塩化水素に変換されることがわかっている。[*9] 有機塩素系プラスチックを分別して焼却炉に入らないよう徹底すれば，混合投入した場合よりも塩化水素濃度は確実に低下する。また，条件が整えられた実験では，燃料中の塩素量とダイオキシン類生成量が非常によい相関をもっている。[*10] しかし，実際の炉でダイオキシン類の発生抑制に直接結びつくかどうか，単純に結論できるものではない。なぜならば，ダイオキシン類および関連する化合物の生成には温度，ガスの滞留時間，ガスの混合条件，排ガス冷却過程での温度および滞留時間などの焼却プロセスの操作条件が総合的に，また複雑に影響すると考えられるからである。ただし，ダイオキシン類との関係はともかく，塩化水素濃度が高いと処理のために薬剤を多く使用することになるので，ポリ塩化ビニルなどを分別する排出抑制によってごみの中の塩素量を削減することは重要であろう。

2　排ガス処理対策

生成抑制が基本ではあるが，現実には変動の免れないごみの燃焼であり，一方，技術面での限界もある。このため，End-of-pipe対応としての排ガス処理の果たす役割も十分に認めて，これを適正に活用することが肝要と思われる。実際に，排ガス処理設備が焼却プラント構成の中で占める比率はかなり

大きい。

(1) バグフィルターによるダイオキシン類の除去

　ダイオキシン類除去のための排ガス処理技術としては，150〜200℃の比較的低い温度範囲でのバグフィルターを用いた高効率の集じん法が適用されるのが通例となってきた。ダイオキシン類の生成しやすい温度域が300℃付近にあることが明らかになって以来，集じん効率の面であまり低温化することができない電気集じん器に替って，バグフィルターの適用がたいへん多くなった。ダイオキシン類問題が，排ガス処理という技術システムのあり方を変えた一例といえる。バグフィルターの運転では，塩化水素や硫黄酸化物といった酸性ガスの除去を同時に行うため，入口で煙道に消石灰が吹き込まれる。粉末状の活性炭が同時に吹き込まれる場合も最近では多い。バグフィルターは，ガラス繊維，四フッ化エチレン樹脂（テフロン），ポリエステルなどの素材からなるろ布（織布と不織布がある）を用いて，ダストや上記添加剤がろ布表面に堆積して形成されるケーキ層で，粒子状物質の物理的捕捉とガス状物質の吸収または吸着を行わせるのが除去の原理であり，ダイオキシン類の除去機構である。定期的に堆積ダストの払い落としを行って運転される。

　バグフィルターによるダイオキシン類の除去は，170〜180℃で消石灰と活性炭を適用することにより，おおむね90％以上の効率を期待できる。したがって，発生抑制を図ってバグフィルター入口で1 ng-TEQ/m^3_N程度となれば出口で0.1ng-TEQ/m^3_N以下になる計算ではあるが，濃度の変動を加味して常に0.1ng-TEQ/m^3_N以下にあることを求めるとすると，次項の触媒の利用などによらなければならない。また，ダイオキシン類除去のための因子で，もっとも影響の大きいのは温度である。活性炭の吹き込み量を増せば低減効率は上がるが，温度を下げるほうが効率向上への寄与は大きい。ただし，酸露点に伴う設備の腐食への懸念が生じるため，150℃が実用の下限と思われる。

　なお，塩化水素除去のための消石灰は，最近では比表面積を増加させた高機能のものが開発されているほか，カルシウム塩よりも当量比あたりの除去

能の高い炭酸水素ナトリウム粉の適用も試みられている[*11]。また最近では，バグフィルターが2段で適用される場合もみられる。

(2) 触媒によるダイオキシン類の除去

触媒は，チタン-バナジウム系などを主とする脱硝用の触媒であり，アンモニアを併用した窒素酸化物の還元とともに，ダイオキシン類の酸化分解が生じる。触媒表面の活性点にダイオキシン類分子や酸素分子が吸着し，脱塩素などが生じると考えられる。分解の効率は高く，脱硝もできるので，最近の焼却施設では適用例が多い。触媒には，バナジウムおよびタングステン酸化物とともに担体としてチタン酸化物がよく用いられる。適用の型式としては，充填塔とし，ハニカム状に成型されるなどして適用される。一方，バグフィルターのろ布に，繊維状の脱硝触媒を織り込むという適用技術もある。装置運転の空間速度がおおむね$5000h^{-1}$と比較的大きいので，大量の排ガス処理には有利である。温度は，高い方が効果が高く，通常200℃以上で用いられる。

脱硝触媒塔は，ダストの影響を避けるためバグフィルターの後段に設けられる。そのため，バグフィルター集じんのためにいったん下げた排ガス温度を再び昇温させることが必要となり，昇温のためのエネルギーを要することに留意しなければならない。また，硫酸アンモニウム（いわゆる酸性硫安）が生成して蓄積すると触媒活性が低下（被毒）するため，留意が必要である。適用温度については，従来よりも低温で効率のよい触媒がしだいに開発されつつある。

(3) 活性炭などによるダイオキシン類の除去

活性炭を用いた吸着処理法は，ダイオキシン類をはじめ多くの，主として有機汚染物質に適用できる安全確保技術として信頼性が高い方法である。活性炭だけでなく，活性コークスとよばれ瀝青炭などを原料に賦活の度合いが小さい安価な材料もよく用いられる。比表面積は吸着能力の指標として用いられるが，活性炭がおおむね500〜$1200m^2/g$であるのに対し，活性コークスは

表4-6 活性炭の適用とバグフィルターによるダイオキシン類の低減効果の例

入口濃度 (ng-TEQ/m^3_N)	出口濃度 (ng-TEQ/m^3_N)	温度(℃)	活性炭吹込み量 (mg/m^3_N)	除去率(%)
4.1	0.0062	165	45	99.85
3.0	0.0035	164	61	99.88
2.3	0.058	181	200	97.48
4.7	0.41	198	57	91.28

200〜400m^2/gと小さい。[*12]適用の方式には，設備的に簡易な煙道への吹き込み方法と，粒状の活性炭や活性コークスを用いた充填塔形式で集じん後の排ガスを処理する方法がある。煙道への吹き込み方法での通常の適用量は，排ガス量に対し50〜300mg/m^3_N程度である。充填塔の場合，使用されて劣化した材料から一定量ずつ切り出され，その分新しいものが補充されるようになっている。排出された使用済みの吸着材料は焼却炉で焼却されるか，あるいは高温で吸着材料を再生する装置が設けられる場合もある。なお，活性炭などの材料ではガスの滞留によって発火を起すことのないよう留意する必要がある。

活性炭の噴霧によって，どれだけダイオキシン類低減の効果があるかを実際の焼却施設（准連方式ストーカ炉）での測定結果でみると，消石灰との同時適用であるが，表4-6のようにバグフィルター入口濃度が2.3〜4.7ng-TEQ/m^3_Nであったのに対し，出口濃度が0.0035〜0.41ng-TEQ/m^3_Nとなり，除去率では91.3〜99.9%となっていた。[*13]比較的効果の高い例と思われるが，これよりまた，温度を低くする方が，活性炭の添加量を多くするよりもダイオキシン類の低減効果は高いと推測される。

活性炭，活性コークスなどによる吸着法は確実な低減技術であるが，一方，排ガス中のダイオキシン類を吸着剤に移行させる方法であることから，飛灰として大量に生成する残さまたは廃活性炭の処理が大きな課題といえる。

以上の処理技術と適用上の留意点を単位プロセスごとに表現すると，図4-6のようになる。

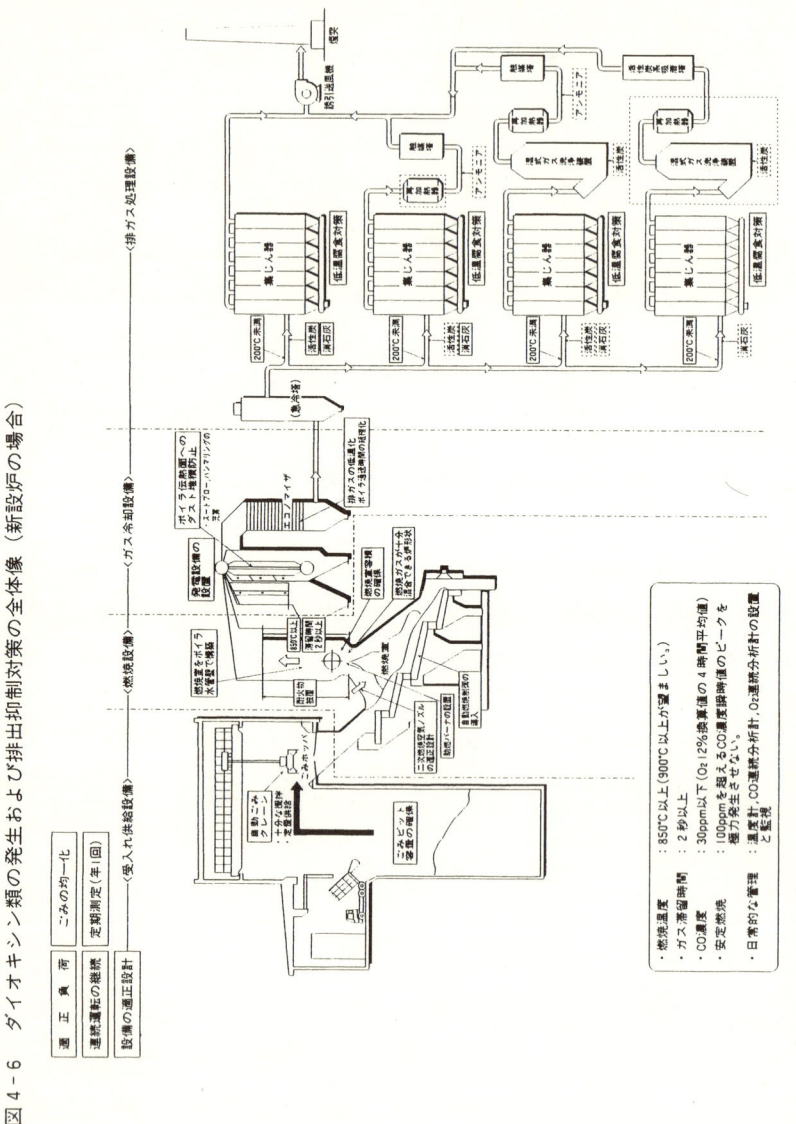

図4-6 ダイオキシン類の発生および排出抑制対策の全体像（新設炉の場合）

出典 ごみ処理に係る削減対策検討会：ごみ処理に係るダイオキシン類発生防止等ガイドライン（1997）

3 残さの処理対策

　排ガス処理によるダイオキシン類の除去が高度化すると，吸着法の適用の場合にみられるように，ダイオキシン類や重金属類などの飛灰中の含有量が多くなることにつながる。また，2000（平成12）年には，ばいじん等に含まれるダイオキシン類の基準が3 ng-TEQ/gと定められたこともあり，適正な処分のために残さ中のダイオキシン類を無害化する技術が求められる。それには，加熱脱塩素化法と溶融固化法とがあり，実際に適用されるようになった。

　加熱脱塩素化法は，飛灰を主に無酸素の雰囲気で加熱することでダイオキシン類分子からの脱塩素反応を生じさせ，ダイオキシン類を分解し無害化する方法である。温度は400～550℃程度に保持される。一例として，図4-7に示すような構成で装置化されている。飛灰中のダイオキシン類は95％以上が分解され，処理後のダイオキシン類量は0.1～0.2ng-TEQ/g程度以下になる。この分解は必ずしも無酸素（還元性）雰囲気の下で行う必要はなく，空気雰

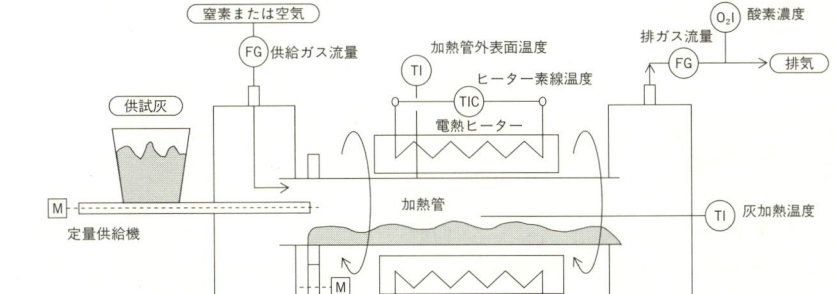

図4-7　加熱脱塩素化処理装置の構成例

出典　ごみ処理に係るダイオキシン類削減対策検討会：ごみ処理に係るダイオキシン類発生防止等ガイドライン（1997）をもとに一部改変。

囲気でも行わせることができる。ただし，その場合温度を多少高くしなければならない。加熱条件下ではダイオキシン類の生成と分解が同時に起こっていて，どちらが卓越するかでみかけの生成/分解が決定されるわけである。なお，加熱処理後の冷却過程で300℃付近の温度域の時間が長くなるとde novo合成により再びダイオキシン類が生成する可能性があるので，この再合成を防ぐために加熱処理後は急冷することが肝要である。

溶融固化法とは，焼却灰や飛灰（さらには各種の不燃物）を電力または灯油などの燃料を用いて加熱し，1200〜1400℃あるいはこれを少し上回る高温に維持し，二酸化ケイ素（シリカ）や酸化アルミニウム（アルミナ）などの無機物を溶かしてガラス質のスラグにする方法である。溶融対象物中に含まれるダイオキシン類などの残存有機物はこの高温溶融過程では高い効率で分解される。沸点の高い（例えばクロム：Cr）有害金属類はスラグ中のシリカの網の目の中に包み込まれ，外部への溶出が非常に起こりにくくなる。低沸点の金属（たとえば水銀：Hg，鉛：Pb）や金属アルカリ塩などは排ガス中に揮散しやすい。揮散したものは一部，途中のダクト内に凝縮し，また集じん器で捕集されて溶融飛灰として排出される。溶融飛灰中にダイオキシン類が含まれることはないが，焼却排ガス処理で捕捉された塩素分が溶融過程で揮散し再度排ガス処理で捕捉されて一層高含有量で含まれることになる。溶融飛灰の有効な利用方法を確立することが大きな課題である。

4　総合的管理

これまでにも述べたように，ごみ焼却施設でのダイオキシン類の環境への排出源は排ガスと固体残さである。このうち，高度な排ガス処理技術によって排ガスに伴う排出量はかなり低くすることが可能であるが，残さ中の含有量は飛灰のそれに依存し，そのままでは飛灰に伴う系外への排出量を小さくすることは難しい。そこで，前項の残さ中のダイオキシン類低減技術を適用すれば，残さに伴うダイオキシン類の排出量を大きく削減することができる。

残さを含めた総量的な排出量の目標が焼却ごみ1トン当たりの排出量として5μg-TEQにおかれていること[*14]を考えると,例えば,排ガス中のダイオキシン類が0.1ng-TEQ/m³$_N$を下回っているならば,通常規模である毎時数万m³$_N$程度の排ガスとともに排出されるダイオキシン類はごみ1トンあたり0.1μg-TEQを超えない。一方,概算であるが,飛灰中のダイオキシン類が1ng-TEQ/gであったとすると,1日に数~十数トンの飛灰が発生する焼却施設(100~500トン/日規模)では,ダイオキシン類の発生量がごみ1トンあたり数十μg-TEQ程度になると推算され,これはダイオキシン類を分解できる技術の適用なくして低減できる量ではない。したがって,焼却施設をダイオキシン類の排出削減施設と位置づけるならば,固体残さの適正処理なくしては成り立たないのである。

　ダイオキシン類の削減に関してもう一つ重要なことは,測定が難しく結果が出るまでに長い時間を必要とするダイオキシン類を,日常的な管理の中で迅速に把握できる方法およびそのためのモニタリング・評価方法をつくることといえる。恒常的な規制の段階に移り,このような技法の重要度はますます高まっている。対応には2通りの方法が考えられる。一つは,現在行われているダイオキシン類の測定操作に関し,精度に影響を与えない範囲でなるべく簡略にすることであり,他は,ダイオキシン類と相関性があり迅速かつ簡便な測定が可能なダイオキシン類の代替指標を利用することである。ダイオキシン類の分析方法の簡略化では,試料からの抽出などの前処理操作をより高速に効率的に処理可能な機器などを活用することで時間短縮をはかること,従来用いられている高分解能型でなく低分解能型の質量分析計を用いて毒性等量に大きく寄与する特定の異性体を定量することなどがあげられる。代替指標の利用については,ダイオキシン類の生成前駆物質であるクロロベンゼン類およびクロロフェノール類の利用,さらにダイオキシン類やクロロベンゼン類などを総合的に含む有機性ハロゲン濃度の総括的な測定値を用いる指標の利用などがいろいろと試みられている。[*15]

　上記の各種方法を用いてダイオキシン類が排ガス基準を満たすことを日常

的にモニタリングすることは，大きく二つの点で役立つと思われる。第1は，ダイオキシン類の環境への排出レベルが周辺環境への影響に照らし合わせて安全であり，住民にとって安心できるものだということをきめ細かく知ることができるという点である。これについては，ダイオキシン類の健康への影響がそもそも長期の平均的な濃度で判断すべきものという観点からすれば，必ずしも逐一知る必要はないであろう。最近では，ヨーロッパの一部において，およそ1か月の間，連続的に排ガスのサンプリングを行った試料についてダイオキシン類の分析を行い，焼却施設の管理に役立てる方法が実践されている。

　第2は，迅速な代替指標を用いてダイオキシン類の濃度を推定することにより，ダイオキシン類の排ガス処理に使用している活性炭量を必要に応じて適切に制御することが可能となり，その結果，排ガス処理用資材の使用量および維持管理の費用を節約することにつながる点をあげることができる。連続的に，または間欠であっても迅速にダイオキシン類の濃度レベルを知ることができれば，それに応じて焼却施設の運転方法を適切かつ臨機応変に修正することができる。こうして，環境負荷物質の排出を最大限に抑制し，同時にそのためのコストの発生を最小限に抑えることができるのではないかと思われる。

第3節　廃棄物と環境リスク

1　有害廃棄物

　近年の廃棄物問題を複雑で多様なものにしている特質の一つが，いわゆる有害廃棄物の増大と思われる。「有害」という言葉は非常に一般的である反面，国際的な比較を行うような場合その定義が国によって同じではないので注意する必要がある。欧米諸国において，近年，法的に管理する上で，有害廃棄

物は廃棄経路，有害物質および有害特性の三つの範疇から定義される。わが国では，1993（平成5）年の廃棄物処理法の大幅な改正の中で「特別管理廃棄物」が指定された。これは，「有害廃棄物の国境を越える移動及びその処分の規制に関するバーゼル条約」や米国の資源再生保全法（RCRA）その他における定義を参考にしている。バーゼル条約とは，1980年代以降，ダイオキシン類に関するセベソ事件など多国間で顕在化した有害廃棄物の越境移動を国際的に規制するための枠組みである。

特別管理廃棄物の指定における有害特性は，図4-8のように構成される。有害の概念を幅広くとらえようとする視点に立って，毒性や感染性以外にも爆発性，反応性も有害と認識される。また，毒性については，人に対する健康影響だけでなく生態系への影響も考慮しようとするものである。特別管理廃棄物の判定の基準は，例えば産業廃棄物である汚泥の溶出液にトリクロロエチレンやテトラクロロエチレンなどの有機塩素系溶剤が基準値（トリクロロエチレン：$0.3\,\mathrm{mg}/l$，テトラクロロエチレン：$0.1\,\mathrm{mg}/l$）を超えて含まれる場合，この汚泥は特別管理産業廃棄物となる。ダイオキシン類については，含有量が$3\,\mathrm{ng\text{-}TEQ/g}$を超えると該当する。特別管理廃棄物は，文字通り通常の廃棄物とは異なり，収集・運搬から中間処理において厳格な管理が求められる。基準値を満たす状態になって通常の産業廃棄物としての扱いをすることになる。

図4-8　特別管理廃棄物における有害特性の分類

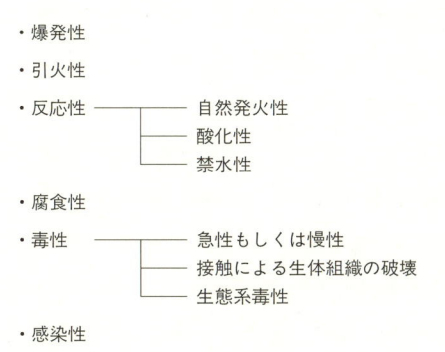

- 爆発性
- 引火性
- 反応性
  - 自然発火性
  - 酸化性
  - 禁水性
- 腐食性
- 毒性
  - 急性もしくは慢性
  - 接触による生体組織の破壊
  - 生態系毒性
- 感染性

特別管理廃棄物，すなわちいわゆる有害廃棄物の中で，近年具体的，技術的な対応が図られてきたものは，ばいじん，廃PCB等，PCB汚染物などであろう。

ばいじん，すなわちここでは都市ごみ焼却施設から排出される集じん灰を指すが，これは特別管理一般廃棄物に指定されている。新しく建設される焼却施設では，このばいじんを焼却灰とは分離して排出し，セメント固化，溶融固化，薬剤処理，酸その他溶媒による安定化の四つの方法のいずれかで無害化・安定化を図ることとされている。しかし，例えば，溶融固化法によるスラグとしての資源化など単に最終処分を行うことに依存しない有効な利用法を検討する必要があると思われる。

廃PCB等，PCB汚染物およびPCB処理物は，かつて国内で6万トン近い量が生産され工業製品として大量に使用されたPCBを含む有害廃棄物であり，また，過去の大きな負の遺産ともいえる。さまざまな理由によって30年もの間ほとんど適正な処理が行われず保管が続いてきた。この間に，紛失などによって環境への漏出が起こり得ることから想定される環境汚染の可能性と，それによるリスクが懸念されてきた。POPs条約においても，廃棄物となったPOPsの適正処理が求められている。近年，ようやくこのPCBに対し適正な処理を行って，多量に存在し多様な性状をもつPCB廃棄物を削減することが実行に移されつつある。油状のPCBを多量に含む高圧トランスおよびコンデンサ，個々の含有量は少量の蛍光灯などの安定器，さらにノーカーボン紙など廃棄物は多岐にわたり，含有される濃度も幅広く，一律の処理方法では対処が難しい。液状のPCBに対する処理技術としては，1回ずつのバッチ処理が可能で安全性の確認が可能な化学的処理方法であるアルカリ触媒や金属ナトリウムを用いる脱塩素化法，光分解と触媒分解ほかとの組み合わせ法，高温・高圧水を用いる水熱酸化法分解法などが種々開発され，自家処理への適用および実証が行われている。環境事業団によって北九州での処理事業をはじめ，いくつかの広域的な処理事業が動き出そうとしている。多くの観点での課題があるが，PCBの処理に伴うダイオキシン類の副次的生成の回避などを含め

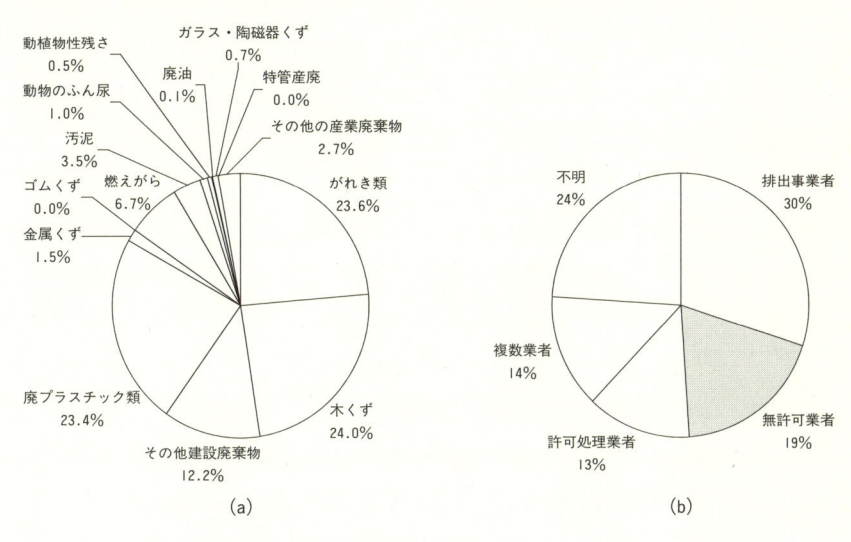

図4-9 不法投棄量の産業廃棄物種類別割合(a)と投棄量の実行者別割合(b)(いずれも平成12年度のデータ)

(a)
- 動植物性残さ 0.5%
- 動物のふん尿 1.0%
- 汚泥 3.5%
- ゴムくず 0.0%
- 金属くず 1.5%
- 燃えがら 6.7%
- ガラス・陶磁器くず 0.7%
- 廃油 0.1%
- 特管産廃 0.0%
- その他の産業廃棄物 2.7%
- がれき類 23.6%
- 木くず 24.0%
- その他建設廃棄物 12.2%
- 廃プラスチック類 23.4%

(b)
- 不明 24%
- 排出事業者 30%
- 無許可業者 19%
- 許可処理業者 13%
- 複数業者 14%

た環境への安全性の確保が重要な課題であることは間違いない。

2 不法投棄・不適正処分と汚染修復

産業廃棄物については不法投棄などの不適正な処理が行われることが多い。1993(平成5)年度には274件,34万トンほどの量であったものが,1998(平成10)年度に1197件,42万トン余りにまで増加し,2000(平成12)年度では1027件,40万トン余りとなっている。[*16] 件数の増加が著しい。図4-9は,不法投棄された産業廃棄物全量のうち,種類別でどのような内訳になっていたか,また,不法投棄を行った者がだれであったかをその量によって表している(平成12年度のデータ)。両図をみると,がれき類,木くずなどの建設廃棄物として排出された廃棄物が約60%を占めることがわかる。廃プラスチック類も約23%と比較的多い。また,無許可業者は,投棄件数では9%であるが,これに対して相対的に投棄量が19%と多いといえる。その他,不法投棄に特徴的

ともいえるが，投棄者が不明の場合が多いことが目立つ。

　不法投棄される廃棄物の中に有害廃棄物が含まれると，それによる地盤環境や周辺の水環境の汚染につながる。近年このような例が多く顕在化している。典型的な事例が，香川県豊島の問題であろう。注目された国の公害等調整委員会への調停申請などを経て，技術的な汚染修復と原状回復のため，有害物質に汚染された水が海域に流出することを防止し，その上で約60万トンの廃棄物を掘削し，他の島に設けられた溶融炉によって処理に伴う環境への負荷を最小化しつつ掘削廃棄物をスラグ化し，これを有効利用することとなった。

＜豊島における廃棄物の不法投棄と環境汚染問題＞ *17-19

　香川県豊島は小豆島の西側に位置する瀬戸内海の小島であるが，ここでミミズを養殖して土壌改良剤をつくるという中間処理業をはじめた業者（もともと1975（昭和50）年に有害産業廃棄物処理業の許可を申請していたが，1977（昭和52）年に申請の変更をしていた）が，1983（昭和58）年ごろからはシュレッダーダスト，廃油，汚泥などを搬入して埋立処分を行い，一部は野焼きも行っていた。1990（平成2）年になって兵庫県警が廃棄物処理法違反の容疑で強制捜査を行ったことにより，廃棄物の不法投棄などは終了したが，広大で重篤な環境汚染が残った。投棄された廃棄物の内訳は，上述のシュレッダーダストが主体で，そのほかには製紙汚泥，鉱滓，脱水ケーキ，燃えがらなど多岐にわたった。投棄廃棄物の分布は広さで6万9000m^{2}に及び，埋められている体積は約46万m^3，湿重量で50万トンに及ぶと推定される。廃棄物中から検出された有害物質のうち，溶出試験の基準値を超過していた項目は，鉛，PCB，1,2-ジクロロエタン，シス-1,2-ジクロロエチレン，1,1,2-トリクロロエタン，トリクロロエチレン，テトラクロロエチレン，1,3-ジクロロプロペンおよびベンゼンであった。鉛とPCBのほかは，有機溶剤として用いられるものが多い。1項目でも基準値を超過している廃棄物の量は40万m^3，44万トンにのぼった。また，高濃度の有害物質が廃棄物浸出水中に溶出して

いると推測された。公害等調整委員会による調停作業の中で多くの調査および修復に向けた検討が行われた。その結果，海域への有害物質の漏洩防止などを目的とした暫定的な環境保全措置を実施するとともに，豊島で掘削した廃棄物等（汚染土壌や覆土を含む）を直島町まで海上輸送し，既存工場敷地内に新設された中間処理施設で溶融処理（200トン/日規模の表面溶融方式が採用された）を行ってスラグ化し，資源化を図ることとされたほか，溶融からの飛灰も塩化揮発などの方式により資源化を目指すこととなった。2003（平成15）年4月よりこの施設が稼動し始めた。

また最近では，青森県と岩手県の県境にある地域で大規模な不法投棄が明るみになり，目下のところ原状回復と環境の再生に向けた適正な方策が話し合われているところである。そのほか，排出源から距離的に近い首都圏とその周辺においても，千葉県や福島県などをはじめ多くの事例がある。不法投棄の横行は，循環型社会の形成を側面から，または場合によると根底から覆すものであり，強力な防止と原状回復措置をとるための諸方策の実施が求められる。

＜青森・岩手県境における廃棄物不法投棄問題＞[20]

青森県八戸市の産業廃棄物処理業者が，埼玉県の産業廃棄物処理業者から引き受けた産業廃棄物（首都圏を中心に排出事業者は北海道から九州まで広がる）を県境地域に不法投棄した。1990年代初期から始まり，1999（平成11）年まで続いた。投棄された廃棄物の量は約82万m^3にのぼり，豊島の例を上回る。廃棄物の内訳は，バーク堆肥およびRDF様のもの，燃えがら，焼却灰，汚泥など多岐にわたり，土砂が混合した状態で埋められている。廃棄物の投棄範囲は東側（岩手県側）で面積15ha，西側（青森県側）で12haに及び，埋められている体積は東側で15万m^3，西側で67万m^3に及ぶと推定されている。東側はスポット的な分布であるのに比較して，西側は大量の分布と特徴づけられる。1994年（平成6年）から保健所による立入調査と指導がなされ，2000（平

成12) 年度から汚染の詳しい実態調査が行われた。廃棄物中から検出された有害物質のうち,溶出試験の基準値を超過していた項目は,ジクロロメタン,1,2-ジクロロエタン,シス-1,2-ジクロロエチレン,トリクロロエチレン,テトラクロロエチレンおよびベンゼンであった。また,焼却灰主体の廃棄物にダイオキシン類の含有が認められた。埋立地域内の浸出水からは,四塩化炭素,ベンゼン,ダイオキシン類などが検出されている。周辺の湧水については,硝酸性窒素および亜硝酸性窒素が基準を若干超えて検出された以外の有害物質の検出はないが,電気伝導度が高い例もみられる。修復の方向性と内容についてはいまだ議論が進行中であるが,基本的には地下水や雨水に伴う有害物質の流出に対する対応策として遮水壁を設け,排水処理を行って水質の浄化を行う対策と,埋められている廃棄物を撤去する方策の両方を進めていくこととされている。

　2003(平成15)年,新たに特定産業廃棄物に起因する支障の除去等に関する特別措置法が成立した。このなかには,特定支障除去等事業の実施のために要する費用について,有害性の高い廃棄物についての2分の1補助と,都道府県等の負担分について地方債の起債特例が盛り込まれた。また,不適正処理の防止と適正処理の確保を実行できる廃棄物処理法の改正もあわせて行われた。

　このような大規模な地盤環境汚染の顕在化とともに,汚染修復のための技術開発が進んでいる。揮発性有機化合物による土壌・地下水汚染対策技術として,従来,封じ込め処理,土壌ガス吸引法,揚水曝気法,(低温)加熱-追い出し法,バイオレメディエーション法などが適用されている。今後,重金属,ダイオキシン類,PCBおよびPOPsなど対象となる有害物質の幅が広がるにつれ,さらに技術開発の必要性が高まるとともに,単に有害物質を無害化するだけでなく,それが環境負荷を低くし,かつ低コストで行えるものであること,同時に資源化が図れる総合的なシステムであることが重要になると思われる。

3 環境リスクとその管理

　ごみ問題に起因する環境リスクは非常に多様で複雑であるが，ここでは化学物質による毒性影響に限定し単純化して，図4-10のように整理した。すなわち，廃棄物として排出されて以降，収集・運搬，焼却をはじめとする中間処理および最終処分の各段階において，含まれる化学物質が揮発や粒状物の飛散などによって大気環境に入り込む。また，放流される排水や浸出水（通常は処理された後，排出される）に伴って水環境に入り込む。不法投棄などが起こると土壌環境への直接的な進入になる。化学物質の環境リスクを考慮する上で重要な特質は，それが異なる環境媒体間を移動することである（クロスメディア移動）。したがって，最初は排ガスとして大気環境に排出されたとしてもさまざまな過程を経て水環境に移行し，さらにそこに生息する魚類

図4-10　ごみ問題に起因する環境リスク

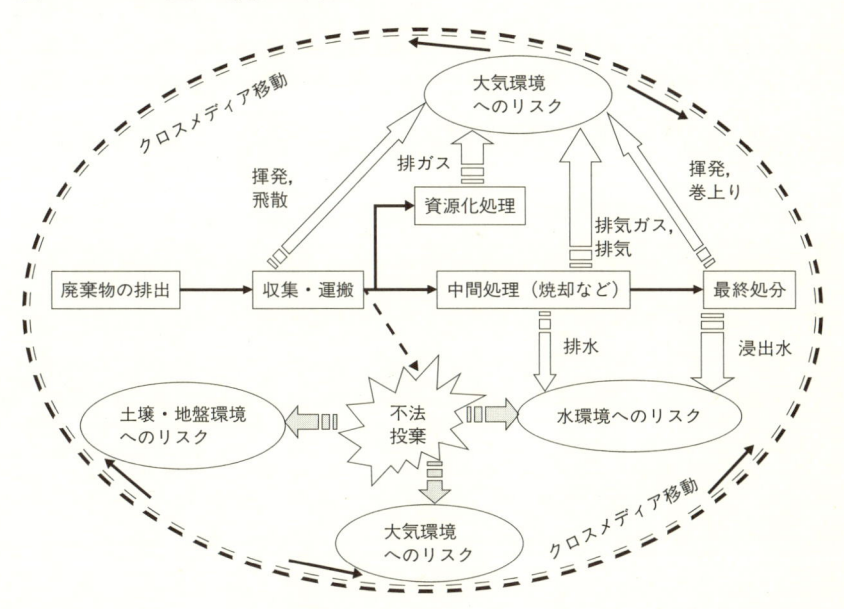

などに移行し蓄積することに結びつく。これは，例えばダイオキシン類の排出と人による摂取量の実態データ（p.183参照）に典型的な例をみることができる。なお，このような移動にはある程度の時間を要する。

　これらのことを考慮すると，環境リスクの予測を通じ将来にわたる安全性を予測するために，潜在的なリスクの予測・評価を事前に行うための方法論あるいはツールが必要となる。例えば，焼却排ガス中に含まれて排出される物質の量と性状が明確になれば，各環境媒体に含まれる濃度が予測でき，人の健康影響および生態系への影響度を予測し評価できるシステムである。このようなツールを用いれば，どの環境媒体への進入を制御したときに最も効果的に人の健康影響や生態系への影響すなわち環境リスクを低減できるかを判断し，リスク管理を行うことができると思われる。この手法においては，対象となる有害物質がどれだけ，どの環境媒体に排出され進入するかを見積もることが重要であり，結果にも大きく影響するので，できるだけ正確な推定方法をつくることが望まれる。

　一方，環境へのリスク制御にあたり，処理・処分に関わる技術開発を進めるとともに，リスクの管理水準やコストを含めてこれらのバランスをどのようにとるべきかが重要と考えられる。管理水準（目標とする処理レベルといってもよい）については，廃棄物の循環利用（リサイクル）を想定すると，通常開放系での利用になるため，あらかじめ十分な安全性を確保する必要があると考えられるからであり，また，コストについては管理水準を厳しくするほど高くなり，社会的コストとしての合理性を逸脱しかねないからである。総合的な観点からの管理システムづくりが求められている。

（川本克也）

参考文献

* 1 公害防止の技術と法規編集委員会編：公害防止の技術と法規 ダイオキシン類編, pp.10-15, ㈳産業環境管理協会（2002）
* 2 環境省編：平成14年版環境白書, p.190, ㈱ぎょうせい（2002）
* 3 公害防止の技術と法規編集委員会編：公害防止の技術と法規 ダイオキシン類編, pp.7-10, ㈳産業環境管理協会（2002）
* 4 環境省：ダイオキシン類の排出量の目録(排出インベントリー)について http://www.env.go.jp/press/press.php3?serial=3046（2002）
* 5 環境省：一般廃棄物焼却施設の排ガス中のダイオキシン類濃度等について（2002）
* 6 酒井伸一：有機臭素系のダイオキシン類縁化合物, 廃棄物学会誌Vol.11, pp.210-222（2000）
* 7 ㈶廃棄物研究財団：平成13年度 廃棄物処理等科学研究報告書 廃棄物処理過程におけるダイオキシン類縁化合物の挙動と制御に関する研究, pp.267-337（2002）
* 8 シーア・コルボーンほか, 長尾力訳：奪われし未来, pp.173-189, 翔泳社（1997）
* 9 久保田宏・松田智：廃棄物工学, pp.52-57, 培風館（1995）
* 10 公害防止の技術と法規編集委員会編：公害防止の技術と法規 ダイオキシン類編, p.55, ㈳産業環境管理協会（2002）
* 11 倉田昌明ほか：新乾式排ガス処理システムによる酸性ガス除去技術 第12回廃棄物学会研究発表会講演論文集, pp.616-618（2001）
* 12 川本克也：活性炭系吸着材による排ガス中ダイオキシン除去技術, 化学工学Vol.64, pp.131-134（2000）
* 13 川本克也：未発表（2002）
* 14 酒井伸一：ダイオキシン類のはなし, p.118, 日刊工業新聞社（1998）
* 15 Katsuya Kawamoto et al.：Application of concentration of organohalogen compounds in flue gas for the management of dioxins, Organohalogen compounds, Vol.59, 53-56（2002）
* 16 環境省編：循環型社会白書 平成14年版, p.126, ㈱ぎょうせい（2002）
* 17 花嶋正孝ほか：廃棄物の不法投棄による環境汚染―豊島の例―, 廃棄物学会誌Vol.7, pp.208-219（1996）
* 18 佐藤雄也ほか：豊島産業廃棄物事件の公害調停成立, 廃棄物学会誌Vol.12, pp.106-116（2001）
* 19 香川県豊島廃棄物等処理技術検討委員会：豊島廃棄物に対する処理技術の検討, 廃棄物学会誌Vol.12, pp.117-124（2001）
* 20 第1～3回青森・岩手県境不法投棄事案に係る合同検討委員会資料（2002, 2003）

第5章
地方自治体のごみ行政の現状

第1節　ごみ処理にかかる経費

1　ごみ処理経費

(1) 市町村の役割

　ごみに対する責任はごみの排出者にあることはいうまでもないが，その責任をどのように果たすかということについては多くの意見があるところである。事業系ごみに関しては，処理に要する経費も含めて排出者が自らの責任において処理することが当然であるとの概念が確立しているが，家庭系ごみに関しては市民が個々に自ら処理する手段をもたないことなどから，その処理責任は一義的に市町村に委ねられており，廃棄物の処理及び清掃に関する法律（廃棄物処理法）においても一般廃棄物の処理に関する事業については，市民の日常生活に最も密着した行政サービスの一つとして，市町村の固有の事務として位置づけられている。
　一方，近年のごみ行政を取り巻く状況をみると，ごみ行政の本来の目的である公衆衛生の向上や生活環境の保全といった観点に加え，資源の有効利用や地球環境の保全に重点をおいた取り組みが求められている。
　しかしながら，ダイオキシン類対策をはじめとする環境対策や資源物の分

別収集の拡充などに向けた取り組みは，進めれば進めるほど経費が増加することとなるため，長引く厳しい経済状況のもと，いかに経費を抑えながら資源を保全し，環境負荷の少ないごみ処理行政を行うかが課題となっている。

(2) 市町村の行うごみ処理事業

市町村の役割として位置づけられている一般廃棄物の処理とは，家庭などから排出されるごみについて，その発生から最終的に処分されるまでの分別，保管，収集，運搬，再生，処分等の過程を指すものであり，一般的に収集・運搬，中間処理，最終処分に区分される。収集・運搬とは，ごみの発生から分別，保管後分別排出された生ごみ，空き缶，ペットボトルなどを収集し中間処理施設まで運搬する過程をいい，中間処理とは，焼却処理や破砕処理，さらには選別，圧縮等を行い，ごみの減容化，資源化等を行う過程を指す。そして，最終的に残った焼却灰等の残さについて埋立処分等を行う過程を最終処分と区分している。

また，これらのごみの適正処理のための一連の事業に加え，ごみ処理事業を円滑に推進するため，ごみ処理事業に従事する職員の資質の向上を図るなど，事業の効率的かつ能率的な運営に努めることや，ごみの減量，リサイクルの推進に向け，積極的な啓発活動，市民の自主的な活動の促進に向けて取り組むことなども市町村の役割として位置づけられている。

(3) ごみ処理事業経費の内容

図5-1は，全国の市町村におけるごみ処理事業にかかる経費の推移である。ごみ処理事業にかかる経費はごみ量の増加やごみ処理技術の進展，公害規制の強化などに伴い右肩上がりの傾向が続いていたが，1993（平成5）年度の2兆2833億円以降ほぼ横ばい状況が続いており，1999（平成11）年度では2兆2644億円となっている。これは，全国市町村の1999（平成11）年度一般会計決算額56兆8327億円の約4％を占めていることとなる。

表5-1は，1993（平成5）年度と1999（平成11）年度のごみ処理事業にか

図5-1　ごみ処理事業経費の推移

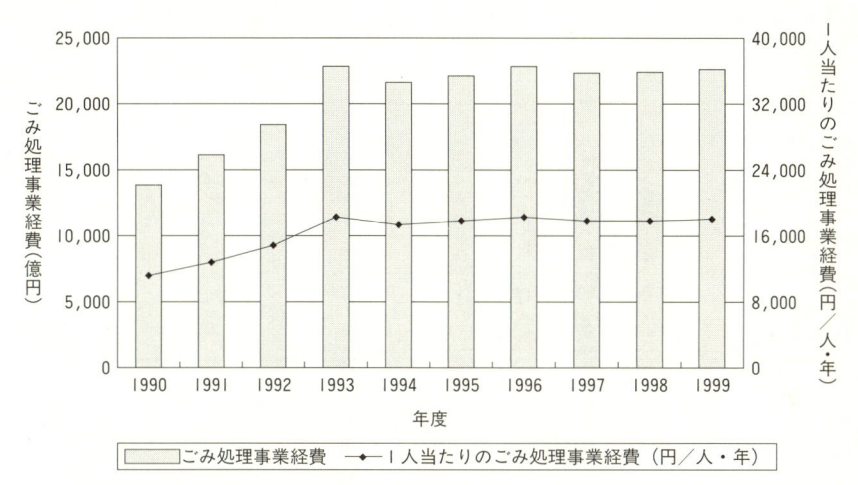

出典　環境省：日本の廃棄物処理　平成11年度版（2002）

かる経費の内訳であるが，1999（平成11）年度のごみ処理事業経費の内訳をみてみると，建設改良費として，一般廃棄物処理施設の整備等，中間処理施設にかかる経費が5774.7億円，最終処分場にかかる経費が984.5億円，中継施設や清掃事務所の整備にかかる経費がその他として162.6億円，建設・改良工事またはアセスメントにかかる調査費が91.7億円となっている。また，処理及び維持管理費は，人件費が6273.5億円，収集運搬や中間処理，最終処分などの処理全般にかかる経費が3548.9億円，収集運搬，最終処分等にかかる収集運搬車両等の購入費が134.7億円，そして，施設の運転や収集運搬等ごみ処理に関して民間業者等に対して委託している経費が4210.0億円となっている。以上の数字から，ごみ処理事業では，人件費（27.7％），中間処理施設整備費（25.5％），委託費（18.6％）が主な経費を占めていることが分かる。また，1993（平成5）年度に比べ，人件費はほぼ横ばいであるが，中間処理施設整備費は1993（平成5）年度をピークに減少化傾向にある。これは，1980年代後半，急増を続けていたごみ量は1990年代に入るとようやく落ち着きを見せ始めたが，当時計画中であった施設については右肩上がりのごみ量に合

表5-1　ごみ処理事業経費の内訳　　（単位：百万円）

				1993年	1999年
建設改良費				981,958	701,354
	工事費			963,286	692,180
		中間処理施設		828,712	577,473
		最終処分場		108,300	98,446
		その他		26,274	16,261
	調査費			18,672	9,174
処理及び維持管理費				1,301,387	1,515,514
	人件費			619,482	627,347
	処理費			315,438	354,891
		収集運搬		85,545	78,611
		中間処理		190,419	235,254
		最終処分		39,474	41,026
	車両等購入費			18,646	13,465
	委託費			281,327	421,002
	その他			66,494	98,808
その他				-	47,556
合計				2,283,345	2,264,424

出典　環境省：日本の廃棄物処理 平成11年度版（2002）

わせた処理能力での建設が進められていたことなどから，結果としてその数年後まで中間処理施設整備費が伸び続けたものと考えられる。

　一方，委託費をみると1993（平成5）年度には2813.3億円であったものが，1999（平成11）年度には4210.0億円となっており約50%の伸びを示している。このことから，一般廃棄物処理事業における民間業者等の役割がますます大きくなっていることがわかる。

2 財源の構成

次に，廃棄物処理事業における財源の構成であるが，主に一般財源と特定財源に分けることができる。

(1) 一般財源

一般財源とは市町村が自らの歳入をもって充てる財源のことであるが，図5-2のとおり，1999（平成11）年度の全国のごみ処理事業にかかる財源構成の72.7％を一般財源が占めている。この状況について，市町村の固有事務として位置づけられているごみ処理事業を行うにあたり，その財源の中で一般財源が大きな割合を占めることは当然のことと解される。しかしながら一方で，先に述べたようにごみ処理にかかる経費は年間約2兆6400億円に達しており，また，市町村の歳入を構成する市町村税（個人・法人市民税，固定資産税等）や収益事業収入が，長引く経済状況を背景に伸び悩んでいる状況が続いていることから，市町村財政に大きな負担を与えている。

また，市町村歳入のもう一つの柱である「地方交付税」があるが，地方交付税は，9割以上の市町村が交付団体となっていることから，現在，その是正と見直し，縮小に向け，税源の委譲も含めて税源配分のあり方が問い直さ

図5-2　ごみ処理事業にかかる財源構成（1999年度決算）

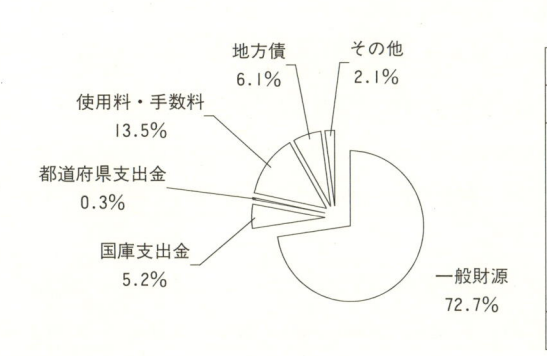

（百万円）

一般財源		1,489,801
特定財源		558,526
	国庫支出金	107,211
	都道府県支出金	6,542
	使用料・手数料	275,518
	地方債	125,401
	その他	43,854
合計		2,048,327

一般財源 72.7%
国庫支出金 5.2%
都道府県支出金 0.3%
使用料・手数料 13.5%
地方債 6.1%
その他 2.1%

出典　環境省：日本の廃棄物処理 平成11年度版（2002）

れており，今後，国に依存する財源は削減される状況にある。

(2) 特定財源

次に特定財源についてであるが，国庫支出金，都道府県支出金などの補助金，使用料，手数料等の収入，そして地方債がある。

① 国庫支出金，都道府県支出金

国庫支出金，いわゆる国庫補助金であるが，ごみ処理施設の整備などを援助するこの補助制度は，1950年代後半からの急速な経済成長に起因するごみ量の増加などに廃棄物処理施設の整備が追いつかない事態が生じたことから，法律に基づく長期計画を策定し，国から市町村へ財政的，技術的な支援を行うこととしたものである。1963（昭和38）年度から2000（平成12）年度まで第8次にわたる施設整備5か年計画が策定され，計画的な施設整備が進められてきた。また，第8次計画は1996（平成8）年度から2000（平成12）年度までの計画として，「リサイクル型社会への転換推進計画」と位置づけられ，ごみの発生抑制とリサイクルを重点においたものとなっており，1998（平成10）年1月の改訂により計画を2年間延長し，2002（平成14）年度までとした。

さらに，今後は，より効率的な廃棄物処理の確保の観点から，これまでの廃棄物処理施設整備緊急措置法に基づくものから，新たに廃棄物処理法上に廃棄物処理施設整備事業計画の策定を規定し推進していくとしている。

図5-3は国庫補助金の推移であるが，ごみ処理施設については，1999（平成11）年度から2000（平成12）年度にかけて増加しているが，これは，ダイオキシン対策にかかる施設の改・補修工事が急増したためと考えられる。また，廃棄物再生利用施設については分別，リサイクルの進展から年々増加が続いている。

表5-2は国庫補助金を受ける際の補助要件であるが，ダイオキシン対策強化や逼迫する最終処分場の延命化等の観点から，ごみ処理の広域化，焼却灰の安定化を図ることなどを目指し，全連続燃焼式の原則採用や溶融固化施設

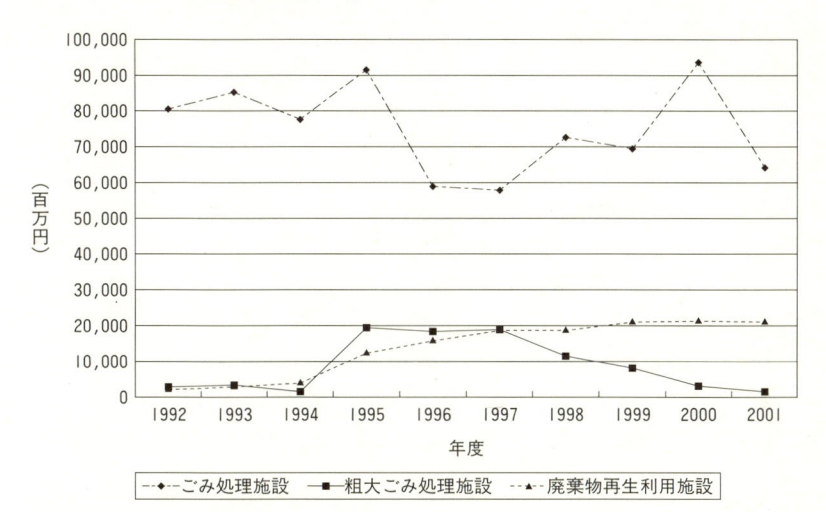

図5-3　ごみ処理施設等整備費予算額の推移

出典　環境省：日本の廃棄物処理 平成11年度版（2002）

の設置を義務づけるなどその要件は年々厳しくなってきている。しかしながら一方で，2001（平成13）年度のごみ処理施設の補助要件をみると，ごみ処理施設の要件が再び5トン以上，100トン未満は広域化計画の位置づけという従前の要件に戻っている。これらのことから，廃棄物処理の広域的対応が非常に困難である状況が見受けられる。

なお，都道府県支出金については，1999（平成11）年度実績で約65億円，歳入に占める割合も0.3％となっているが，これは法制度として設けられているものではなく，国の補助金を補完するために一部の都道府県で実施されているものである。

② 使用料，手数料

使用料，手数料は，ごみの焼却場へごみを搬入する場合に徴収する使用料や市町村が行うごみ収集にかかる手数料などの料金収入である。近年のごみ処理手数料の有料化への流れを受けて，ごみ処理手数料収入は1990（平成2）年からの10年間で約4.4倍となっており，1999（平成11）年度には2755億円，歳入全体の13.5％を占めるに至り，大きな財源の一つとなっている。

表5-2　主な施設にかかる補助要件の変遷

年度	施設区分	補助要件
平成6年度整備計画以前	・ごみ処理施設	・原則5t以上の施設。ただし、100t未満の施設については、広域化計画に位置づけられ、かつ、ダイオキシン対策が十分講じられる整備事業 ・原則として、焼却灰および飛灰のリサイクル・減量化を図るための溶融固化設備を有していること ・原則として、全連続燃焼式
	・余熱利用施設	・設置後8年以内の180t以上の施設に余熱利用施設(発電施設を含むものに限る)を設置するための1施設4億円以上の整備事業であること
	・灰固形化施設	・原則として昭和61年度以前に着工した設置後8年未満の100t以上の施設に設置するための整備事業であること
	・排ガス高度処理施設	・原則平成3年度以前に着工した施設で、ダイオキシン防止のための施設を設置するための整備事業であること
平成9年度整備計画	・ごみ処理施設	・極力、全連続燃焼式とすること(発電施設を設けることが望ましい) ・極力、余熱利用施設を設けること ・溶融固化施設を有していること
	・排ガス高度処理施設	・ダイオキシン防止のための施設を設置するための整備事業(設置年度関係なし)
平成10年度整備計画	・ごみ処理施設	・全連続燃焼式とすること ・原則、100t以上の施設を設置する整備事業であること ・余熱利用施設を設けること(発電施設を設けることが望ましい)
平成11年度整備計画	・ごみ処理施設 ・灰溶融施設(新設) ・余熱利用施設 ・灰固形化施設	・ダイオキシンについてできる限り低減化を図ること ・原則として、溶融固化設備を有していること ・原則として、5t以上であること ・原則として、100t以上の施設に余熱利用施設(発電施設を含むものに限る)を設置するための整備事業であること ・原則として、100t以上の施設に設置するための整備事業であること(溶融固化、セメント固化、薬剤処理等)
平成13年度整備計画	・ごみ処理施設 ・灰溶融施設 ・灰固形化施設	・5t以上であること。ただし、100t未満の場合は広域化計画へ位置づけられ、ダイオキシン対策が十分にとられた施設であること ・原則として、全連続燃焼式とすること ・複数施設から排出される焼却灰を扱うこと ・能力条件削除
平成14年度整備計画		・ダイオキシン対策を優先的に取り扱うため、市町村分としては、当初、ごみ処理施設、ごみ燃料化施設、廃棄物処理施設排ガス高度処理施設、廃棄物処理施設灰固形化施設のみを補助対象とした。 ・その後、その他の施設(粗大、リサイクルプラザ等)も対象とした。

なお，ごみ処理手数料の有料化の動向等については，p.239「ごみ行政における経済的手法の意義」において後述する。
③　地方債
　市町村がごみ処理施設建設などを行う場合，これまで述べてきた一般財源およびいくつかの特定財源以外に長期の借入資金をもって財源とするものが地方債である。
　これは，市町村が地方公共団体としての信用によって資金を借り入れるものであり，ある意味で容易な財源調達手段であるが，当然のことながら後年返債義務が生じ，住民負担を重くすることになるため，単に財源不足を補うことを理由とした安易な起債は，将来市町村財政に大きな負担を強いることになる。
　ごみ処理事業に利用される地方債は，一般廃棄物処理事業債と呼ばれ，その財源は，政府資金として財政投融資の一つである年金還元融資資金があてられており，特別地方債（年金資金の充当事業）に区分される。1999（平成11）年度のごみ処理にかかる地方債は，ごみ処理事業にかかる財源の6.1%となっており，特に高い比率ではないが，施設建設等は年度によりばらつきがあり，年度によっては20%を超える場合もある。したがって，地方債の市町村財政に対する影響は，「起債制限比率」（普通会計ベース：地方債償還に充当する一般財源の割合で，20%を超えると起債が制限される）などにより見極める必要がある。
　なお，一般廃棄物処理事業債については，1990（平成2）年以降のごみ処理施設整備事業の増加に対応するため，その許可額を大幅に増額し，地方債によりごみ処理施設整備を行う市町村に対しては，地方交付税によってその返債分の一部を国が負担するといった特例措置がとられており，国庫補助事業，単独事業いずれに対しても適用されている。

3　今後のごみ処理経費の動向

　ごみ処理経費については，ごみ量の増減をはじめ，リサイクルや環境対策などに関わる法制度の改，制定やその時代の経済状況，さらには廃棄物処理事業の執行体制の変化など，いくつかの条件が複合的に関連していることから，今後の動向について一概に増減を予測することは困難である。しかし，先にも述べたように，ごみ処理事業にかかる経費が主に人件費，中間処理施設整備費，委託費などで構成されていることからみると，今後のごみ処理経費の動向を探るためのいくつかのポイントがみえてくる。

(1) 直営事業から委託へ

　図5-4は，ごみ収集量の形態別内訳の推移であるが，ごみ収集が直営（市町村または事務組合による）収集から，委託業者，許可業者による収集に移

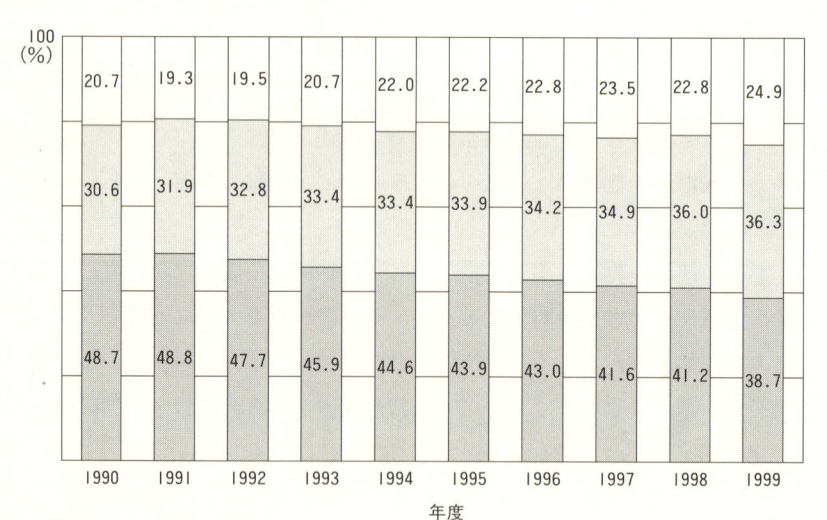

図5-4　ごみ収集量の形態別内訳の推移

年度	直営	委託	許可
1990	48.7	30.6	20.7
1991	48.8	31.9	19.3
1992	47.7	32.8	19.5
1993	45.9	33.4	20.7
1994	44.6	33.4	22.0
1995	43.9	33.9	22.2
1996	43.0	34.2	22.8
1997	41.6	34.9	23.5
1998	41.2	36.0	22.8
1999	38.7	36.3	24.9

出典　環境省：日本の廃棄物処理　平成11年度版（2002）

行しつつあることがわかる。この要因としては，民間事業者の受入体制が整備されてきたことや，事業者処理責任の原則のもと，事業系のごみ収集が直営収集の枠組みから切り離されていること，さらには長引く厳しい経済状況による市町村財政の逼迫から人件費など義務的経費の削減の必要性が高まっていることなどが考えられる。

　いずれにしても，今後ともこの傾向は続くものと考えられ，市町村のごみ処理関係職員にかかる給与等などの経費である人件費については，従事する職員数の減少等から経費も減少していくこととなる。また，一方で，委託業者，許可業者は今後も増加することから，委託費については当然増加することとなるが，市町村の人件費と委託費の相関関係については，直営と委託を比較した場合，一般的に委託にしたほうが安価になるといわれている。しかしながら，委託を実施している市町村の中には，一部の委託事業者による寡占状態が生じることにより委託費が高騰してしまうケースもあることから，今後の経費の動向を注視する必要がある。

(2)　国庫補助制度の行方

　国庫補助金については全体的に縮小傾向にある。2002（平成14）年6月に閣議決定された「経済財政運営と構造改革に関する基本方針2002」において，国庫補助金の数兆円規模の削減を目指すことが打ち出されており，また，地方分権改革推進会議の「事務・事業の在り方に関する中間報告」においても公共事業について国庫補助負担事業の廃止・縮減に向けた検討等を行うことが明らかとなっている。ごみ処理施設整備事業についても例外ではなく，特に一般廃棄物処理施設については，2002（平成14）年度のダイオキシン類対策完了をもって縮減する方向となっており，これは金額だけではなく補助対象となる事業自体についても縮小する傾向にあり，将来的に大幅な減額が見込まれる。

　他方，焼却施設の解体については，解体作業に伴うダイオキシン類の暴露防止対策のため，国の解体マニュアルで「湿潤な環境であらかじめ除染する

こと」,「溶断の禁止」などの規定が定められたことから,従来の解体方式の5倍から10倍の解体費用がかかるようになっている。しかしながら,2001(平成13)年度より市町村が設置したごみ焼却施設の解体に伴うダイオキシン類の測定については3分の1の補助が行われているが,解体そのものについての補助メニューがなく,今後についても補助対象になるか否かは不明である。

(3) 分別収集品目の拡大

今後のごみ処理経費の動向を左右するものとして,容器包装に係る分別収集及び再商品化の促進等に関する法律（容器包装リサイクル法）等への対応などに伴う分別収集の拡大があげられる。

表5-3は,名古屋市における品目別の処理原価（2000年度）である。通常の市収集ごみ（可燃ごみ系）を収集し,破砕,焼却などの中間処理を行い,最終的に埋立て処分するまでの一連の処理のために要する経費は1トンあたり4万2135円であるのに対し,空き缶や空きびんなどを資源にするために収集,選別等を行うための経費は非常に割高となっており,特にプラスチック製容器包装やペットボトルなど,比重の極端に小さいものは1トンあたり10万円を超える経費がかかっている。

同市では,名古屋港・藤前干潟最終処分場計画が座礁に乗り上げたことか

表5-3　名古屋市における品目別処理原価（2000年度）　　　　（単位：円／t）

区分		処理原価
ごみ（市収集）		42,135
資源	空きびん	65,053
	空き缶	102,367
	プラスチック製容器包装	139,060
	紙製容器包装	89,285
	ペットボトル	140,395
	紙パック	96,073

出典　名古屋市環境局事業概要

ら，1999（平成11）年，同計画を断念するとともに「ごみ非常事態宣言」を行い，容器包装リサイクル法にかかるプラスチック製容器包装や紙製容器包装の分別収集を開始し，資源分別収集の拡充を図ってきた。その結果，1998（平成10）年度のピーク時には102万2000トンだったごみの総量は，2000（平成12）年度には78万7000トンと大幅な減少が図られた。しかしながら，一方で，ごみや資源物の収集や処理に関する市の経費は1998（平成10）年度の277億円から2001（平成13）年度には309億円に膨れ上がり，『資源化に熱心な市町村ほど財政負担が重くなるという，いわゆる「資源化貧乏」になりかねない』[*1]状況が生まれており，この状況は，名古屋市のみならず多くの市町村共通の課題となっている。

また，近年，消費の多様化が進む中で，商品の多様化，複雑化をはじめ，高度な加工や化学的組成が高度化したものなどが増加してきている。中には，近年の在宅医療の進展に伴うディスポーザル注射器等感染性等が危惧される医療系廃棄物や，洗剤，殺虫剤など有害性や危険性が指摘されるものも数多く含まれており，それらが一般家庭から特に分別されることなく家庭ごみとして恒常的に排出されるようになってきている。

現在，いくつかの自治体において，ごみの組成調査などからその実態を解明する検討や医療系廃棄物について医療機関等と協力したモデル回収を実施するなどの取り組みが行われつつあるが，多くの市町村においては，量的に少ないこと，また，分別収集の困難性などから未着手の状況にある。しかしながら，このような有害性が指摘されるごみについては，いずれ早い時期にその具体的な対応が求められることとなろう。

第2節　ごみ行政を取り巻く社会環境の変化

ごみ問題は，20世紀後半に顕在化した資源の枯渇や地球温暖化等の地球規模での深刻な環境問題の大きな要因として捉えられ，国際社会においても

1992年の地球サミットをはじめとし，協同，協調した取り組みが行われつつある。また，日本においても地球サミット後，環境基本法が制定され，各分野の政策に環境配慮を統合的に実施するための基盤が強化されるなど，ごみ問題など環境問題に対しその解決に向けた取り組みが本格的に始まった。この間，リサイクル製品の社会的地位の向上，新たな処理，リサイクル技術の開発などが進展し，また，それらを後押しかつ誘導する形で新たな廃棄物・リサイクル関連法の整備が進められるなど，ごみ行政を取り巻く社会環境は大きく変化している。

　しかしながら，その取り組みは緒についたばかりであり，利便性，快適性を基本とする現在の社会システムを変革するのは容易なことではない。また，新たに整備，拡充されている廃棄物・リサイクル関連法についても，これからの運用の中で欠陥や不足の点があればそれらを補うための改正を検討する必要がある。さらに，現在のごみ（廃棄物）の定義や一般廃棄物，産業廃棄物といった区分など，現行の廃棄物処理法が今後リサイクルを進めるにあたっての障害となり得ることも考えられる。

　いずれにしても，ごみ問題など環境問題を克服し，循環型社会の形成という目標を達成するためには，制度面の充実はもとより社会面や技術面なども含めて，これらが有機的に連携し相乗的な効果をあげていくことが必要であろう。

　ここでは，大きく移り変わる社会環境の中で，現状のごみ行政に特に関連する事項をいくつか取り上げて考えてみたい。

1　廃棄物・リサイクル関連法の整備

　ごみ行政の目的は，従来の公衆衛生の向上，生活環境の保全といった観点に加えて，資源の有効利用，地球環境の保全に重点を置いたものへと転換してきており，これを具体的に実践するためのルールとして廃棄物・リサイクル関連法の拡充，整備が進められている。

これは，ごみの急増が単に一過性のものではなく，望むと望まざるとに関わらず大量生産，大量消費，大量廃棄という社会システムが，既に社会の中に根づいてしまっていることに人々が気づき，利便性，快適性を追求したライフスタイルの改善を試みたが，一度体に染みついたものは容易に転換ができないことから，強制的に社会ルール化しているものである。本来は一人ひとりが環境を常に意識し，生活することで社会システムの転換を図るべきであり，廃棄物・リサイクル関連法等は，一種の処方箋的な役割を担うものであることが望ましいのであろう。しかし，現実はそう簡単なものではないことから，総合的かつ個別的に各種のルール作りが進められている。
　廃棄物・リサイクル関連法の整備状況を見てみると，現在まで大きく三つの段階に分けることができると考えられる。
　まず，第1の段階としては1991（平成3）年の「再生資源の利用の促進に関する法律」（再生資源利用促進法）の制定と「廃棄物の処理及び清掃に関する法律」（廃棄物処理法）の改正である。「再生資源利用促進法」は文字通り資源の有効利用の促進を図るための法律であるが，日本で最初のリサイクルの推進を目的とした法律である。また，改正「廃棄物処理法」では，廃棄物の処理については，従前までは廃棄物が発生してから最終処分されるまでの一連の行為をいうものとされていたが，新たに廃棄物の分別や再生が廃棄物の処理として明示されたことにより，市町村のごみ処理体系の中に分別，リサイクルが明確に位置づけられた。
　第2の段階としては，1995（平成7）年の「容器包装に係る分別収集及び再商品化の促進等に関する法律」（容器包装リサイクル法）の制定である。この法律はごみの中で容積的にも重量的にも大きな割合を占める容器包装を対象にそのリサイクルを推進するための枠組みを定めたものであるが，「再生資源利用促進法」によって定められた各種の義務規定については強制力が弱く，あまり実効性がないといわれているのに対し，本法では，容器包装のリサイクルに対し，各主体の役割分担を明確に義務づけたことや法律制定までの経過においてさまざまな形で市民，事業者等が議論に参加したことなどによ

り，図5-5にあるように，ガラスびんやペットボトル等に加え，2000（平成12）年から新たに対象品目に加えられた，紙製容器包装，プラスチック製容器包装についても，分別収集に取り組む市町村数は年々着実に増えている。

しかしながら，容器包装リサイクル法には，法律制定の当初からさまざまな問題点が指摘されている。図5-6は，川崎市における容器包装のリサイクルにかかる費用の実績であるが，市町村負担分である分別収集は，事業者負担分である再商品化に比べ多額の費用がかかり，さらに小規模事業者等の再商品化費用を負担するなど，市町村と事業者の費用負担の割合が不均衡なものとなっていることがわかる。また，全国都市清掃会議が実施した「容器包装リサイクル法に係る自治体負担経費についての調査報告書（2002年7月）」においても，市町村の財政的負担の大きさについて指摘している。

これらについては，これまでも，そのコスト負担が大きいことや発生抑制効果が見込めないことなどについて，全国市長会や全国都市清掃会議等から多くの意見，要望が出されており，その解決は今後の大きな課題であろう。

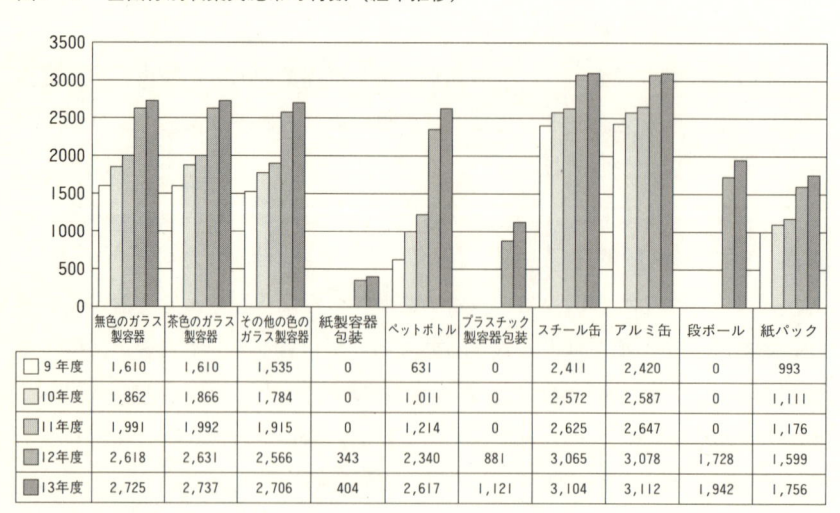

図5-5　全国分別収集実施市町村数（経年推移）

	無色のガラス製容器	茶色のガラス製容器	その他の色のガラス製容器	紙製容器包装	ペットボトル	プラスチック製容器包装	スチール缶	アルミ缶	段ボール	紙パック
9年度	1,610	1,610	1,535	0	631	0	2,411	2,420	0	993
10年度	1,862	1,866	1,784	0	1,011	0	2,572	2,587	0	1,111
11年度	1,991	1,992	1,915	0	1,214	0	2,625	2,647	0	1,176
12年度	2,618	2,631	2,566	343	2,340	881	3,065	3,078	1,728	1,599
13年度	2,725	2,737	2,706	404	2,617	1,121	3,104	3,112	1,942	1,756

出典　環境省資料

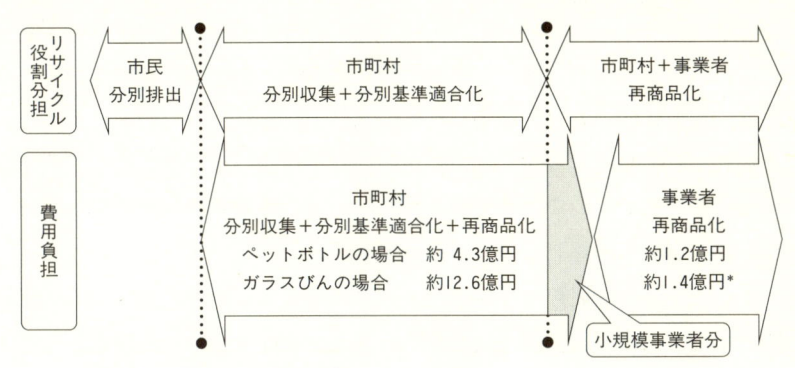

図5-6　容器包装リサイクル法における市町村負担事例（川崎市：2000年度）

リサイクル役割分担	市民 分別排出	市町村 分別収集＋分別基準適合化	市町村＋事業者 再商品化
費用負担		市町村 分別収集＋分別基準適合化＋再商品化　ペットボトルの場合　約4.3億円　ガラスびんの場合　約12.6億円	事業者 再商品化 約1.2億円 約1.4億円*

小規模事業者分

注　*川崎市は，青緑びんのみ指定法人ルートで再商品化

　そして第3の段階は，20世紀最後の年であった2000（平成12）年である。ごみ問題が地球規模での環境問題としてとらえられ，環境と資源の制約の中で持続的な成長を達成することが求められる社会的背景を受け，国では2000（平成12）年を循環型社会元年と位置づけ，社会全体で循環型社会の実現に向けた取組を進めるべく「循環型社会形成推進基本法」が制定された。また，基本法の制定と同時に「資源の有効な利用の促進に関する法律」（資源有効利用促進法；改正リサイクル法），「廃棄物処理法」の改正が行われ，また，個別リサイクル法が制定されるなど，社会全体が一体となって取り組むべく基礎づくりが進められている。

　さらに，これらの取り組みが効率的かつ効果的に行われ，ごみ処理やリサイクルを円滑に進めていくため，現行の廃棄物・リサイクル制度における廃棄物の定義や区分，排出者責任のあり方などの基本問題についても議論が進められているが，この問題に対しては，自治体，企業，市民団体，労働団体など幅広い分野で積極的な議論がなされている。

2 廃棄物処理の広域化

次に，市町村のごみ行政に大きな転換を求める社会環境の変化として，ごみ処理の広域化の進展が挙げられる。

一般廃棄物の処理については市町村の固有事務として位置づけられていることは既に述べたが，これまで市町村においては地域事情等を勘案しながらそれぞれ独自の処理体制の中でごみ処理事業を実施してきた。

しかしながら，最終処分場の逼迫，ダイオキシン問題等に伴い，ごみ焼却施設の燃焼方式の改善や焼却灰の高度処理の必要性などから，政策的に近隣市町村との連携による広域化の促進が図られてきている。

また，容器包装リサイクル法など個別リサイクル法の制定などにより，資源物を中心に広域的な処理が法的にも位置づけられるようになり，国内はもとより海外も含めて広域的に流動している実態がある。このような社会環境を背景に，民間事業者による廃棄物の処理，リサイクル事業への参入は静脈産業という枠組みを超え，廃棄物を原料に新たな製品づくりを行うという「環境産業」として発展しており，わが国の産業界において新たな市場を形成するに至っている。さらに，これらをより一層推進するため，現行制度の規制緩和を含めた規制改革への取り組みが進められており，リサイクルを促進するため，自治体ごとの廃棄物処理業の許可を不要とする広域再生指定制度の積極的な拡充や，業および施設の許可を不要とする再生利用認定制度の認定対象範囲の拡大，さらには，一般廃棄物，産業廃棄物の区分に関わらず，効率的な処理を促進する観点から，同一性状の廃棄物を処理する処理施設設置許可取得手続きの合理化なども検討が進められている。

ここでは，資源物を中心に広域化が進みつつある現状について，具体的な取り組みの事例を挙げてみる。

(1) エコタウン事業

エコタウン事業は，経済産業省と環境省が連携して進めている事業であり，

すべての廃棄物を他の産業分野の原料とし，廃棄物をゼロにする「ゼロ・エミッション構想」の実現を目指し，地域の独自性を踏まえつつ，個々の地域におけるこれまでの産業集積を活かした環境産業の振興を通じて，地域振興と循環型社会の形成に資することを目的としたものである。制度としては1997（平成9）年に創設され，現在全国で18の地域が承認されている。具体的な承認地域は図5-7のとおりである。

　エコタウン事業は，本来その目的が広域化の推進にあるわけではなく，あくまでも地域内における既存産業と環境産業の連携による「ゼロ・エミッション」化を目指すものである。個々の事業を具体的にみてみると，1997（平成9）年のエコタウン事業第1号承認地域である北九州市や川崎市などは，既存の産業集積を活かし，その一角に新たに環境産業を集積することにより地域におけるゼロ・エミッション化の推進を図るものとして行われてきた。しかしながら，各種個別リサイクル法の制定などにより，そのリサイクルが明確に義務づけられ，かつ，広域的処理がその基本となっているペットボトルリサイクル施設，家電製品リサイクル施設等の設置が目立つようになってきており，エコタウン事業も単に地域内における既存産業との連携にとどまらず，より広域的な対応を視野に入れた取り組みが進展している。また，最終処分場の逼迫やダイオキシン対策によるごみ焼却施設の閉鎖等を背景に，山口県におけるごみ焼却灰セメント原料化施設や千葉県のエコセメント製造施設など，当初から広域処理を前提とした取り組みが進められており，エコタウン事業は今後も広域化を前提とした取り組みが進展するものと考えられる。

(2)　大都市圏におけるゴミゼロ型都市への再構築

　ごみ処理の広域化への取り組みという点から，都市再生本部による取り組みが挙げられる。都市再生本部は，環境，防災，国際化等の観点から都市の再生を目指すため，各種プロジェクトの推進や土地の有効利用等，都市の再生に関する施策を総合的に推進することを目的に2001（平成13）年5月に内

図5-7　エコタウン事業の承認地域マップ

平成15年4月現在・18地域

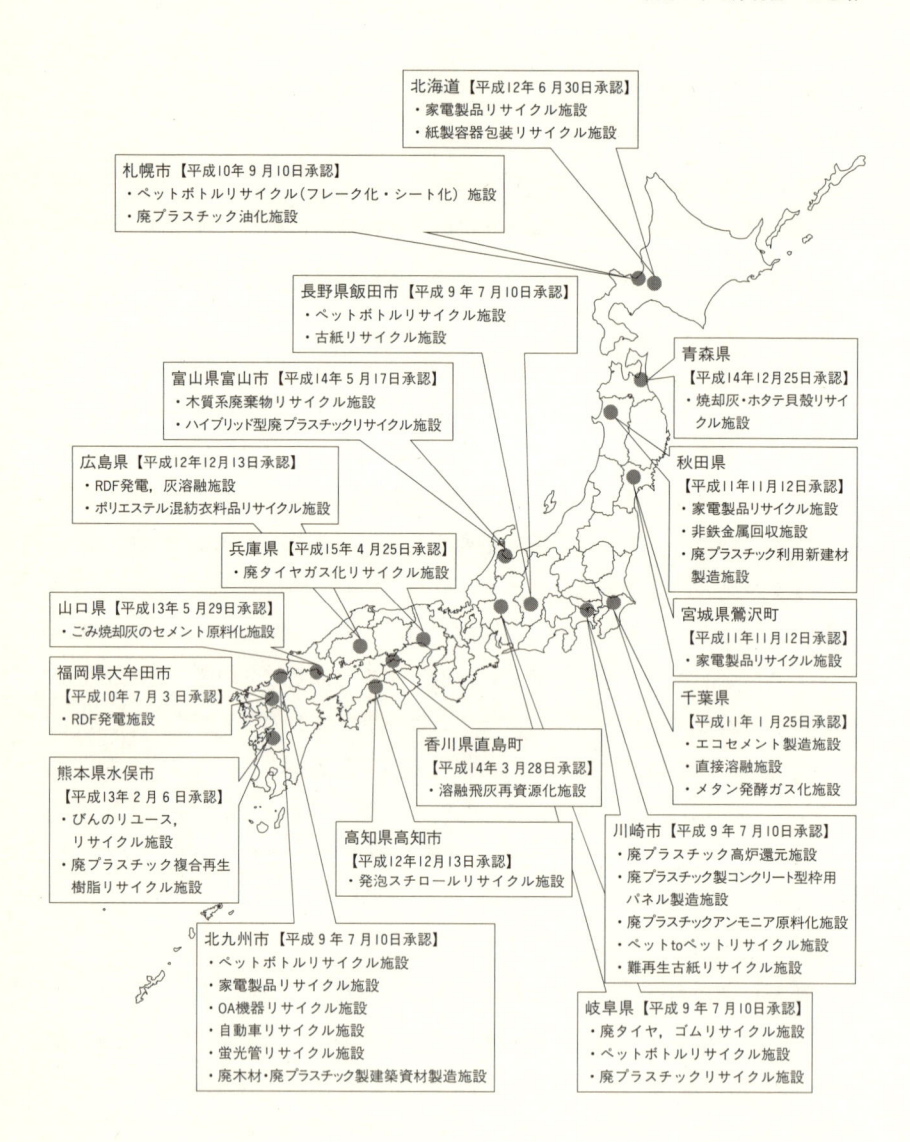

北海道【平成12年6月30日承認】
・家電製品リサイクル施設
・紙製容器包装リサイクル施設

札幌市【平成10年9月10日承認】
・ペットボトルリサイクル（フレーク化・シート化）施設
・廃プラスチック油化施設

長野県飯田市【平成9年7月10日承認】
・ペットボトルリサイクル施設
・古紙リサイクル施設

青森県【平成14年12月25日承認】
・焼却灰・ホタテ貝殻リサイクル施設

富山県富山市【平成14年5月17日承認】
・木質系廃棄物リサイクル施設
・ハイブリッド型廃プラスチックリサイクル施設

秋田県【平成11年11月12日承認】
・家電製品リサイクル施設
・非鉄金属回収施設
・廃プラスチック利用新建材製造施設

広島県【平成12年12月13日承認】
・RDF発電、灰溶融施設
・ポリエステル混紡衣料品リサイクル施設

兵庫県【平成15年4月25日承認】
・廃タイヤガス化リサイクル施設

宮城県鶯沢町【平成11年11月12日承認】
・家電製品リサイクル施設

山口県【平成13年5月29日承認】
・ごみ焼却灰のセメント原料化施設

千葉県【平成11年1月25日承認】
・エコセメント製造施設
・直接溶融施設
・メタン発酵ガス化施設

福岡県大牟田市【平成10年7月3日承認】
・RDF発電施設

熊本県水俣市【平成13年2月6日承認】
・びんのリユース，リサイクル施設
・廃プラスチック複合再生樹脂リサイクル施設

香川県直島町【平成14年3月28日承認】
・溶融飛灰再資源化施設

高知県高知市【平成12年12月13日承認】
・発泡スチロールリサイクル施設

川崎市【平成9年7月10日承認】
・廃プラスチック高炉還元施設
・廃プラスチック製コンクリート型枠用パネル製造施設
・廃プラスチックアンモニア原料化施設
・ペットtoペットリサイクル施設
・難再生古紙リサイクル施設

北九州市【平成9年7月10日承認】
・ペットボトルリサイクル施設
・家電製品リサイクル施設
・OA機器リサイクル施設
・自動車リサイクル施設
・蛍光管リサイクル施設
・廃木材・廃プラスチック製建築資材製造施設

岐阜県【平成9年7月10日承認】
・廃タイヤ，ゴムリサイクル施設
・ペットボトルリサイクル施設
・廃プラスチックリサイクル施設

出典　経済産業省ホームページより

閣に設置され，その後「都市再生特別措置法」が施行されるなど，都市の再生を迅速かつ重点的に推進するための機関として位置づけられている。

　2001（平成13）年，この都市再生本部による第1段階の具体的なプロジェクトとして，東京圏を対象にゴミゼロ型都市の再構築に向け，「首都圏ゴミゼロ型都市推進協議会(埼玉県，千葉県，東京都，神奈川県，横浜市，川崎市，千葉市および都市再生本部事務局，農林水産省，経済産業省，国土交通省，環境省で構成)」が設立され，2002（平成14）年4月，中長期計画がとりまとめられている。主な内容としては，東京圏における共通の廃棄物減量化目標を設定し，その達成に向け，関係自治体が広域的な連携のもとで協力し，国の施策と連携しながら，ゴミゼロ型都市への再構築を図っていくというものである。具体的には，図5-8にあるように東京湾臨海部に廃棄物処理・リサイクル拠点を形成するため施設の集中立地を促進し，併せて，環境負荷，交通負荷の少ない物流体系を目指し，海上輸送，鉄道，河川舟運とトラック輸送とを適切に組み合わせた静脈物流システムの構築や効果的なソフト施策の推進を図ることとしている。

　また，この取り組みをリーディングケースとして他の都市圏への拡大を目指しており，現在，東京圏に続く第2段階のプロジェクトとして，京阪神圏を対象とした「京阪神圏ゴミゼロ型都市推進協議会（滋賀県，京都府，大阪府，兵庫県，奈良県，和歌山県，京都市，大阪市，神戸市および都市再生本部事務局，農林水産省，経済産業省，国土交通省，環境省で構成)」が2002(平成14）年7月に設置されている。

　今後，廃棄物処理・リサイクルの広域化はますます進展していくものと考えられるが，現在行われているこれら広域化に向けた取り組みは，民間事業者が主体的な役割を担っていること，国と自治体が連携して行っていること，また，一般廃棄物，産業廃棄物の区分ではなくマテリアル別に処理，リサイクルが行われていることなど，今後，廃棄物処理・リサイクルを進めていくにあたっての重要な視点が示されていると考えられる。

図 5 - 8　廃棄物処理・リサイクルの主な集積状況と今後の取組（東京湾臨海部）

東京臨海部

[既存施設の設置状況]
［産廃関係］
・廃プラスチック破砕処理施設
・木くずリサイクル施設
［個別リサイクル法関係］
・使用済ペットボトル再資源化施設
・家電リサイクル施設

※今後の取組
［建設廃棄物対策］
・最終処分の割合の高い建設廃棄物のマテリアルリサイクル
［廃プラスチック対策］
・マテリアルリサイクルが困難な廃プラスチック等のサーマルリサイクル（ガス化溶融等発電）
［有害廃棄物対策］
・PCB廃棄物の無害化処理
［一廃対策］
・焼却残さのマテリアルリサイクル（溶融スラグ化）

[既存施設の設置状況]
［産廃・一廃関係］
・建設廃棄物や焼却残さ等のセメント事業への活用
［個別リサイクル法関係］
・家電リサイクル施設

京浜臨海部（横浜・川崎）

[既存施設の設置状況]
［産廃関係］
・産廃焼却処理施設（かながわクリーンセンター）
［一廃関係］
・ミックスペーパーリサイクル施設（建設中）
［個別リサイクル法関係］
・高炉還元施設（容器包装プラ）
・家電リサイクル施設
・使用済ペットボトル再資源化施設

※今後の取組
［廃プラスチック対策］
・既存産業集積を活用した新たなリサイクル（アンモニア原料化、型枠用パネル製造等）
［個別リサイクル法関係］
・新技術を活用した容器包装のリサイクル（ペットボトルのモノマー化）
［産廃・一廃関係］
・焼却残さのリサイクル（溶融スラグ化）

千葉臨海部

[既存施設の設置状況]
［産廃関係］
・ガス化溶融施設（建廃，廃プラ）
［一廃関係］
・エコセメント製造施設（焼却灰のリサイクル）
・直接溶融施設（広域ごみ処理事業）
［個別リサイクル法関係］
・コークス炉化学原料化施設（容器包装プラ）
・家電リサイクル施設

※今後の取組
［個別リサイクル法関係］
・食品廃棄物のリサイクル（メタン発酵）
［一廃関係］
・紙製容器等のサーマルリサイクル（RDF化）

出典　首都圏ゴミゼロ型都市推進協議会：東京圏におけるゴミゼロ型都市への再構築に向けて（最終とりまとめ）

3　廃棄物処理施設の立地

　現在のみならず将来に向けて，ごみ行政上大きな課題となるのは廃棄物処理施設の立地などやこれに伴う住民との合意形成であろう。

　ごみ問題は，大量生産，大量消費，大量廃棄という社会経済システムに伴うごみ量の増大と製品等の多様化に起因するごみ質の変化により，最終処分場の逼迫や環境汚染という新たな社会問題を生むこととなった。このごみ問題の解決に向けた国や自治体における本格的な取り組みとあいまって，市民の環境に対する関心は日々高まっている。特に焼却施設や埋立処分場など処理，処分施設を発生源とする排水や排ガスによる環境汚染が次々と明らかになる中，ごみ焼却施設や最終処分施設など廃棄物処理施設の建設には，必ずといってよいほど周辺住民からの反対運動が起こるようになっている。これらの反対運動については「その施設の必要性については認めるが，私の家の近くにつくるのは反対だ」という，NIMBY（not in my backyard）問題として数多く発生し，現代の社会問題の一つとしてさまざまなケースがマスコミにも取り上げられているが，この根幹にあるものは，廃棄物処理施設自体に対する不安感とともにこれらの施設について，管理，監督する立場である行政への不信感の表れであるともいえる。すなわち，これらは廃棄物処理施設がこれまで長期にわたり環境への負荷を与えてきたことに対処療法的な対応しかしてこなかった行政への不信に加え，ダイオキシン，環境ホルモンなど環境問題に対する過剰な報道，さらには，どんなに環境対策を講じても環境負荷がゼロにはならないのではないかという不安感などによるためであると考えられる。

　このような状況のもと，廃棄物処理施設の建設にあたっては，これまでのように行政の一方的な計画に基づくものではなく，市民自らが施設建設の構想段階からの直接的な関わりをもっていくことが求められている。そして，これは単に施設建設だけにとどまらず，ごみの減量，リサイクルの推進など，ごみ行政全般に関わる計画について，「ごみは，出すのも市民，減らすのも市

民，そして，リサイクルするのも市民」であることから，その策定段階から市民の参加が求められるようになっており，ごみ行政に関わる政策決定における合意形成のあり方についての研究も進んできている。

　例えば，従前からの廃棄物処理施設の建設にかかる主な住民参加手法の一つとして，自治体の条例，要綱に基づく環境アセスメント等があげられるが，これは,市民にとって事業の概要や環境影響評価の内容把握は可能であるが，事業決定後の影響調査であり，市民意見が事業自体に反映しづらく，また，情報自体も一方通行になりがちであることから，合意形成という観点からはあまり期待できない。そのため，アセスメントの結果を事業計画の決定に反映させることを目的に，1997（平成9）年に「環境影響評価法」が制定され，一定程度市民意見が反映されることとなった。また，アセスメント結果をより事業に反映させる手法として，事業に先立つ上位計画や政策などの段階から，環境への配慮を意思の決定に統合していく，戦略的環境アセスメント（SEA）が，環境基本計画（2000年12月閣議決定）の中で社会経済の配慮のための政策手法の一つとして位置づけられ，廃棄物分野においても，戦略的アセスメントの導入の可能性について研究が進められている[*2]。

　さらに，個別の廃棄物処理施設の建設事業への関与ではなく，各自治体の廃棄物処理事業にかかる政策決定プロセスの段階からの参加，すなわち，廃棄物処理全般に関わる基本計画策定段階からの市民参加と合意形成の必要性が指摘されており，具体的な合意形成手法の開発が求められている。

　しかしながら，これらの取り組みによって「その施設の必要性については認めるが，私の家の近くにつくるのは反対だ」という，NIMBY問題の解決が図られるわけではない。さまざまな議論を経た後に決定されたものであっても，やはり自分の家の近くは反対だという反対運動は起き得るであろう。ごみの集積場一つをとっても，過去に，集積場の場所をめぐり民事訴訟が起こされた事例があるなど，ごみ問題については，被害者側（周辺住民）と加害者側（周辺住民を含めたそれに関わる全ての市民）の合意形成の困難さがうかがえる。特に，廃棄物処理施設のように長期にわたって特定の地域に負荷

を与えるような事例においてはなおさらであろう。したがって，「市民参加」がこれまでのような形式的な参加や一部の関心の強い市民の参加だけではなく，関係する市民がより多く，そして積極的に参加できる仕組みづくりが求められている。

第3節　ごみ行政と協働

1　ごみ行政における経済的手法の意義

　ごみ行政の役割は，従来ごみを衛生的かつ適正に処理することにより，公衆衛生を向上させ，地域の生活環境を守ることにあったが，近年，環境問題への市民意識の高まりなどを受け，ごみの減量やリサイクルに重点をおいた施策の積極的な展開が求められている。
　このような状況の中，各市町村においては，ごみの減量やリサイクルなどごみ処理対策を推進するため，市民，事業者と一体となった取り組みを行っている。具体的には，地域特性などを勘案しつつ，住民団体による資源集団回収への支援，生ごみ処理機の購入助成，住民のリサイクル活動の拠点としてのリサイクルプラザの整備等，普及啓発に取り組むとともに，あわせて，ごみ収集回数を少なくしたり，排出の方法を変更するなど，さまざまな施策を組み合わせることにより，より効果的な事業の展開を図っている。そして，さらにこれらをより一層効果的に推進するための手法の一つとして経済的手法がある。
　ごみ処理対策に関わる経済的手法とは，地球温暖化対策や自動車排ガス対策など他の環境対策に関わる経済的手法と同様に，環境への負荷を生じさせる財・サービスの価格，費用に市場を通じて何らかの経済的なインセンティブを与えることにより，財・サービスの提供に伴う環境への負荷が少なくなるように誘導していくものであり，税や課徴金などによる課税的手法と排出

量の削減量等に準じて補助金を与えることにより削減を促すといった補助金的手法などがある。

　また，経済的手法には，これまで財・サービスの価格，費用には，製造，販売等に必要な私的費用のみが反映されており，それが廃棄物になった場合等における環境負荷に伴う社会コスト，いわゆる外部不経済が反映されていなかったものを内部化させるという，受益者負担やEPR（拡大生産者責任）の考え方を具現化するという意義もあると考えられる。

　経済的手法のメニューには，具体的にバージン原料への課税，製品・最終処分課徴金，売買可能排出権，税制優遇制度，デポジット制度，さらには，ごみの有料化，店頭回収への助成，補助などさまざまなメニューがあるが，ここでは，地方自治体レベルにおけるごみ行政の中で，現実的に導入されている経済的手法について考えてみる。

(1)　ごみの有料化

　ごみの有料化とは，ごみを適正に処理するための費用について，排出者自身から一定程度の費用をごみの排出量に応じた処理手数料として徴収することをいう。ごみ処理手数料は，1960（昭和35）年頃から始まった高度成長期における都市化の進展とごみの急増に対し，減量化を目的に全国的に有料化する市町村が増加した。しかし，1970年代中頃からの不況が深刻になったことや，当時多くの市町村において革新首長が誕生したことなどにより再び無料化への傾向が強まった。その後，1980年代後半になるとバブル景気を背景にごみ量が急増し，ごみの減量が市町村の喫緊の課題となった。1990年代に入るとごみ処理手数料の有料化を実施する市町村が再び増加傾向を示すようになり，現在でもその傾向は続いている。このことからも，ごみの有料化がごみの減量化に向けたインセンティブを与えると考えられていることは明らかである。図5-9は，1999（平成11）年度におけるごみ処理手数料（粗大ごみを除く）の有料化の状況であるが，有料化の具体的な手法についてはさまざまであり，何らかの形で有料化を実施している市町村は，事業系ごみにつ

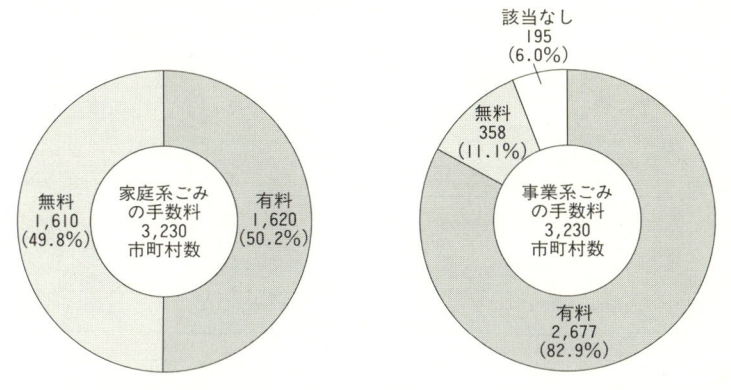

図5-9　ごみ処理手数料の有料化の状況

家庭系ごみの手数料 3,230市町村数
- 無料 1,610 (49.8%)
- 有料 1,620 (50.2%)

事業系ごみの手数料 3,230市町村数
- 該当なし 195 (6.0%)
- 無料 358 (11.1%)
- 有料 2,677 (82.9%)

出典　環境省：日本の廃棄物処理　平成11年度版（2002）

いては82.9％，家庭系ごみについても50.2％となっている。さらに，近年では財政状況の逼迫に伴う財源確保や地域の環境美化の促進などを主な目的として導入を図っている事例も多い。

　なお，図5-10はごみの有料化を実施している市町村における有料化実施前後のごみ排出量の推移であるが，ごみ有料化の導入が実際にごみの減量化に大きく影響を及ぼしていることがわかる。しかしながら，一方でほとんどの市において有料化導入時にはごみ量は急激に減少するが，すぐに増加傾向に転じてしまい，なかには有料化導入後4年で導入以前のごみ量を上回ってしまっている事例もある。したがって，ごみの有料化という経済的手法を用いたごみ減量化への取り組みについては，減量効果を持続させ，リバウンドを防ぐための手法の検討が重要となるといえる。

(2)　ローカルデポジット制度

　デポジット制度（deposit refund system）とは，商品等の販売の際に預かり金（デポジット）を商品本来の価格に上乗せし，消費者が使用済み容器等（商品，残留物，容器）を返却した場合に，上乗せした預かり金を消費者に払い戻す制度のことをいう。

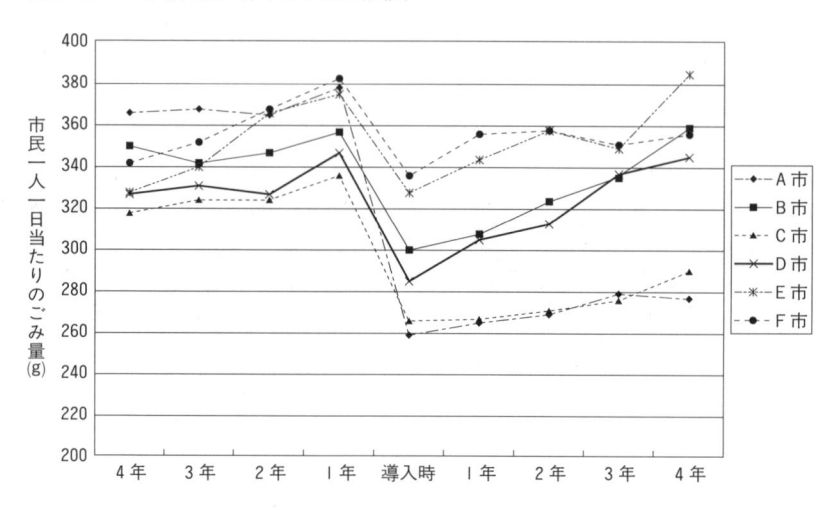

図5-10　ごみ有料化に伴うごみ量の推移

　この制度は，廃棄物の資源化の促進や散乱防止対策をはじめ，費用負担の適正化といった観点から大きな効果が期待されており，国内においても，離島や公園内，観光地など一定のまとまりのある特定の区域内において導入されている事例がある。このように特定の区域内において行う取り組みをローカルデポジット制度と呼んでいる。

　表5-4に，国内におけるローカルデポジット制度の導入事例をいくつかあげてみる。日本で最初にローカルデポジット制度を実施したところは埼玉県神泉村であるが，この取り組みは大きくマスコミにも取り上げられ，翌年には大分県姫島村や茨城県日立市なども取り組みをはじめ，1985（昭和60）年には全国約30か所へと拡大した。しかし，これらは地域限定の社会実験的な性格が強く，大分県姫島村などを除き，神泉村をはじめ多くの取り組みは現在では行われていない。

　その一方で，1998（平成10）年から新たに開始された東京都八丈島の八丈町では，開始当初，その回収率は3割程度であったが，現在の回収率は約8割にのぼるなど大きな効果をあげており，あらためてローカルデポジット制度が注目を集めている。

表5-4　ローカルデポジット制度実施事例

自治体名	運営主体	実施地域	実施時期	対象容器等	上乗せ金等
東京都八丈町	八丈町	八丈町全域	1998年～	缶 ペットボトル	10円
東京都品川区	生協	八潮地区	1994年～	缶 ペットボトル	5円
神奈川県藤沢市	かながわ海岸美化財団	江ノ島植物園	1984年～	空き缶	10円
埼玉県長瀞町	長瀞町	長瀞地区	1984年～	空き缶	5円
茨城県日立市	市民生協	金沢・台原団地他	1983年～	空き缶	10円
大分県姫島村	姫島村	姫島村全域	1983年～	空き缶	10円
埼玉県児玉郡神泉村	神泉村	神泉村全域	1982年～	空き缶	5円

　しかしながら，ローカルデポジット制度は，これまでも，八丈町のように，島など，他地域から持ち込まれる容器が極端に少ないことが成功の最大の要因とされており，市町村単位でのデポジット制度の導入には，他地域からのデポジット賦課商品以外の流入，域外への消費の流出など課題も多い。また，これまでの事例をみると，製造事業者の協力が得られていないことから，EPR（拡大生産者責任，第7章第3節参照）の観点からもデポジット制度をより効果的に実施するためには，国における法制化が必要との声も多い。

(3)　廃棄物関係目的税

　2000（平成12）年4月，国と地方自治体の役割分担を明確にし，国から地方への権限委譲の推進や必置規制の見直しなどを図ることを目的に「地方分権の推進を図るための関係法律整備等に関する法律」（地方分権一括法）が施行され，地方自治体の課税自主権が強化された。これまで地方自治体が独自に導入できる税金としては「法定外普通税」があったが，「地方分権一括法」により国の許可制から事前協議制となり，総務大臣の同意があれば税として導入が可能となった。また，同時に同じ事前協議制のもとで，使途を特定する「法定外目的税」が新設されたことで，新しい財源確保や施策の実現を目的にさまざまな地方新税が検討されており，すでに一部が実際に導入されて

いる。

廃棄物関係の法定外目的税については，表5-5のように，特に産業廃棄物に関する導入が進められており，2001（平成13）年，三重県内の中間処理施設または最終処分場に搬入され処分される産業廃棄物を対象に，排出事業者に対し課税する産業廃棄物税の創設を皮切りに，2002（平成14）年には，岡山県，広島県や北九州市などにおいても産業廃棄物を対象とした条例が制定されており，現在も多くの都道府県，政令市において導入に向けた検討が行われている。

税の導入にあたっては，本来，公平性や明確性など租税の原則についての十分な検証が前提であり，その上で，課税対象や使用目的，徴収コスト，財政への貢献度など多くの検討課題が存在する。そのようななかで産業廃棄物に関する課税が次々と実現していることは，産業廃棄物対策が地方自治体において大きな課題であり，その対策には大きな財政負担を強いられていることからその財源確保が必要不可欠であることや，課税によって減量化，リサイクルへのインセンティブが働くことが期待できることなどがその理由と考

表5-5　産業廃棄物に関する法定外目的税事例

自治体名	名称	実施時期等	課税対象	税率	備考
三重県	産業廃棄物税	2002年4月	最終処分場又は中間処理施設への搬入	1000円/t	
岡山県	産業廃棄物処理税	2003年4月	最終処分場への搬入	1000円/t	広島県，鳥取県と共同実施
広島県	産業廃棄物埋立税	2003年4月	最終処分場への搬入	1000円/t	岡山県，鳥取県と共同実施
鳥取県	産業廃棄物処分場税	2003年4月	最終処分場への搬入	1000円/t	岡山県，広島県と共同実施
北九州市	環境未来税	2003年10月	最終処分場における埋立て	1000円/t	
北海道	産業廃棄物循環的利用促進税	2004年4月（予定）	最終処分場又は中間処理施設への搬入	100円〜1000円/t	1・2年目暫定税率有り
青森県 岩手県 秋田県	（産業廃棄物税）	2004年4月（予定）	最終処分場への搬入	1000円/t	環境保全協力金制度を併設

えられる。

　一方で産業廃棄物を対象とした課税については，一定地域への流入規制的な性格があることから，現在広域的に流動している産業廃棄物の動きの偏りや不法投棄の増加などへの懸念もある。したがって，現在検討が進められている青森・岩手・秋田の東北3県による広域的な連携のなかでの導入検討なども今後の重要な検討課題となる。また，現在の産業廃棄物処分施設の逼迫状況等にかんがみ，監視や規制強化とあわせ，処理施設の設置促進等，総合的な取り組みが必要となるであろう。

　その他の廃棄物関係の法定外目的税については，多治見市の一般廃棄物埋立税や杉並区のレジ袋税（実施時期は未定）などが制定されている。

　いずれにしても，ごみの有料化など地方自治体レベルでのごみ行政における経済的手法の意義は，単なる財源確保ではなく，ごみの減量やリサイクルの推進，また，地域の環境美化の促進などに対し，積極的に協力する市民等が結果的に報われるシステムを構築するための一手法であることが望ましいと考える。

2　ごみ処理・リサイクルにおける民間の役割

　現在ごみ行政において大きなキーワードとなっているのが，市民，事業者との「協働」である。すなわち，市民，事業者，行政のパートナーシップによってごみ処理やリサイクルなどを推進するということである。ごみ行政の分野では早くから官民の「協働」による取り組みが行われてきた。現在ではあたりまえになっている，資源集団回収事業や牛乳パックやトレーなどの店頭回収などがその一例である。これらの取り組みをより一層推進し，各地域において多様な取り組みが可能となるよう，企業などの民間活力の活用やNPOや市民団体等のさまざまな主体との連携強化が求められている。これは，地方分権推進の観点からも重要な視点であり，もともと，それぞれの主

体が社会に対して自己決定権と自己責任を有していることから当然の流れである。

具体的にどのような形で「協働」していくかについてはさまざまな取り組みが考えられるが、ここでは、その「協働」の形について一例をあげてみる。

(1) NPO等との連携

NPOは「Non-Profit Organization」の略で「非営利組織」と訳されている。また、類似の組織としてNGOがあるが、これは「Non-Governmental Organization」の略で「非政府組織」と訳されている。NPOとは、環境や福祉、教育、国際協力など、さまざまな分野において、情報発信や参加・活動の受け皿、また、行政、企業等との交渉、提言等を行うことにより社会貢献活動を行うボランティア組織のことである。

現在、1998 (平成10) 年に施行された「特定非営利活動促進法」(NPO法) で認証された法人が約7000あり、その他、草の根団体等を合わせるとその数は数万といわれている。

NPOの具体的な活動は、政策提言、地域活動、事業活動等さまざまである。これまで、社会における活動の主体は、国や地方公共団体等のセクターと、営利を目的とした民間企業等のセクターが中心となってきたが、これらの中間に位置し、不特定かつ多数のものの利益に寄与することを目的とした非営利の公益的な活動を行う、NPOなどボランティア組織の重要性が増している。

特に、ごみ処理の分野は、市民生活に最も密着した市民サービスの一つであり、市民の協力なくしては成り立たない分野であることから、地域社会が共同作業でシステムづくりを行う必要がある。また、市民、事業者、行政が適切な役割分担のもと、主体的に取り組むことが求められる。

したがって、行政が市民との合意形成のもとに、共同作業によってごみ処理事業を行っていくため、市民とのパイプ役として、政策提言集団として、また、リサイクル事業を実践する受け皿としてなど、幅広い観点からさまざ

まなNPO,市民団体等との連携が求められる。そして,それらとの連携によって,個々の市町村において既存の概念にとらわれない,新たな発想による地域特性などに合致したごみ処理事業が創造,展開されることを期待したい。

(2) 市民参加の推進

　ごみ処理事業は市民の協力なくしては成り立たない。これは,ごみ処理事業が地域住民との「協働」によってはじめて成り立つものであり,ごみ処理事業全般にかかる計画策定段階から具体的な分別排出,収集方法の決定等に至るまでのプロセスにおいて,いかに多くの市民の参加を得るかが課題となるということである。

　市民との合意形成と市民参加の必要性についてはp.237「廃棄物処理施設の立地」でふれたが,では,市民参加はどのような目的で行い,どのような効果が見込めるのであろうか。

　図5-11は,市民参加の範囲とその段階を表したものであるが,市民参加の範囲は情報の公開,提供から,直接的な意思表示としての住民投票等まで広範囲に及ぶ。また,これらの市民参加が単に段階を踏んで直線的に行われるのではなく,修正され反復されて行われることが必要であり,かつ,意思決定がなされた後も継続的に市民参加が実施されることが重要である。

　市民参加とは,地方自治体等が講じる施策の意思決定のプロセスにおいて,関係するすべての市民,団体等が共通の認識のもとに,よりよい意思決定を行うための双方向のコミュニケーションの場であるといえる。その目的は,事業の実施によってもたらされるであろう利益や成果を市民に伝えるとともに,市民の関心や価値観を確認し,かつ,経済的,社会的な情報収集を行い,相互の情報交換により意思決定の改善を図ることにある。そして,その結果として,地域紛争などを未然に防ぎ事業実施を容易にし,より良質な意思決定を導き出すことによって,信用性,正当性の維持が図られるものと考えられる。

　また,さまざまな立場,形式によって市民参加を行うことにより,複眼的

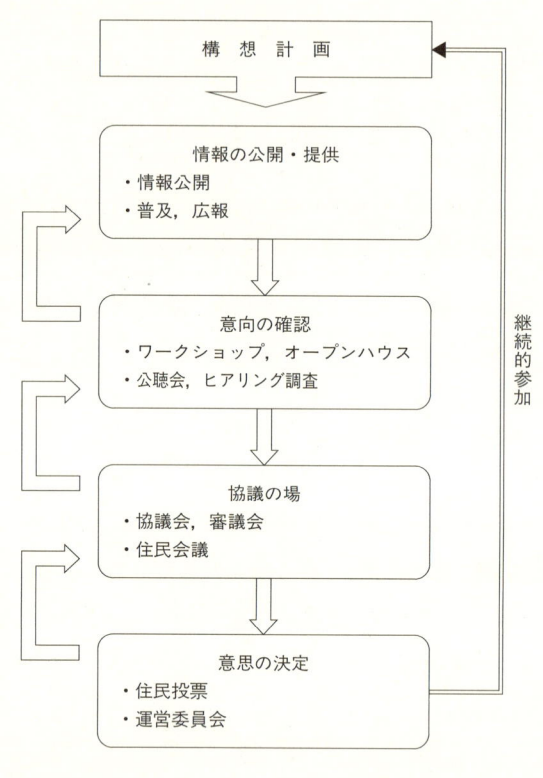

図 5-11　市民参加の範囲と段階

```
           ┌──────────────┐
           │  構 想 計 画  │◄──────┐
           └──────┬───────┘        │
                  ▼                │
        ┌──────────────────┐       │
   ┌──► │  情報の公開・提供  │      │
   │    │ ・情報公開         │      │
   │    │ ・普及，広報       │      │
   │    └────────┬─────────┘      │
   │             ▼                │
   │   ┌────────────────────────┐ │
   ├─► │      意向の確認         │ │継
   │   │ ・ワークショップ，オープンハウス │続
   │   │ ・公聴会，ヒアリング調査 │ │的
   │   └───────────┬────────────┘ │参
   │               ▼              │加
   │     ┌──────────────┐         │
   ├─►  │   協議の場    │         │
   │    │ ・協議会，審議会│        │
   │    │ ・住民会議     │         │
   │    └──────┬───────┘          │
   │           ▼                  │
   │    ┌──────────────┐          │
   └─►  │  意思の決定   │──────────┘
        │ ・住民投票     │
        │ ・運営委員会   │
        └──────────────┘
```

な視点からの議論が期待でき，さらに，専門的知識の共有化が図られることとなる。

したがって，ごみ行政分野での市民参加が推進されるということは，ごみの専門家を育てるという意義もあわせもつこととなる。そして，共通の情報と認識の上に立った議論がなされることによって，それぞれの主体が自己責任において意思決定を行うこととなり，結果的に市民の望むごみ処理事業のシステムづくりが図られるものと考えられる。

(3) 民間活力の活用

長引く経済の低迷や税収の悪化，行政需要の拡大に伴い硬直化が進む地方

自治体の行財政構造によって，多くの地方自治体が財政危機にひんしており，効率的，効果的な公共サービスを最小の費用で提供していくことが求められている。そのため，公共施設の建設など，民間セクターに委ねることが可能な分野においては，施設の建設から運営，維持管理に至るまで民間セクターの持つノウハウや資金等の積極的な活用が求められている。

国においても，このような民間セクターの資金調達能力，技術的能力，経営能力など多様なノウハウを活用して公共政策を実施するという，PFI（Private Finance Initiative）手法の積極的な活用に向け，1999（平成11）年「民間資金等の活用による公共施設等の整備の促進に関する法律」（PFI法）を施行しPFI手法の制度的な枠組みを整備している。

PFIは，従来公共団体が行ってきた行政サービスを民間セクターに委託することにより，民間の能力を活用し公共サービスの向上と効率化を図るものであり，官と民との新しいパートナーシップ，協働の形であるといえる。

PFI手法を用いることにより，行政としては，民間の経営上のノウハウや技術的能力を活用して，より質の高い公共サービスを，より安いコストで提供することが可能となるとともに，公共支出の平準化，低減化により効率的な事業運営と効果的な行政運営が図れることとなる。また，民間としては，事業計画，建設から管理運営などを実施することにより，これまで公共に独占されてきた分野に対して新たなビジネスチャンスが広がることとなる。

公共団体における厳しい財政環境に立ち直りの兆しが見えない状況とあいまって，官民の新しい役割分担による行政サービスとして，PFIは今後ますますその需要が伸びていくものと考えられる。また，PFIがこれまでのハコモノ建設から施設運営に重点を置いたものへと変わりつつあり，事業全体が民間に委ねられる事例が増加している。さらに，ごみ収集や在宅福祉，保育所など民間事業者等の参入が可能になっている公共サービス分野においては，効果的に民間の活用を図り，行政は監督する立場に徹していくことにより，民間事業者の参入を促し，競争原理が働き，結果としてより効率的な公共サービスの提供につながるものと考えられる。

3 地方自治体の今後の役割

　従来，地方自治体におけるごみ処理は，行政が独自に計画を策定し，これに基づき適正処理の観点から事業を実施してきた。しかしながら，ごみ行政の主目的が資源の有効利用や地球環境の保全へと移行し，循環型社会の構築がごみ行政の施策の基本目標となるなか，市民，事業者，行政のそれぞれ果たすべき役割も変わりつつある。

　循環型社会を実現するためには，実際に行動する市民等の協力なくしては成り立たない。したがって，市民は，安易にごみを生み出す生活様式に対する意識の転換を図り，分別収集への協力をはじめ，自らが行動するための方向性を示すごみ処理に関する基本計画についてもその策定段階から参加するなど，さまざまな場面で積極的な関わりをもっていくことが重要である。

　また，事業者においては，ごみの発生を容認しない市場経済システムの構築に向け，リサイクルしやすい商品など環境に調和した製品の設計・開発，処理費用の内部化，適正包装の推進など，幅広い取り組みが求められている。

　そして，このような状況の中，行政は次のような役割を果たすべきではないかと考えられる。

　第1には積極的な情報提供である。市民が自ら行動する計画を策定するためには，自分たちが住む自治体の現状や課題，問題点を把握し共有する必要がある。そして，ごみ行政に関わる重要な施策形成の際には，市民等に対し積極的に議論の材料を提供し，各施策の必要性や重要性を自ら判断する機会を設けることにより，政策形成の場に市民の参加を促し，市民が望む実効性あるごみ行政とするための議論を行うことが重要と考えられる。

　第2に環境教育，環境学習の取り組みである。循環型社会に向け，ごみ減量，リサイクルを進めていくためには，市民一人ひとりが現在の生活様式を見直し，生涯にわたりさまざまな機会を捉えて環境に対する学習を行うことが必要である。そのために行政は，環境学習，環境教育の場を整え，市民や事業者の取り組みを支援していくことが重要である。また，実りある環境教

育，環境学習を行っていくためには，地域社会やNPO等と協働した取り組みが求められるであろう。

第3に，わかりやすい目標の設定である。ごみに関する目標は，減量化目標，資源化目標，最終処分量削減目標などがあるが，近年，国，都道府県，市町村等において類似の目標が各々定められ，また，これらが連携して設定されていない状況にあり，市民にとってわかりづらくなっている。減量化や資源化の目標値は，市民，事業者，行政が協働してごみの減量やリサイクルの推進に向けた施策を実施していく上での最も重要な政策目標である。したがって，市民にわかりやすく，実践する意欲がわくような目標設定が必要であろう。

第4に，ごみ処理事業運営の効率化である。今後，ごみ処理事業は市民が主役であるべきであり，行政はごみ処理の最前線に位置しつつもいわゆる「漕ぎ手から舵取りへ」と段階的にその役割を移行していくことが必要である。そのためには，市民に理解が得られるごみ処理事業運営が重要であり，行政施策の客観的な評価や適切なフォローアップ，また，費用対効果について十分な検証を行うことなどが求められるであろう。

ごみ処理やリサイクルに関わる技術革新は加速度を増し，市民の関心やニーズはますます多種，多様となり，ごみ処理事業を取り巻く状況は刻々と変化している。したがって，ごみ行政を進めるにあたっても時代の変化に伴い実施すべき諸施策の重要度や優先度，また，問題視されるもの自体が変わることも考えられることから，行政は時代の要請を敏感に把握し，それらにいち早く応えることが求められるのではないか。

（大澤太郎）

参考文献
* 1　名古屋市環境局：逆風を，追い風に変えた名古屋市民（2001）
* 2　環境省：個別分野における戦略的環境アセスメントに関する研究会中間報告書（2001）

第6章

リサイクルの現状

第1節　リサイクルの定義と類型

1　「リサイクル」の定義

　「リサイクル」という言葉は，1970年代後半から広く使われるようになった。1976（昭和51）年に経済企画庁がとりまとめた「資源リサイクル経済社会システム化の課題と展望」(1976年3月,資源リサイクル経済社会システム調査研究委員会)では，「資源リサイクルとは，有価廃棄物を回収して再利用するサイクルとともに，利用価値の少ない廃棄物を最終処分して環境汚染を抑えるサイクルを含むものである」と定義している。そしてリサイクルの体系として，「原点処理」（クローズド・システム），「再利用」（繰り返し使用），「再資源化」（原料として使用），「資源転換」（他の有価物に変換），「最終処分」（埋立投棄）という五つの経路を示している。最終処分は，「地球へ再還元するサイクル」として位置づけられている。

　この定義に代表されるように，わが国では「リサイクル」は廃棄物の有効利用という曖昧な概念でとらえられてきた。しかし，ドイツの廃棄物回避法では，リユースとリサイクルを明確に区別して，Reduce, Reuse, Recycleという政策の優先順位を規定した。この考え方はわが国の循環型社会形成推進

基本法にも取り入れられ、「発生抑制」、「再使用」、「再生利用」、「熱回収」、「適正処分」という優先順位が示された。

リサイクルを広義にとらえることは、こうした優先順位がおろそかにされることにつながる。したがって、少なくとも「リサイクル」とは「再使用できない廃棄物を再生利用すること」と定義すべきであり、「リユース」と「リサイクル」は明確に区分して用語を使い分ける必要がある。

さらに、再生利用と熱回収が区分されている以上「リサイクル」は、狭義には「原材料として再生利用すること」（再資源化）であり、広義には「エネルギーとして積極的に活用すること」も含むと定義される必要がある。通常は前者を「マテリアルリサイクル」後者を「サーマルリサイクル」と呼んでいる。

2　リサイクルの類型

リサイクルをもう少し詳しく類型化してみよう。図6-1は、リサイクルの手法や技術的な観点から整理したものである。

中古品を扱う店を「リサイクルショップ」と呼ぶように、一般にはリユースも含めて、不用品を再利用することをリサイクルと呼んでいる。そこで、図では広義のリサイクルのなかには、リユースと狭義のリサイクルが含まれていることを示した。

図6-1　リサイクルの類型

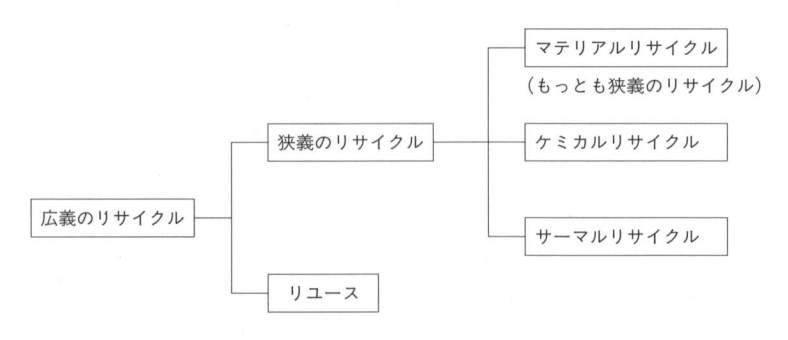

```
                                    ┌─ マテリアルリサイクル
                                    │  （もっとも狭義のリサイクル）
                   ┌─ 狭義のリサイクル ─┼─ ケミカルリサイクル
広義のリサイクル ─┤                    │
                   │                    └─ サーマルリサイクル
                   └─ リユース
```

(1) リユース

「リユース」とは，使用済み製品を修理，洗浄などの工程を経て，繰り返し使用することである。

リユースの代表的なものとして，ビールびんや一升びんがある。これらの容器は，回収後洗浄されて繰り返し使用される。ビールびんは約30回使用されている。再使用に耐えるために肉厚で頑丈にできているが，逆にそのことが「重い」「運搬コストがかかる」等のデメリットにつながり，使用量が減少し続けていることは周知の通りである。

一般消費者の目に直接触れないかたちのリユースもある。自動車やコピー機等では，使用済み製品から回収した部品を，新たな製品に組み込んで再使用することが行われている。資源有効利用促進法では「特定再利用業種」や「特定再利用促進製品」を指定し，部品のリユースを促進するよう義務づけている。

(2) マテリアルリサイクル

マテリアルリサイクルとは，古紙やカレット，金属スクラップのように，回収したものを新たな製品の原材料として使用することで，材料リサイクルと呼ぶこともある。プラスチックの場合は，ペットボトルを再生繊維にしたり，発泡スチロールを溶解して日用品に再生したりする方法がこれにあたる。原材料として利用するために，大量に品質のそろったものを回収する必要がある。

生ごみの堆肥化や飼料化もマテリアルリサイクルの一種である。

(3) ケミカルリサイクル

ケミカルリサイクルとは，分解，合成など化学的な工程を経て，新たな原材料にリサイクルすることである。マテリアルリサイクルの新しい形と位置づける場合もある。プラスチックを熱分解して化学原料に戻し，再合成して新たなプラスチックを製造する方法などがある。生ごみを分解してメタンガ

スを回収し，工業原料や燃料電池に利用する技術が開発されているが，こうした方法もケミカルリサイクルの一種である。

(4) サーマルリサイクル

　廃棄物のもつ熱エネルギーを積極的に活用する方法である。ごみの焼却工場の余熱利用もサーマルリサイクルということもできるが，焼却工場の場合はあくまで焼却に伴う「余熱」利用であり，単純に焼却の余熱をプールやお風呂などで使用する程度ではリサイクルと位置づけることはできない。

　ごみ発電や固形燃料化（RDF），廃プラスチックの高炉還元（鉄鉱石を還元するためにコークスの代替として溶鉱炉で燃やす）等がサーマルリサイクルといわれているが，サーマルリサイクルのみちを積極的に拡大することは，廃棄物の増大を助長するという意見も根強く，サーマルリサイクルの定義や位置づけはまだ曖昧である。

　自然エネルギーの普及を目的として，2003（平成15）年4月1日からRPS制度（Renewables Portfolio Standard）（「電気事業者による新エネルギー等の利用に関する特別措置法」に基づき，電気事業者に対して，販売電力量に応じて一定割合以上の新エネルギーによる電気の利用を義務づける制度）が施行された。新エネルギーとして風力，太陽光，地熱，水力，バイオマスがあげられているが，ごみ発電は指定されていない。これは，法律制定の過程でごみ発電を新エネルギーに含めることは自然エネルギーのシェアを押しつぶすという市民団体等からの強い反対があったためである。

　サーマルリサイクルを進めていくためには，適用する廃棄物の種類や条件，どの程度以上の熱回収効率を達成すべきか等の基準を明確にし，制度上の位置づけを与える必要があろう。

第2節　再生資源の市場の現状

1　再生資源の流通と市場の構造

　リサイクルには，不用物のなかから有用なものを，原材料として利用できるだけの量を集めるシステムが不可欠である。わが国は伝統的にこのような流通機構が発達しており，今なお重要な役割を果たしている。言い換えれば，リサイクルを考える場合には再生資源の流通システムを理解しておく必要がある。そこで，本節では再生資源の流通の仕組みと価格形成のメカニズムについて解説する。

(1)　再生資源の種類
① 「循環資源」と「再生資源」
　循環型社会形成推進基本法において，「循環資源」という新たな用語が使われるようになった。本節では「再生資源」という用語を用いている。その理由は「循環資源」が新しい用語で使い慣れていないことに加えて，その定義が確立されていないためである。
　法律では「循環資源とは，廃棄物等のうち有用なものをいう」と定義されているが，「有用な」ということの定義がなされていない。法律の趣旨や制定の経緯から，循環資源は有償もしくは逆有償（処理費を伴う）にかかわらず再生利用できる，もしくは再生利用すべき廃棄物を意味していると解することができる。食品リサイクル法では，「生ごみ」である食品廃棄物を「食品循環資源」としていることからも，そう解することが妥当であろう。
　再生資源は，古紙や故繊維，鉄屑，非鉄金属屑，空きびん等，従来から再生利用のルート，市場が確立されている「循環資源」であり，廃棄物処理法にいう「専ら再生利用の目的となる一般廃棄物」（「専ら物」と呼ばれている）に該当する。本節では廃棄物との境界が曖昧なプラスチックや生ごみなどの

循環資源ではなく，従来から市場と産業が確立しているものを再生資源として，その市場について解説する。

② 「市中屑」と「産業屑」

再生資源は，その発生源によっていったん製品に加工され消費者の手元に渡った後，使用済みとなって発生するものと，原材料の加工工程から発生するものとがある。再生資源業界の用語では一般に前者を「市中屑（くず）」，後者を「産業屑」と呼ぶ。

例えば古紙では，家庭や事業所から発生する新聞や雑誌，段ボールが市中屑で，印刷・製本工場で発生する裁断屑が産業屑である。後者は産業古紙と呼ばれる。市中屑の新聞，雑誌，段ボールは，裁断屑や上質古紙に比べて低品位ということで「裾もの」と呼ばれることがある。

繊維屑では，産業屑である織布や縫製の過程で発生する糸屑や繊維の裁断屑のことを「屑繊維」と呼び，縫製された製品は新品でも古着でも「ボロ」と呼ぶ。屑繊維とボロを総称して「故繊維」と呼んでいる。

鉄屑では製鋼工場から発生するもの以外は市中屑といい，老朽化した機械や建築物・土木構造物の解体によって発生するものは「老廃屑」，旋盤工場などから発生する切削屑や板金工場から発生する裁断屑は「加工屑」と呼ばれている。空き缶スクラップも老廃屑になる。

ガラス屑（カレット）は，自治体の分別収集や酒販店から回収したものは「市中カレット」といい，飲料メーカーのびん詰め工程などで発生した割れびんは「ボトラーカレット」，製びん工場の製造過程で発生したものは「工場カレット」と呼ぶ。

一般に市中屑はいったん使われた後回収されるので，いろいろな素材が混じっていたり異物が混入するなど，産業屑より品質は悪いとされる。産業屑は素材としてピュアで，同一品質の物が大量にまとまって発生するためにユーザーからも歓迎される。

(2) 再生資源の回収ルート

① 伝統的な回収ルート

再生資源は最終的には工業原料として利用されるため，大量かつ安定的に一定の品質のものが供給される必要がある。そのための回収（集荷），選別，加工，運搬などの機能を担っている業界のことを包括的に「再生資源業界」あるいは「資源回収業界」と呼んでいる。

資源の乏しい日本は，古くから再生資源産業が発達していた。和紙の再生は平安時代から行われていたといわれるが，江戸時代には出版文化が隆盛し，紙の生産量も飛躍的に増えたために，古紙回収業が発達した。樽や俵などの空き容器を回収する商売は，明治時代になって空きびん回収業（びん商）に発展していった。古着の回収業は明治初期には製紙原料としての木綿ボロの供給源として発展し，機械工業が発達するにつれてウエス（木綿ボロを裁断して工業用ぞうきんとしたもの）の製造販売でさらに発展した。このように明治になって近代工業が勃興すると，再生資源業界は原材料供給という重要な役割を担うようになり，今日の業態に近い流通機構ができあがった。

再生資源の伝統的な流通機構は図6-2のようになっている。

買出人とは市中から屑ものを集めて回る業者のことで，いわゆる回収業である。かつては大勢の買出人（いわゆる「屑屋さん」）が家庭を回って屑もの，不用物を買い集めていた。買出人が集めたものを売りさばくところが建場（寄せ屋，仕切り屋などともいう）である。建場はいわゆる資源のターミナル基地であり，ここで古紙，鉄屑，非鉄屑など資源の種類別に分けて，それぞれ専門の問屋に売却される。

問屋は単なる集荷機能だけでなく，ものによっては選別や加工の設備を

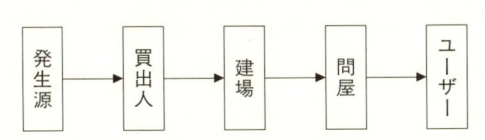

図6-2 再生資源の伝統的な流通機構

発生源 → 買出人 → 建場 → 問屋 → ユーザー

もっており，ユーザーである工場に供給する。

② 回収形態の変化

こうした形態は高度成長時代から次第に変化し，今日では建場業も古紙専門，金属専門というように専門化しており，建場業が回収業を兼ねたり，問屋との区分も曖昧になるなど，ターミナルとしての機能はほとんどなくなっている。

家庭から資源を回収する古くからの形態を継承しているのは，いわゆるちり紙交換である。ちり紙交換は高度成長時代になって大量に古紙が発生するようになってきた一方で，伝統的な回収機構が崩れて買出人が減少しはじめたため，採算のとれる古紙だけを専門に回収するようになったものである。現金で買い上げる代わりにちり紙やトイレットペーパーと交換することからちり紙交換と呼ばれているが，関西などでは現金で買い上げているケースもある。

ちり紙交換では建場に相当する業者のことをちり交基地と呼び，買出人はちり交基地から車両と景品を借り受けて家庭を回り，後で精算するという方式をとる。このため古紙価格が高いときは臨時の買出人が急増し，価格が下がると少なくなる。買出人とちり交基地との不安定な雇用関係が，需給調整の役割を果たす結果になってきた。

近年はちり紙交換以外に，新聞販売店回収という新しいルートが広がっている。新聞社がサービスの一環として行っているもので，販売店と契約した回収業者が定期的に戸別回収する方式である。

③ 集団回収と分別収集

古紙以外のものは，家庭から直接回収するルートはほとんどなくなってしまった。戸別回収に代わって普及したのが集団回収である。集団回収は自治会や子ども会などの地域団体と回収業者が契約して回収する方法で，全国に普及している。古紙，ボロの回収は大半が集団回収で回収されていると推察され，ごみ減量効果が大きいことから，市町村も回収奨励金や補助金を交付して支援している。

集団回収はあくまで民間の事業として行われているため，採算の合わないものは回収対象とならない。集団回収の対象とされているのは，古紙，ボロ，アルミ缶，生きびんなどである。これ以外のものは家庭から回収するルートがなくなってきたため，1970年代半ば頃からごみ減量の緊急性の高い市町村で，直接回収する例が出てきた。

　市町村が行う資源分別収集は，民間では採算が合わない空き缶，空きびんを中心に普及し，容器包装リサイクル法制定の背景となった。最近では古紙やボロまで，市町村が分別収集するケースが増えてきており，東京23区でも行政による古紙回収が行われている。このように再生資源の回収は民間事業から公共事業へとウエイトを移しつつあるが，市場の需要に関係なく回収されるために，民間の事業を圧迫しているという批判もある。

④　問屋の機能

　一般の消費財の流通と比べて，再生資源の流通では問屋が大きな機能を果たしている。問屋には中間問屋と直納問屋がある。直納問屋とは，最終ユーザーの製紙工場や製鋼工場に再生資源を納める権利（直納権という）をもっている問屋のことで，中間問屋は一般には直納問屋の名義を借りて取り引きする。

　問屋は，集まった再生資源を規格に応じた品質にし，安定的にメーカーに供給することが仕事である。直納権はこうした点でメーカーの信頼のお墨付きということができる。

　問屋は回収業者から持ち込まれたものを選別したり，加工する設備をもっている。古紙は問屋のヤードで選別し，種類ごとに圧縮・梱包してメーカーに納められる。鉄屑は問屋で大きいものは裁断し，薄板などはプレスされる。このように，問屋は再生資源を加工する設備をもっている点で，流通業であると同時に製造加工業としての性格をもっている。

　また問屋はメーカーの需要動向をみながら集荷を促したり，逆に供給過剰なときには買値を下げたり余剰分をストックするなど，再生資源の需給調整機能を担ってきた。しかし近年では土地価格が高くなり，付加価値のあまり

高くない再生資源をストックしても採算に合わないこともあるため，問屋全体でストックする機能が小さくなってきているといわれている。

さらに問屋は金融機能も担っている。回収段階や問屋と回収業者の取り引きは現金で行われるが，メーカーから問屋へは手形で支払われる。手形が決済されるまでの間の資金の融通をしなければならないという点で，金融上のリスクを負担しているといえる。したがって問屋には資金力が求められるために，回収業者に比べて規模も大きい。

(3) 価格形成の要因

再生資源産業は労働集約産業であり，また選別や加工，ストックのために土地を必要とするという点で土地集約的な産業であるといえる。再生資源の価格はさまざまな要因によって乱高下を繰り返してきたが，10年，20年という長期スパンでは低落傾向をたどってきている。

例えば東京都内の集団回収仕切価格（回収業者の買い入れ価格）は，1984（昭和59）年頃は新聞，段ボールが1kgあたり10円前後となっていたものが，1993（平成5）年には0円となり，その後もこの傾向が続いている。ボロは同様に1kgあたり10円であったものが，0円となっている。一升びんなども同様で，大半のものが末端では価格がついていない。むしろ事業系の古紙などは「逆有償」になっており，回収してもらうためにはお金を支払わなければならなくなった。

再生資源の価格は市況によって変動するが，価格形成の要因をまとめてみると，下記のようないくつかの特徴的な要因を指摘することができる。
①再生資源の多くは処女原料の代替原料であるため，処女原料を利用した場合の製造コストとの比較で価格が形成される。

すなわち，処女原料による製造コストを基準として，再生資源を利用した場合のトータルの製造コストが処女原料を利用した場合より安くなるように設定されるのが一般的である。したがって処女原料が安くなれば，再生資源価格はそれに連動して安くなるという傾向がある。

②再生資源の価格は，再生資源を原料としてつくられる製品の価格にリンクして決定されることが多い。

再生資源は一般に買い手市場で，ユーザーが価格を決めてきた経緯がある。つまり製品市況が好調で，原料が必要なときには価格を上げて回収を促し，生産がダウンしたときは価格を下げて回収意欲を鈍らせるという対応をとるために，価格決定権は買い手側に強く働く。

逆に回収量が増えて余剰になった場合，売り手側が価格を下げても，製品需要が低迷していると再生資源の需要は増えるものではない。

また再生資源のユーザーは規模の大きい企業であるが，売り手すなわち回収業者は零細な業者が多いことも価格決定権を買い手側が握っていることの背景にある。

③再生資源は計画的に生産できるものではないため，価格が乱高下しがちである。

再生資源の発生量は，景気の変動などの経済環境に大きく左右される。発生量が多いときには回収量が増加するとともに，需要も伸びるのが通例であるが，回収量と需要の伸びには時間的なギャップがある。

好況で製品の需要が伸び，原材料としての再生資源の需要が増加に傾くと，メーカーは回収を促すために買い入れ価格を引き上げる。そのインセンティブによって回収意欲が高まり回収量は増加するが，需要が安定してそれ以上の量が必要でなくなっても発生量は低下せず，回収も急にブレーキをかけることはできないために回収量は余剰に転じ，価格は急落するのである。

このように，再生資源の需要の変動に対して，供給の方は急に対応できないために，価格は乱高下しやすい。

加えて，再生資源は付加価値が低いので各流通段階でストックをもつという考え方が少なく，価格変動が回収の末端まで敏感に伝わることも価格の乱高下の要因である。

④再生資源には，その中に品質の違い，グレードがあり，上位のグレードの価格によって下位のグレードの価格が影響されるという面がある。

鉄屑などの下級屑は上級屑の代替として扱われるため、上級屑の相場が下級屑の需要に影響を及ぼす。そのために品質の悪い再生資源ほど価格変動の幅が大きくなる。家庭から排出されるものは再生資源としては「裾もの」とよばれる下級品であるため、とりわけ価格が乱高下しやすく、集団回収や分別収集に大きな影響を及ぼすことになるのである。

⑤再生資源は国内の需給だけでなく、国際的な市況によっても影響を受ける。近年はこの傾向がますます強くなってきており、国際価格が国内価格を決定し始めている。

　もともと金属資源は国際相場があり、スクラップについても国際価格が一つの基準となって国内価格形成にも影響してきたが、最近は古紙も国際相場ができつつある。国内市場はバブル崩壊以降は低迷しており、慢性的な余剰が問題となっていたが、2001（平成13）年頃から急激に輸出が増え始めた。中国や東南アジアの新興工業国など古紙需要が高い国々には、米国やドイツなどからも古紙が輸出されており、国際価格が形成されつつある。国内の古紙もこれにつられて変動する状況が生まれてきており、上述した買い手市場から売り手市場への転換が起こり始めている。

　以上のように、再生資源の価格形成要因を概括してみたが、こうした要因の大きさは再生資源の種類によって違う。一般的にいえることは、ユーザーであるメーカーが価格決定に大きな力をもっており、景気が低迷している状況のなかでは原料価格を低く抑えようとしている。さらに再生資源の価格は乱高下しやすい。こうしたことが自治体のリサイクル施策の安定性を阻害する要因となっている。

2　再生資源の輸出と国際リサイクルの時代へ

(1)　産業構造の変化と再生資源の需給の動向

　中国が世界の工場と呼ばれ、わが国では産業の空洞化が懸念されているが、

このような産業構造の変化は資源循環のあり方にも大きな影響を及ぼしている。

再生資源は原材料として利用されるのであるから，原材料の需要が減少すればリサイクルは行き詰まることは自明である。その影響がもっとも顕著になっているのがボロ（故繊維）である。ボロは，機械工業にはなくてはならないウエス（工業用雑巾）としての用途が多かったが，重厚長大産業の衰退によってその需要は著しく減少してしまった。また布を繊維に戻してフェルトに加工したものは，土木・産業用資材や自動車の内装材等に使われているが，自動車生産が海外に拠点を移すにつれて需要は低落している。

また鉄鋼生産量は横ばいで推移しており，国内ではすでに鉄屑の発生量が需要量をはるかに上回っている。中国，韓国，東南アジアで鉄鋼需要が盛んなため，鉄屑は年々輸出量が増えている。一方では，上記の国々で高炉が増え，日本の鉄鋼メーカーの競争力は相対的に低下してきた。そのためにコスト削減を目的として，高炉メーカーでも鉄屑の利用を拡大してきている。

電気製品や日用雑貨も海外からの輸入が増えている。そのために製品を梱包する段ボールの需要が旺盛である。日本では製品が売れないために段ボールの需要は低迷しているが，海外から梱包材として大量に入ってくる段ボールの回収量が増えている。

日本は重厚長大産業から高付加価値の産業へと，産業構造の転換を目指してきた。その結果，再生資源の発生は増大するが需要は低落するという傾向にある。これはほとんどの再生資源にとって当てはまることである。この需給のギャップにどのように対応していくのかが，今後のリサイクルを考える上での重要なテーマである。

(2) 鉄屑の輸出

上記のような背景のもとで，再生資源の輸出は年々増大している。廃棄物処理法では国内処理の原則がうたわれ，バーゼル法で廃棄物の輸出を規制しているが，実態としてはプラスチック屑や廃家電製品なども輸出されており，

表6-1　鉄屑の輸出入量の推移　　　　　　　　　　　（単位：千t）

年度	1994	1995	1996	1997	1998	1999	2000	2001
輸入実績	1,068	1,209	375	426	177	282	321	151
輸出実績	967	915	1,993	2,311	3,821	4,315	2,895	6,151
実質輸出	▲101	▲294	1,618	1,885	3,644	4,033	2,574	6,000
対前年比	—	—	650.0%	116.5%	193.3%	110.7%	63.8%	233.1%

出典　㈳日本鉄源協会資料より作成

再生資源の貿易ルールの確立が求められている。

　鉄屑は，かつては米国等から大量に輸入されていたが，国内の鉄備蓄量が増大するにつれて国内発生量が増え，1990年代半ば頃からは輸出量が輸入を超え，その後も年々輸出が増えている（表6-1）。輸出先としては，韓国，中国，台湾，インドネシア等で，近年は中国への輸出が急増している。

　国内の市中屑の回収量は年間約3500万トン程度で推移しており，製鉄所で発生する自家発生屑を加えて，4500万トンから5000万トン程度が国内で消費されている。輸出量は2001（平成13）年で600万トンを超えており，市中からの回収量の20％近くが輸出されている。

(3)　古紙の輸出

　古紙はバブル崩壊以降，紙・板紙の消費の低迷とメーカーの過当競争等によって価格が低迷し，一時期は問屋が回収業者から処理費を徴収するという異常な状況にまでなった。こうした状況に対処するために，自治体は回収業者に補助金を出したり，行政が直接古紙を分別収集するようになったため，価格の低迷に加えて慢性的な余剰状態となっていた。

　古紙の輸出は，余剰古紙を処分するために問屋がやむを得ず行いはじめたものであるが，中国をはじめとするアジア諸国で古紙の需要が高まり，価格も国内価格より高い相場が形成されてきたため2001（平成13）年頃から急激に輸出が伸びてきた（表6-2）。

　輸出量は2000（平成12）年では約37万トンにすぎなかったものが，2001（平

表6-2 古紙輸出量の推移　　　　　　　　　　　　　　　　　　　（単位：t）

年（暦年）	1996	1997	1998	1999	2000	2001	2002
輸出量	21,167	311,768	561,149	288,459	372,182	1,466,182	1,897,216
対前年比	50.1%	1,372.9%	80.0%	51.4%	129.0%	393.9%	129.4%

出典　㈶古紙再生促進センターのデータより作成

成13）年には約147万トン，2002（平成14）年には約190万トンに急増した。2002（平成14）年の国内での古紙回収量は約1800万トンで，すでに10％以上が輸出されるようになった。

(4) 非鉄屑，プラスチック屑の輸出

　銅やアルミなどの非鉄屑の輸出も増加している（表6-3）。銅屑は1998（平成10）年には7万5000トンであったが，2001（平成13）年には15万6000トンと3年間で2倍以上に拡大している。アルミ屑も，1998（平成10）年の2万7000トンから2001（平成13）年には5万3000トンと，3年間で2倍近く伸びている。銅屑の主要な輸出先は中国である。高度成長を続ける中国では，電線やケーブル関係の需要が拡大しているためとみられている。

　後述するように，プラスチック屑（廃プラスチック）のうち産業系の加工屑は，日本でもマテリアルリサイクルされてきた。しかし輸出されているものは産業屑だけでなく，ペットボトルや発泡スチロール等の使用済みの廃プラスチックも増えてきている。廃プラスチックの輸出は1990年代半ば以降10

表6-3　その他の再生資源の輸出量推移　　　　　　（単位：万t）

	廃プラスチック		銅屑		アルミ屑	
	数量	前年比	数量	前年比	数量	前年比
1998年	14.1	116.2%	7.5	94.4%	2.7	117.5%
1999年	19.1	135.5%	8.4	111.1%	2.8	103.7%
2000年	30.0	157.1%	11.1	132.1%	3.5	125.0%
2001年	39.2	130.7%	15.6	140.5%	5.3	151.4%

出典　日本貿易振興会資料より作成（原データは貿易統計）

万トン台で推移していたが，1999（平成11）年に19万1000トン，2001（平成13）年には39万2000トンと2年間で約2倍となった。

　ここでも輸出増加の背景には，中国向け輸出の増大がある。中国では化学工業が発達していないために，再生プラスチックが機械，電子部品，雑貨等のいろいろな用途に使われている。また選別・異物の除去にかかる作業の人件費が安いことも，プラスチック屑の需要の背景にある。

(5)　国際リサイクルのルール確立

　古紙や鉄屑のように選別・加工された資源のほか，リサイクル目的の使用済み製品の輸出も増大している。発展途上の国々には，家電製品，自動車，建設機械などさまざまな中古品が輸出されている。中古自動車や建設機械の輸入は禁止している国もあるが，分解して機械部品として輸入する等，実際にはさまざまなルートで持ち込まれている。

　日本国内では，相手国に需要があるという面と同時に，国内では処理にコストがかかる等の理由で輸出にまわっているという側面もある。経済原則だけからみれば，需要と供給がマッチしているので輸出が増えるのは当然という見方もできるが，環境規制の緩い国々では，分解や選別工程で有害物質が排出されたり，周囲の環境汚染を招くなどの問題が生じる可能性がある。事実，中国ではこうした問題が顕在化しており，非鉄やプラスチックが混合した廃棄物をリサイクル目的で輸入することを規制している。

　国際的なリサイクルは時代の要請であるといえるが，相手国の環境を汚染しないことや，相手国に処理技術や用途のないものは輸出しないなどの再生資源貿易のルールづくりが求められている。

第3節　主要な品目のリサイクルの実態

1　古紙[*1]

　紙・板紙の生産量は，年間約3000万トンから3100万トン程度で，うち紙が約1800万トン強，板紙が約1200万トン強という割合で，全体として生産量は微増傾向で推移している。

　古紙のリサイクルの指標としては回収率と利用率がある。回収率は紙・板紙の消費量に対する回収量の割合，利用率は製紙原料に占める古紙の割合である。

　資源有効利用促進法では紙製造業は特定再利用業種に指定されており，省令によって2005（平成17）年度までに利用率を60％とするよう定められている。

　2002（平成14）年の回収率は65.4％，利用率は59.6％に達しており，目標はほぼ達成される見込みである（図6-3）。回収率の増加の背景には，家庭からの古紙は集団回収等の民間回収以外に自治体による分別収集が増えてきた

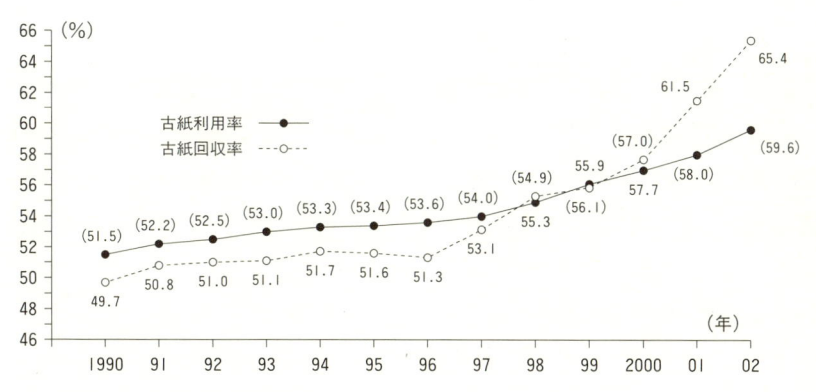

図6-3　古紙回収率・利用率の推移

出典　紙・パルプ統計年報および月報

こと，特に東京都のような大都市で分別収集が行われるようになったことがある。また事業系ごみに対する規制強化によって，オフィス等からの回収が活発に行われるようになったことも要因の一つである。

　利用率の増大の背景には，古紙利用製品の需要増加と製紙メーカーによるDIP設備（印刷のインクを除去して古紙パルプを製造する設備＝脱墨設備）の増強が進んだことがある。

　生産された紙のうち，再利用できないものはトイレットペーパーなどの衛生用紙やラミネート紙，特殊な加工紙があり，これらの割合は約35％と推計されている。これを除く65％が理論的にはリサイクル可能ということになるが，回収率は理論値を超えていることになる。この理由として，製品輸入にともなう段ボール等の梱包材の発生が増えていることが挙げられる。

　回収率と利用率のギャップは在庫あるいは余剰と考えられるが，前述したようにこのギャップの拡大にともなって輸出が増えるようになった。

　古紙リサイクルの課題として，板紙分野での利用率がほぼ限界に達していることが挙げられる。段ボールやボール紙などの板紙では，古紙利用率が90％を超えている。これに対して紙はまだ40％に達していない。新聞用紙，印刷情報用紙などでは，原料として使用できる古紙の種類が限定されることや古紙利用が制約される上質系用紙の伸び率が高まってきていることなどが，利用率向上の制約要因として挙げられる。

　また，量的に少ない上質古紙が輸出に回されることで，トイレットペーパー等の衛生用紙分野で原料不足の状態が起きるなどの問題も指摘されている。

　このような条件下でリサイクルの向上を図るには，印刷情報用紙などの分野で古紙利用製品の需要を一層高めるとともに，過剰な品質要求によって特定の上質古紙のみに需要が偏らないようにすることも必要である。また，回収量は今後も増加すると予想されるため，古紙の国際競争力の維持も欠くことのできない要件である。

2 故繊維[*2]

　故繊維は「ボロ」と「屑繊維」に区分される。ボロは家庭や事業所から発生する衣料品，シーツ等の使用済みの繊維製品で，屑繊維は縫製工場等の裁断屑や織布，紡績工場から発生する糸屑などである。ボロと屑繊維を包括して故繊維と呼ぶ。

　ボロはかつて洋紙の原料として利用されていたことから，古紙とともに回収される。古紙問屋に集まったボロを「ボロ選別業者」が買い取り，ここで用途別に選別し，それぞれの需要先に販売される。

　ボロの用途としては，かつてはウエス（工業用雑巾）が主体であったが，現在では古着としての用途が3分の1以上を占めている。そのためボロ選別業者では，ボロを約140種類に選別するという。中古衣料は種類別に梱包して，故繊維輸出商社を経て主として東南アジア，南アジア方面に輸出されている。

　綿の下着やシーツなどは，ウエス製造業者に販売される。ウエス製造業者はこれを定型にカットして工場などに販売する。中古衣料，ウエス材に向かないものは，反毛（はんもう）に加工される。反毛とは故繊維を針で引っ掻いて綿状の繊維に戻したものである。反毛は自動車の内装材に使われるフェルトやクッションシートの中綿，反毛から糸を紡ぐ特殊紡績の原料等に利用される。

　屑繊維は，紡織・織布・縫製工場から専門の回収業者が回収し，繊維原料商を経て，反毛原料となる。ちなみに軍手は木綿屑の反毛を紡績した糸で編まれたものである。

　経済産業省の試算によると，繊維製品全体の国内消費量は年間229万トンで，うち衣料品が約半分を占めている。ボロとして排出される量は約171万トンで，集団回収や分別収集で回収された量は約18万トン，約10％にとどまっている。

　市民意識の高まりを背景に，家庭から発生する衣料品の回収が増えているが，故繊維の需要は伸び悩んでいる。需要が低迷している背景は次の通りで

ある。
① 中古衣料

中古衣料は国内での需要はほとんどなく，99％以上がシンガポール，マレーシア，香港，フィリピン，バングラデシュ，パキスタン等に輸出されている。欧米でも繊維製品のリサイクルの主力は中古衣料の輸出で，米国は南米，ヨーロッパは東欧，ロシア，アフリカをマーケットとしている。中国やインドなどでは需要はあるものの，輸入を認めていないことから輸出先が限定されているという事情がある。

また，取り引き国の多くが発展途上国であるという点から，為替相場や相手国の経済状況の変化の影響を受けやすい。中古衣料の価格が低迷しているのも，こうしたことが背景にある。

② ウエス

機械工業の自動化や町工場の減少などによって，ウエスの需要も減少している。ウエスは産業用の資材として不可欠なものであるが，バージンの布製のものが輸入されたり，レンタル式や紙ウエスなども出てきて，需要は低迷している。

③ 反毛

中古衣料の輸出相手国では冬物衣料の需要がほとんどない。そのため冬物衣料は反毛原料になっていたが，反毛の主要な用途である自動車内装材が他の素材に転換したり，生産拠点が海外に転じるなどの事情で需要が減少している。

先進国の繊維リサイクルは，中古衣料が発展途上国に輸出されることで維持されている。このような状況では新たに需要を創出することはなかなか困難であるが，国内での中古衣料市場の開拓や他用途開発などを進めていく必要がある。そのためには繊維メーカーなどがリサイクルにもっと関与し，技術開発に努める等の取り組みが求められている。

3 スチール缶[*3]

2001（平成13）年の国内のスチール缶の出荷重量は約97万トンで，輸出入を差し引いた国内消費量は約106万トンである。これに対して製鉄工場で使用されたスチール缶スクラップは約90万トンで，回収率は85.2％に達している（図6-4）。

スチール缶は家庭内での消費と家庭外での消費の割合がほぼ半々で，回収

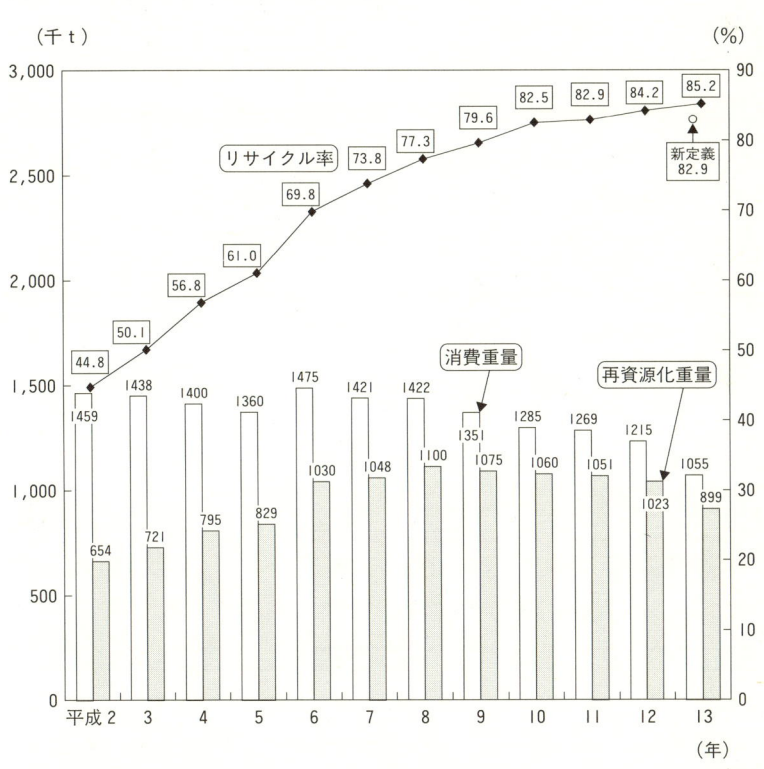

図6-4　スチール缶リサイクル率の推移

（千t）　　　　　　　　　　　　　　　　　　　　　　　（％）

平成	2	3	4	5	6	7	8	9	10	11	12	13
リサイクル率（％）	44.8	50.1	56.8	61.0	69.8	73.8	77.3	79.6	82.5	82.9	84.2	85.2
消費重量（千t）	1459	1438	1400	1360	1475	1421	1422	1351	1285	1269	1215	1055
再資源化重量（千t）	654	721	795	829	1030	1048	1100	1075	1060	1051	1023	899

平成12年の新定義：82.9

注　新定義は，従来は不明であったペットフード缶の輸出入や缶スクラップに含まれる水分等の異物混入割合を調査し，その結果を加味して算出した数値。
出典　スチール缶リサイクル協会：スチール缶リサイクル年次レポート2002年版

量のうち54%が家庭から自治体が回収しており，46%は自動販売機の回収容器や駅，行楽地，事業所などから回収されている。

スチール缶はバラでは鉄屑としての価値をもたないが，プレスされたものは一般の鉄屑と同様に有価で売買される。そのため容器包装リサイクル法の再商品化義務は免除されている。鉄屑には大きさ，重量，素材等によって規格が定められている。鉄屑価格の指標となっているのは「ヘビー屑」という品種のうち「H2」というグレードで，厚さ3～6mmの鋼板や重機解体屑などである。プレスした鉄屑は，自動車スクラップをA，亜鉛メッキ板をBというようにクラス分けされており，スチール缶はスズメッキ板のスクラップであるCプレスに該当する。Cプレスはかつてはグレードの低い鉄屑として扱われていたが，飲料缶がクロムメッキになったことや鉄としてきわめて品質の高い材料が使用されていること，分別収集の普及によって異物の混入が少なく，スクラップとしての品質が高まったこと等から，CSという独立したグレードが設けられて，鉄屑としての評価は自動車スクラップよりも高くなっている。

鉄屑は主に電炉で建築用鋼材の原料として使われているが，最近は高炉メーカーの転炉（鉄鉱石から精錬した銑鉄から鋼を製造する炉）でも使用されており，スチール缶スクラップのリサイクルの受け皿は安定している。

4 アルミ缶[*4]

2001(平成13)年度のアルミ缶消費量は28.3万トンで，回収された量は23.5万トン，リサイクル率は82.8%（図6-5）である。

アルミ缶スクラップはかつては鋳物原料として使われていたが，もともとの素材としては純度が高く，高品位のアルミを使っているために缶材に再生する方がメリットが大きいとして，業界では「CAN TO CAN」の取り組みを進めてきた。その結果CAN TO CAN率は約68%に達している。その他の用途としては，機械部品などダイキャスト・鋳物原料，製鋼工程の脱酸剤等

図6-5　アルミ缶リサイクルの推移

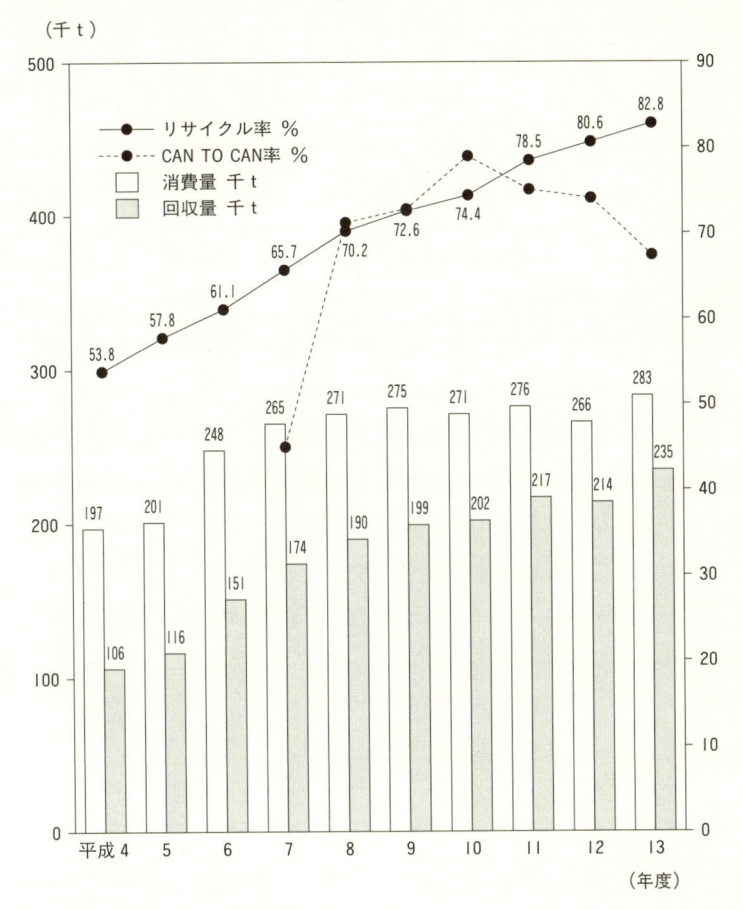

（千t）

凡例：
- ●— リサイクル率 %
- ●-- CAN TO CAN率 %
- □ 消費量 千t
- ▨ 回収量 千t

リサイクル率（%）：平成4：53.8、5：57.8、6：61.1、7：65.7、8：70.2、9：72.6、10：74.4、11：78.5、12：80.6、13：82.8

消費量（千t）：197、201、248、265、271、275、271、276、266、283

回収量（千t）：106、116、151、174、190、199、202、217、214、235

出典　アルミ缶リサイクル協会資料

に利用されている。

　アルミ缶はスチール缶に比べて有価性が高いが，回収の主たるルートは自治体の分別収集ルートである。アルミ缶はビール缶に使用されている割合が高いために，家庭内での消費量が多い。業界の推定によると集団回収等で回収されている率は10％強で，約80％は自治体ルートで回収されている。回収

したものは有価で取り引きされるため，容器包装リサイクル法の再商品化義務は免除されている。

5 ガラスびん[*5]

(1) リユースびん

　一升びん，ビールびん等は「生きびん」「リターナブルびん」「リユースびん」などと呼ばれる。

　ビールびんや清涼飲料びんは，回収保証金すなわちデポジット（預かり金）がついており，販売店にびんを返却すると保証金が返金される。ビールびんでは5円である。ビールびんは宅配や業務用として使用されるために回収率は98％前後を維持している。ビールびんは年3回回転し，8年くらい使用されるという。近年は家庭での消費はアルミ缶，業務用では樽での供給が増えているためビールびんの比率は年々減少している。ビールびんは，原則的には酒販店から問屋，メーカーという逆流通経路で回収されるが，酒販店からびん商が回収するルートもある。

　一升びんは全国千数百社ある酒蔵が共通に使うびんで，酒以外にもいろいろな用途に使われる多用途共通規格びんである。びんには保証金はついていないが，慣例的に1本5円程度で酒販店で消費者から買い取り，それをびん商が回収して全国の酒造メーカーがこれを使うという形でリユースしてきた。かつては十数億本も使われていたが，年々使用数量が減少し，2000（平成12）年の推定では4.2億本まで減少している。使用数量のうち82.5％は回収びんである。

　一升びんに代わる共通規格びんとして，1992（平成4）年から500mlの統一規格びん（Rびん）が開発されたが，あまり普及しなかった。そのため日本酒造組合中央会は，2002（平成14）年に新たに300mlのRびんを開発し，酒造会社に採用を働きかけている。300mlという容量は他の中小容量びんに比べ，流通量が多く，業務用・家庭用ともに普及していたためである。リユースび

んは数量が多くないと回収しても採算にのらないため,メーカー,消費者とともにこのびんを育てていくことが求められる。

リユースびんのシェアの低下は各国共通しており,ドイツではシェア低下を食い止めるために,容器包装政令によってリユースびんの使用比率を72%以上とする目標を設定し,これを下回るとワンウェイ容器に強制デポジット制度を導入することとしていた。2001（平成13）年4月に行った調査では,リターナブル容器の割合は63.81%にまで低下したため,2003（平成15）年1月1日からワンウェイ容器に対するデポジット制度が導入された。ビール,ミネラルウォーター,炭酸清涼飲料の缶やワンウェイびんに対して,通常のもので0.25ユーロ（27.5円),1.5 l 以上のものには0.5ユーロ（55円）のデポジットを課すこととなった。

この決定に対して,業界側は裁判で争うなど強く抵抗していたが,結果的に政府の方針に従うこととなった。

わが国の容器包装リサイクル法ではリユースびんを優先するような規定はなく,むしろ再商品化委託料を支払ってワンウェイ容器に切り替える例さえある。リユースびんのシェア低下を止めるためには,市場に委ねるだけでなく,何らかの制度的対策が必要とされている。

(2) ワンウェイびん

リユースびんに対して,1回で使い捨てするびんをワンウェイびんと呼ぶ。ガラスびんは生産量自体が年々減少している。1980（昭和55）年の生産量は225万トンであったが,びんの軽量化等の要因もあって2000（平成12）年には182万トンになっている。

ガラスびんを砕いたものを「カレット」と呼び,カレットは溶解してガラスびんに再生される。2000（平成12）年のカレットの利用量は約142万トンで,ガラスびん原料に占める割合（カレット利用率）は約78%となっている（図6-6)。

ガラスびん製造業は資源有効利用促進法で特定再利用業種に指定されてお

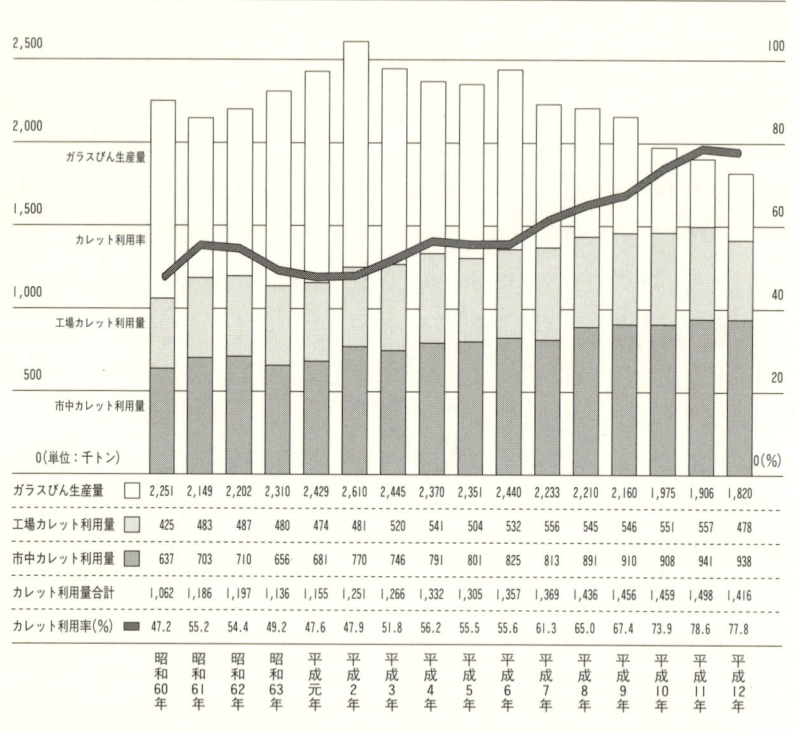

図6-6 ガラスびん生産量・カレット利用量の推移

	昭和60年	昭和61年	昭和62年	昭和63年	平成元年	平成2年	平成3年	平成4年	平成5年	平成6年	平成7年	平成8年	平成9年	平成10年	平成11年	平成12年
ガラスびん生産量	2,251	2,149	2,202	2,310	2,429	2,610	2,445	2,370	2,351	2,440	2,233	2,210	2,160	1,975	1,906	1,820
工場カレット利用量	425	483	487	480	474	481	520	541	504	532	556	545	546	551	557	478
市中カレット利用量	637	703	710	656	681	770	746	791	801	825	813	891	910	908	941	938
カレット利用量合計	1,062	1,186	1,197	1,136	1,155	1,251	1,266	1,332	1,305	1,357	1,369	1,436	1,456	1,459	1,498	1,416
カレット利用率(%)	47.2	55.2	54.4	49.2	47.6	47.9	51.8	56.2	55.5	55.6	61.3	65.0	67.4	73.9	78.6	77.8

出典　日本雑貨統計，日本ガラスびん協会，ガラスびんフォーラム

り，省令によって2005（平成17）年度までにカレット利用率を80％にすることが求められている。

　ガラスびんの回収は，家庭から発生するものは市町村の分別収集によるものが大半であるが，カレット全体から見ると，リターナブルびんの破損びんやびん詰め工程から発生するいわゆる「工場カレット」が市中カレットの半分くらいを占めている。カレットはカレット業者が引き取った後，破砕，洗浄，異物除去などの工程を経て，ガラスびん工場で原料となる。

　ガラスびんの生産量が年々減少するなかで，カレット市場は慢性的な余剰を抱える状況になっている。透明のカレットは汎用性があるために比較的市

場性があるが，色カレットはカレット業者が引き取る段階で逆有償が常態化してしまっている。カレットは他の資源のように輸出されることはなく，ほとんどすべてを国内で消化しなければならない。そのために余剰カレットの用途開発が課題となっている。すでにグラスファイバー，タイル，建材等の他用途利用が行われているが需要としてはまだ小さく，供給過剰状態が続いている。

6　ペットボトル[*6]

　ペットボトルは，容器包装リサイクル法によってようやくリサイクルが進み始めた。ただ回収コストが高くつくことや，法律に基づいて事業者に引き取ってもらう場合でも中小企業の負担分を2000（平成12）年までは自治体が肩代わり（1トンあたり約1万円）することになっていたため，空き缶や空きびんに比べて分別収集の普及が遅れている。そのため2001（平成13）年の回収率は40.1％にとどまっている（図6-7）。

　しかしペットボトルは容器包装リサイクル法制定以降，生産量が急増しており，飲料用ペットボトルの生産量は，1997（平成9）年が約21万トンであったものが2001（平成13）年には約40万トンと倍増している。

　ペットボトルは，再商品化施設でフレーク状に加工され，繊維，シート，射出成形等の原料として利用されている。ただ，こうしてできた製品の多くは再度リサイクルすることはできない。制服に加工して，使用済みになったものを回収して再度リサイクルするという取り組みも行われているが，量的にはごくわずかである。金属やガラスは繰り返しリサイクルされるのに対して，プラスチックのマテリアルリサイクルは一回きりのものが多い。こうした批判に対して，ペットボトルをモノマーに戻して，新しい製品の原料にする，いわゆるケミカルリサイクルによる「PET to PET」の技術も実用化されており，近いうちに普及するものと考えられる。

　一方，ペットボトルはさまざまな用途に利用できるために，中国などでは

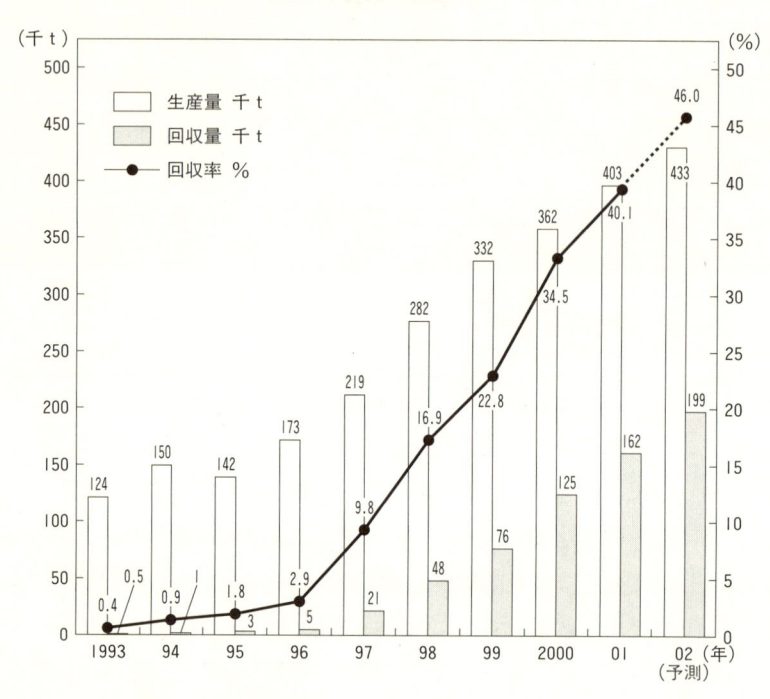

図6-7 ペットボトルの生産量と回収率の推移

年	生産量(千t)	回収量(千t)	回収率(%)
1993	124	0.5	0.4
94	150	1	0.9
95	142	3	1.8
96	173	5	2.9
97	219	21	9.8
98	282	48	16.9
99	332	76	22.8
2000	362	125	34.5
01	403	162	40.1
02(予測)	433	199	46.0

出典 ペットボトルリサイクル推進協議会

プラスチック製雑貨等の原料として需要がある。そのため容器包装リサイクル法に載らない事業系のペットボトルは，かなりの量が輸出されていると推測されている。

　ペットボトルのリサイクルが始まった当初は，リサイクル施設が不足して回収したものが処理できない事態を招いたこともあったが，その後，全国に施設ができ，能力的には十分な体制が整った。しかし皮肉なことに，処理能力の増強に伴うほど回収量は増えておらず，また中国等への輸出によって国内の施設の遊休が問題となっている。

7 プラスチック[*7]

　プラスチック処理促進協会のデータによると，2001（平成13）年における国内のプラスチック生産量は約1400万トンで，国内での消費量は約1100万トンである。加工工程のロスを除いて1000万トン強が製品として供給され，約930万トンが使用済み製品，すなわち廃棄物として排出されている。

　加工工程で発生するプラスチック屑はバージンのプラスチックと同様であるので，マテリアルリサイクルされる。製品に加工されたものについては，ペットボトル，トレー，発泡スチロール，塩化ビニルのパイプなどがマテリアルリサイクルされている。加工屑は再生資源として有価で売買されているものもある。

　産業構造審議会が策定しているリサイクルガイドラインでは，マテリアルリサイクルできるものはそれを推進することとし，発泡スチロール製魚箱や家電製品梱包材のリサイクル率目標を2005（平成17）年までに40％（2000年度34.9％），塩化ビニル製の管・継手については同じくマテリアルリサイクル率の目標値を80％としている。

　サーマルリサイクルの方法としては，プラスチックだけを固形燃料化して産業用の燃料として利用する方法があるが，専用の炉でダイオキシン対策や排ガス対策を十分に行う必要があるため，コスト面からみてあまり優位な方法ではない。プラスチック業界はごみ発電を行うことをサーマルリサイクルと称しているが，この点についてはいたずらにごみを増やすことにつながるという批判もあり，単純に都市ごみ焼却炉でのごみ発電をサーマルリサイクルと呼ぶわけにはいかないだろう。この点については，前述したように何らかの基準が必要である。

　その他のプラスチックのリサイクル技術としては，油化，ガス化，高炉還元（溶鉱炉で熱源および鉄鉱石の還元剤として使用する），コークス炉での熱分解などがある。油化施設は全国に20か所あると推定されているが，処理能力は小さく，製造した油の使途が燃料以外にはほとんどないため，リサイク

ルの主流としての展望は小さい。ガス化は熱分解して水素やアンモニアを回収するもので，まだ開発途上の技術である。処理能力が大きく，すでに実績を積んでいるのが高炉還元とコークス炉での利用である。これらはいずれも既存の生産設備を活用するために新規投資が小さくてすみ，また処理規模が大きいことからプラスチックの受け皿として期待されている。

8 建設廃棄物[*8]

　建設業から発生する廃棄物は，産業廃棄物の約20%を占めている。国土交通省の建設副産物実態調査によると，2000（平成12）年度の建設廃棄物の発生量は約8500万トンで，その内訳は図6-8のとおりである。また建設廃棄物全体の再資源化・縮減率は85%で，アスファルト・コンクリート塊の再資源化率は95%を超えている（図6-9）。

　アスファルト・コンクリート塊は，破砕，粒度調整をして，砂利等の原骨材とそれに付着したモルタル分やアスファルト分をふるい分ける等の工程を経て，コンクリート用再生骨材，路盤材等としてリサイクルされている。

　一方，廃木材，建設汚泥，建設発生土等のリサイクルは低迷している。廃木材のリサイクルの方法としては，チップ化して，パルプ原料，パーティクルボード原料，燃料などに利用する方法があるが，リサイクル率は38%にとどまっている。廃木材の焼却は，野焼きやばいじん対策・排ガス対策の不十分な小型炉での焼却など，いろいろな問題を引き起こしてきており，適正な処理施設の整備が急がれるところである。産業廃棄物の不法投棄の60%は建設廃棄物であるといわれており，廃木材がそのうちの40%を占めている。

　また残土については資源有効利用促進法で建設副産物に指定されているが，廃棄物処理法上の廃棄物ではないために，農地に投棄したり野積みされるなど不適正処理が大きな問題となっている。汚泥のリサイクル率は41%と推定されているが，残土との区別が曖昧な部分があり，処理の実態がすべて把握されているとはいい難い。

図6-8　平成12年度建設廃棄物品目別排出量

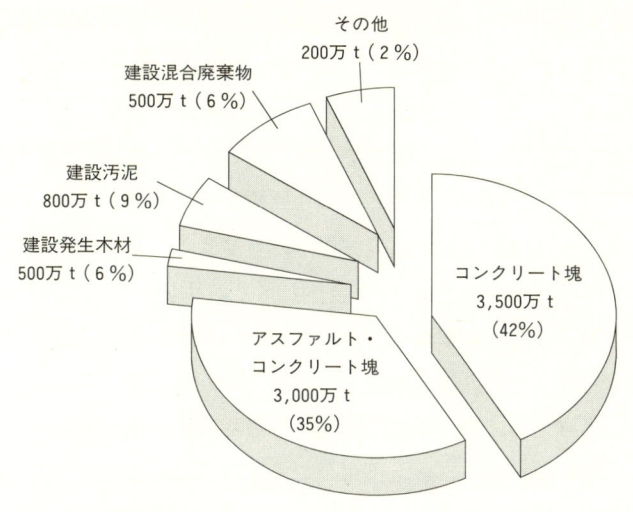

- その他　200万t（2%）
- 建設混合廃棄物　500万t（6%）
- 建設汚泥　800万t（9%）
- 建設発生木材　500万t（6%）
- アスファルト・コンクリート塊　3,000万t（35%）
- コンクリート塊　3,500万t（42%）

出典　国土交通省調査

図6-9　建設廃棄物の品目別再資源化等率

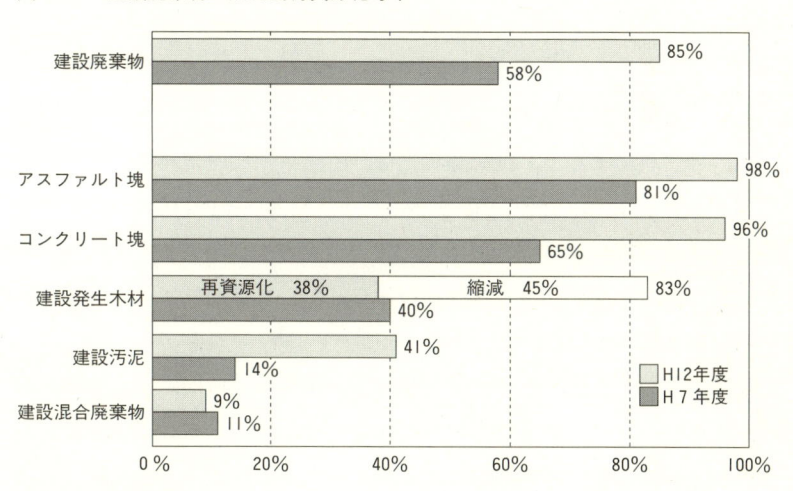

品目	H12年度	H7年度
建設廃棄物	85%	58%
アスファルト塊	98%	81%
コンクリート塊	96%	65%
建設発生木材	再資源化 38%　縮減 45%　83%	40%
建設汚泥	41%	14%
建設混合廃棄物	9%	11%

出典　国土交通省調査

国土交通省では，建設リサイクル法の施行に合わせて，2002（平成14）年4月に建設リサイクルの推進に向けた基本的考え方，目標具体的施策を定めた「建設リサイクル推進計画2002」を策定している。

　これによると，コンクリート・アスファルト塊のリサイクル率を2005（平成17）年度には98%とすること，廃木材のリサイクル率は同じく60%とし，2010（平成22）年には65%とすることを目標として掲げている。

　すでに公共事業においては，発注段階からリサイクルを義務づける等の指導を行ってきたことが成果を上げ，全体としてのリサイクル率は高まったが，上述のように受け皿が未整備なために進まないものもある。

　特に廃木材のリサイクルを推進するためには，マテリアルリサイクルだけでは限界があるため，単純な焼却処理ではなく適切な施設で燃料として活用していく方策を検討することも不可欠である。なお廃木材については，CCA木材（クロム，銅およびヒ素化合物系の防腐剤で処理された木材）があることが，リサイクルを困難にしている要因の一つでもあり，適正処理のためのシステムや技術開発が必要である。

9　食品廃棄物[*9]

　環境省の資料によると，食品廃棄物は一般廃棄物と産業廃棄物を合わせて年間約2000万トンで，堆肥化等のリサイクルされている率は0.3%にすぎない（平成8年度の統計から推計）。食品リサイクル法によって，大量発生事業所については減量・リサイクルが義務づけられた。また任意に取り組んでいる事業所も増えてきている。

　食品廃棄物のリサイクルの方法としては，生ごみ処理機によって発生源で処理する方法と，食品廃棄物だけを分別収集して堆肥化施設等で処理する方法に大別される。生ごみ処理機は家庭用，事業所用があり，家庭用については多くの自治体が補助金を交付して普及に努めている。

　生ごみ処理機は，生ごみ（食品廃棄物）を攪拌しながら発酵させ，発酵熱

で水分を蒸発させ，発酵したものを堆肥として使うというものである。堆肥化よりも減量効果をうたい，生ごみ分解消滅機と称している機器もある。また家庭用では電熱で乾燥するタイプもある。

　食品廃棄物の堆肥化は，富良野市や長井市などでごみ処理の一環として行われてきたが，失敗したところも少なくない。堆肥としての品質の問題や需要が少ないこと，あるいは需要期が偏ること等いろいろな問題がある。また，生ごみ処理機で処理したものは，完熟させなければ堆肥としては使えない等の問題もある。食品廃棄物の量を考えても，これらを堆肥化しても果たして需要が見込めるかどうかが課題である。

　堆肥化以外の方法としては飼料化がある。堆肥化と同様に発酵させたり，破砕して熱処理，乾燥させる方法等がある。飼料の用途としては，魚の養殖，養豚などがある。養豚の方が堆肥化より大量に処理できることや毎日安定的に需要が見込めるというメリットがある。配合飼料に一部混ぜて与える方法で，肉質には問題がないという研究もあるが，安全性の問題など解決すべき課題もある。

　いずれにせよ，法律が先行しているものの，現実にはリサイクルの受け皿は開発途上にある。

第4節　リサイクル促進の課題

　循環型社会を実現するための制度設計には，さまざまな課題がある。政策手段としては，規制的手段や誘導的手段があり，市場のシステムを通して事業者や消費者の行動を誘導していく拡大生産者責任（EPR）や経済的手段の導入が注目されている。

　このような課題については次章で詳しく解説されているので，本節ではリサイクル産業の育成やインフラ整備という観点から，若干の課題についてふれておきたい。

1 再生資源業界の支援・育成

(1) 再生資源業界の課題

　古紙やボロ，空きびん，鉄屑，非鉄屑等の再生資源を扱っているのは，伝統的な再生資源業界である。この業界は長い歴史をもつ業界だけに独特の商慣習をもっており，それ故に経営の合理化，物流システムの情報化や効率化が立ち遅れてきた。

　回収業者は個人による小規模零細業者が多く，問屋は比較的規模は大きいというものの社員が100名以上いる業者は少ない。東京都が1992（平成4）年に行った調査では，都内の回収専業者の約70％が従業員5人未満で，直納問屋でも5人から10人未満が約30％を占めている。[10]

　製紙産業や製鉄産業など再生資源ユーザーが合併や経営統合し，業界が再編されるなかでも，問屋の合併等はほとんど行われておらず，経営基盤の弱体な業界体質は依然として残ったままである。再生資源の輸出を視野に入れて，国際的な競争力をつけていくためには，問屋の経営基盤の強化やストックヤード等の設備の集約，物流効率の向上が特に求められる。

　また末端の回収業者は，行政の補助金や行政回収の下請け等によって行政依存を高めているが，一方ではサービス業としての需要が高まっている。事業所から処理費を受け取って回収したり，単なる行政の業務の下請けではなく，専門的なノウハウによって効率的かつ質の高いリサイクルを実現する等である。事業所からの古紙回収では，機密書類を破砕して回収したり，製紙メーカーのパルプ溶解釜で溶解した証明書を発行するサービスを提供しているところもある。行政回収では回収できなかったリユースびんを，民間業者では回収してリサイクルの質を高めている例もある。

　いずれにせよ，付加価値のそれほど高くない再生資源の回収を，売買益だけで賄っていくことは長期的にはますます困難になると思われる。サービス業として生き残っていくためには，宅配業者など大手の運送業者や廃棄物収集業者なども競合相手となる。こうした状況をふまえて回収業界も協同組合

化などを進めているが，回収業界の将来は多様なニーズに応えられるサービスを提供できるかどうかにかかっている。

(2) 再生資源業界の支援・育成

新たなリサイクル産業を育成する施策としては，エコタウン事業[2] (p.234参照) などがあるが，既存の再生資源業界の支援・育成策はほとんど行われていない。リサイクルの実態は中小零細業者が支えており，こうした業界に対する支援，育成策を講じる必要がある。

特に都市部ではストックヤードが減少の一途をたどっており，物流コストが増大する要因になっている。古紙問屋や鉄屑問屋が保有するストックヤードは，いうならば循環型社会のインフラであるはずだが，地価の高騰や周辺環境が住宅化する等の理由で郊外に移転したり規模の縮小を余儀なくされてきた。そのために在庫能力が減少し，市況変動の影響が大きくなったり，回収効率が悪くなったりする等の問題がある。こうした点をふまえて，協業化に対する支援やヤードの集約，経営効率化・近代化への支援等の施策が求められている。

2 「静脈物流」基盤の整備

再生資源業界の保有するストックヤードは物流の拠点として重要な役割を果たしているが，加えて全国規模でリサイクルのための物流基盤の整備を図っていく必要がある。

製品の物流すなわち動脈の物流には，流通団地やトラックターミナルなど種々の物流インフラ整備が行われてきた。しかし再生資源は製品とは荷姿や扱い方法，量が異なるため，動脈の物流とは別にインフラ整備が必要となる。

---

2) エコタウン事業：リサイクルや廃棄物処理産業を集積させ地域振興を図ることを目的として，1997 (平成9) 年に創設された国の補助事業。北九州市 (自動車，家電，OA機器等のリサイクル施設や研究施設)，川崎市 (難再生古紙リサイクル施設等)，札幌市 (廃プラスチック油化施設等) 等が指定されている。

物流コストはリサイクルに要するコストのなかでも大きな比重を占めるため，リサイクルの効率化を図るためには静脈の物流基盤の整備が必要である。

国土交通省では港湾を核とした静脈物流拠点整備を政策として掲げており，2002 (平成14) 年5月に拠点港を「総合静脈物流拠点港 (リサイクルポート)」に指定している (第一次指定：苫小牧港，室蘭港，東京港，神戸港，北九州港)。リサイクルポートは，古紙や鉄屑などを価格競争力のある国際商品として位置づけ，それを支援しようというものである。

リサイクルの国際化や，適切な技術や設備を有する地域に，廃棄物等を効率的に国内輸送するためには，港湾の活用だけでなく，内陸においても物流拠点・ターミナルの整備や鉄道利用などによる物流効率の向上が必要となるであろう。

3 既存産業設備の活用

古紙や鉄屑など，古くからリサイクルされてきた品目に加えてプラスチック等の新たな物質のリサイクルの受け皿整備が必要である。そのためには新たな技術開発，用途開発が必要であることはいうまでもないが，既存の産業技術の応用という点にも，もっと目を向ける必要がある。

すでに，プラスチックは高炉還元やコークス炉原料としてのリサイクルが進んでおり，タイヤや下水汚泥はセメント炉で燃料，原料として利用されている。都市ごみ焼却炉の焼却灰も「エコセメント」としてセメント原料に使われている。重金属を含む焼却飛灰は，精錬工場で有用金属を回収することができる (山元還元と呼ばれる)。

わが国にはすでにさまざまな産業設備のストックがあり，こうした設備を積極的に活用していく必要がある。そのためには既存産業に対するリサイクル事業進出への支援策や，廃棄物規制の緩和等，制度の見直しも必要となるであろう。

4　再生資源，再生品の品質規格

　建設廃棄物や食品廃棄物等，従来はほとんどリサイクルされてこなかったものまでリサイクルが求められるようになってきているが，リサイクルを促進するためにはユーザーが安心して再生品を使えるような品質の保証や品質規格の統一が必要である。具体的には，エコセメントや再生骨材等のJIS規格化が望まれる。

　またリサイクルの国際化を前提にすれば，価格面や品質面で再生資源の国際競争力を強化する必要がある。そのためには，国際的な貿易ルールの確立と同時に，国際的な品質の規格統一なども必要となる。

（山本耕平）

参考文献およびウェブサイト

* 1　㈶古紙再生促進センターホームページ　http://www.prpc.or.jp/
* 2　経済産業省：繊維製品リサイクル懇談会報告書（2001）
　　　㈱ダイナックス都市環境研究所：中古衣料リユースビジネスモデルに関する調査・検討報告書（2002）
　　　㈱ダイナックス都市環境研究所：ドイツにおける繊維製品リサイクルの現状（2001）
* 3　スチール缶リサイクル協会：スチール缶リサイクル年次レポート　2002年版
　　　スチール缶リサイクル協会ホームページ　http://www.rits.or.jp/steelcan/index.html
* 4　アルミ缶リサイクル協会ホームページ　http://www.alumi-can.or.jp/
* 5　全国びん商連合会：リターナブルびんの社会的定着をめざす業界ビジョンおよび実現方策報告書（2001）
　　　ガラスびんリサイクル促進協議会ホームページ　http://www.glass-recycle-as.gr.jp/
　　　全国びん商連合会ホームページ　http://www.zenbin.ne.jp/
* 6　ペットボトルリサイクル推進協議会：ペットボトルリサイクル年次報告書　2002年度版
　　　ペットボトルリサイクル推進協議会ホームページ　http://www.petbottle-rec.gr.jp/movie.html

*7 産業構造審議会:品目別・業種別廃棄物処理・リサイクルガイドライン (2001)
    プラスチック処理促進協会ホームページ http://www.pwmi.or.jp/home.htm
*8 国土交通省:建設リサイクル推進計画2002 (2002)
    国土交通省リサイクルホームページ http://www.mlit.go.jp/sogoseisaku/region/recycle/refrm.htm
*9 横浜市食品循環資源飼料化研究会:食品循環資源(生ごみ)飼料化調査事業報告書 (2001, 2002)
    廃棄物研究財団:生ごみ処理に関する基礎資料集 (2002)
    ㈶外食産業総合調査研究センター:外食産業廃棄物循環システム支援事業報告書 (2002)
*10 東京都清掃局:資源回収業者の育成・支援方策調査報告書 (1993)

第7章
循環型社会システムへの課題

　廃棄物問題やリサイクル問題の議論のなかで,「循環型社会」という言葉はキーワードのように用いられている。しかしこの言葉が具体的にどのような社会を示しているかということになると, 必ずしも意見は一致せず, また明確な答えの得られないことが多い。本章の目的は, 筆者なりに循環型社会のイメージを描き出し, 循環型社会構築のための手法および施策を提示することになる。

　第1節では循環型社会とはどのような社会かについての素描を行う。第2節では循環型社会を構築するための手法ならびに施策について論じる。最近, 有効な施策として拡大生産者責任という政策概念が経済協力開発機構 (OECD) より提示された。第3節ではこの概念について独立した節を設け吟味・検討する。循環型社会の国際的側面に関して論じたのが第4節である。国際的な枠組みのなかで循環型社会のレジームを構築する重要性が述べられる。

第1節　循環型社会とはどのような社会か

1　循環型社会とは

　循環型社会という言葉は最近では多くの機会に聞かれるようになった。このほか，例えば「資源循環型社会」あるいは「循環型経済社会」という類似の言葉も頻繁に使われている。どれも内容に本質的な相違はないと思われるので，ここでは「循環型社会」という言葉をもってこれら類似の言葉の代表と考えることにしよう。

　そもそも循環型社会とはどのような社会を指すのであろうか。この点について法律的な観点から少し探ることにしよう。2000（平成12）年という年は，日本の廃棄物・リサイクル行政にとって画期的な年であった。廃棄物の処理及び清掃に関する法律（廃棄物処理法やリサイクル法（現在，資源有効利用促進法と呼ばれている））が改正され，また，新たに個別リサイクル法として，特定家庭用機器再商品化法（家電リサイクル法），建設工事に係る資材の再資源化等に関する法律（建設資材リサイクル法），国等による環境物品等の調達の推進等に関する法律（グリーン購入法）が成立した。

　これらの法律を束ねるというべき上位の法律として，同じく2000（平成12）年に成立したのが「循環型社会形成推進基本法」である。この法律は，上に述べた法律を統括する基本法という点で，また，この法律は後述する拡大生産者責任や経済的手法などについて明確に触れているという点で注目すべき法律である。しかしそれ以上に，この法律がはっきりと「循環型社会形成」をうたい上げている点に留意すべきように思われる。それまで日本のどの法律にも資源の循環利用について規定する法律がなかったからである。

　それでは同法は，資源循環型社会をどのように規定しているだろうか。同法によれば，循環型社会とは，「製品等が廃棄物等となることが抑制され，並びに製品等が循環資源となった場合においてはこれについて適正に循環的な

利用が行われることが促進され，及び循環的な利用が行われない循環資源については適正な処分が確保され，もって天然資源の消費を抑制し，環境への負荷ができる限り低減される社会」ということになる（同法第2条）。

　以上の部分に引用されている循環型社会の条件を分解して述べてみよう。第一に，廃棄物の発生抑制が社会経済システムに組み込まれているということである。すなわち製品（生産物）の設計・生産段階で当該製品が廃棄物になりにくいような配慮がなされているということである。具体的には，製品の長寿命化や長期使用，部品や素材の繰り返し利用などが例として挙げられる。簡単に言ってしまえば，廃棄物を元から絶つという発想に他ならない。製品の開発段階から環境負荷を小さくするように配慮した設計のことを環境配慮設計（Design for Environment, DfE）というが，環境配慮設計は循環型社会形成の第一のポイントなのである。

　第二に，使用済みになった製品が廃棄物として中間処理・埋め立て処分されるのではなく，資源として再び経済の生産過程に投入され，環境負荷を増加させることなく有効に資源利用されるということである。素材の再生利用（狭い意味でのリサイクル）がその典型的な例として挙げられる。古紙や鉄スクラップは，生産過程・消費過程から残余物として排出される物だが，その多くが一定の処理を施された上で再び資源として生産過程に投入されている。

　第三に，生産過程や消費過程から排出される残余物が再生資源として利用されない場合でも，それが環境負荷をもたらさないように適正に処理され，なるべく最終処分場を用いないような方法で処理されるということである。残余物を廃棄物として中間処理（焼却や破砕など）を行うにしても埋め立てるにしても，必ず環境負荷が生じる。この環境負荷をより小さくすることが求められている。

　第四に，以上のことが的確に遂行された結果，天然資源の投入量が削減され，他方で環境負荷が抑制されるということである。ただしこのことは経済の発展を抑制するということを必ずしも意味しない。同じ経済的な豊かさを

もたらすとしても，なるべく天然資源の投入量を抑制しようということなのである。経済的豊かさはモノそのものにあるのではなく，モノからもたらされる効用にある。技術・制度・市場の工夫によって，天然資源（素材やエネルギー）の投入をなるべく小さくしながらなるべく大きな効用を引き出そうというのが循環型社会のねらいといえよう。

　一見ムシのよさそうな話に思えるが，決してそうではない。経済の発展とは物量的なモノの増大をあらわすものでは決してないということに思いをはせるべきである。既に第1章で述べたように，江戸時代は経済・文化とも発展を遂げた時代であったが，同時に日本独特の循環型社会を構築した時代でもある。また一部のヨーロッパの国々はこうした方向に進んでいる。したがって以上のような考え方は決して夢想の経済社会ではない。ただ，これまでとは違った形で知恵を利用し，叡智を結集しなければならないのである。

　さて，経済成長・発展という概念について大きな誤解があるのでここで少し述べておくことにしよう。経済成長とは通常国内総生産（GDP）の上昇を意味するものであり，したがって経済成長率とはGDPの上昇率である。ただし，現在先進国ではGDPの約70％以上が第三次産業の付加価値から成っている。つまりGDPで測られる経済の豊かさは，物量的なモノの価値だけによるのではないということである。

　一方，経済発展とは経済成長よりも広い概念であって，GDPで測れない質的な変化をも含んでいる。例えばIT技術が進展して，紙媒体で通信しなくてもE-mailという形で通信が可能になった。このことによって通信速度が著しく速くなり，一方で使用資源量が節約されたとしても，こうした便利さ（効用）はGDPには反映しない。このような例はいたるところに見出せる。現在ではなぜか多くの人々がGDP信仰に陥ってしまったため，経済発展の事実より経済成長の側面に気を取られるようになったのは残念なことである。

　循環型社会が実現して天然資源投入量が削減されたとしても，それによって経済が停滞するということにはならない。もちろん天然資源の投入をゼロにすることなどできはしないが，しかし現在よりも投入を節約しつつ適度な

経済成長を確保し，経済発展を享受することは決して不可能ではない。それは経済社会システムがどのようなものかによるのである。

2 分断型社会の現状と問題

以上の項で特徴づけした循環型社会という概念を基準としたとき，現在の経済社会はどのように評価されるだろうか。この項ではこの点について考えてみよう。

まず事実認識から始める。2002（平成14）年度の廃棄物の排出量は，一般廃棄物が約5000万トン，産業廃棄物が約4億トンである。この数字はここ数年変わっておらず，いわゆるバブル景気の時に上昇した量がそのままの状態で続いている。廃棄物の排出量は高止まりの状態であるといえよう。こうした状況は広く世界の先進国でみられる状況である。

従来，廃棄物の排出量は一般に所得の上昇に応じて増加してきた。仮に国民所得をGDPと同一視すれば，GDPの上昇すなわち経済成長とともに廃棄物排出量も増加してきたのである。[3] 本来景気が低迷して経済成長率が下がれば，それに応じて廃棄物排出量も減少してよさそうなものであるが，実際は減っていない。

その一つの大きな理由は，現代の市場経済メカニズムのなかに廃棄物の発生や排出を抑制するメカニズムが組み込まれていないということである。市場経済には，一定の満足度（効用）をもたらすのに資源投入を最小化するという特長があるのに，なぜ廃棄物の発生・排出抑制を促すメカニズムがないのであろうか。植田（1997）によれば，それは現代の市場経済が分断化されているからである。

これには少し説明が必要である。財やサービスの生産や消費に関わる経済は，独立した経済主体が市場を通して自由に交換することによって機能する。

---

3) 国内総生産（GDP）と国民所得は異なる概念であるが，ここでは同一視しても経済学的に問題はない。

アダム・スミスの言うように，個々人が勝手に自分の利益を追求して行動しても，市場メカニズムがうまく作用することによって，まさに「神の見えざる手」が働くがごとく，ある種の最適状態が達成されるのである。言わば経済が分断化しているからこそ経済がうまく機能すると考えられる。

しかし廃棄物の制御についてはそうはいかない。なぜなら，廃棄物の取り引きには市場がないか，あるいは市場があっても不完全である場合がほとんどだからである。こうした状況で，経済主体がバラバラで勝手な行動を行っても，廃棄物の処理・リサイクルは効率的に行われない。分断化経済の欠陥というわけである。

例を挙げてみよう。典型的な例は容器包装である（この点については第2章および第6章を参照）。容器包装は，元来それ自体が消費者によって需要されるのではない。本来の需要の対象は，容器包装に充填・挿入されている中身である。したがって中身が消費されると，容器包装は残余物になる。かつて天然資源の価格が高かった頃，残余物も資源として再利用ないし再生利用されることが多かった。

ところが，日本人の所得が相対的に高くなり，また外国為替市場で円が高くなると，外国から輸入される天然資源の価格は低くなる傾向の一途をたどった。再利用あるいは再使用するにせよ，費用がかかる。この費用が天然資源を一回限り（ワンウエイ）の容器包装として使う費用より高くなると，市場経済では費用の小さな一回限りの天然資源利用の容器包装が用いられることになる。

ここで重要なことは，容器包装が使用済み生産物として廃棄される場合，一般廃棄物として捨てられるということである。一般廃棄物の処理は通常税金によってまかなわれるから，廃棄の費用が消費者にも生産者にも感じられることはない。すなわち，廃棄という経済活動と生産という経済活動が一連の経済行為のなかで途切れているのである。こうして廃棄の費用を無視したワンウエイ容器が蔓延するようになる。

産業廃棄物の取り引き・処理には市場が存在するから，今述べたような問

題は起きないように思われるかもしれない。しかし実際はそうではない。なぜなら，産業廃棄物の排出者が廃棄物の処理を専門業者に委託する場合，処理の内容は排出者に伝わりにくいからである。通常の財やサービスの市場では情報が行き渡るため価格が財やサービスの質を測る目安になるが，産業廃棄物の場合は情報の伝達が難しいため，価格が処理内容の質を伝えない。したがって悪い処理が低コストにつながり，市場で選択されてしまう（このような選択のあり方を「逆選択」という）。[4]

こうした情報の分断による産業廃棄物の不適正処理の例は数多く見出せる。いわゆる産業廃棄物の不法投棄問題はその極端な例といえるだろう。残余物の海外輸出も類似の例である。国内で適正処理・リサイクルしようとすると費用がかかるが，発展途上国では有価物として販売することができるという使用済み製品が多い。これらの使用済み製品が海外で処理されるとした場合，その処理が適正か否かについて情報を得るのは困難である。適正処理されなくとも，ただ単に費用が小さいという理由によって，こうしたルートにモノが流れるのである。したがって，国内では廃棄物としてしか処理されないものが途上国で不適正処理されることになりやすいのである。

このような「逃げ道」が産業廃棄物にある限り，「正しい」処理・リサイクル費用は排出者に伝わらない。競争は「安かろう，悪かろう」という処理・リサイクルを促すのみで，適正処理・リサイクルを行う業者は市場で淘汰されてしまう。発生・排出抑制の動機づけが市場経済の取り引きのなかで生まれないのは当然のことといえよう。

一般廃棄物にせよ産業廃棄物にせよ，発生・排出抑制が促進されない取り引きメカニズムが経済のなかに組み込まれてしまっている。このため廃棄物の排出量は高止まりの状態が続いているのである。分断化社会を前提にしていくら適正リサイクルを促そうとしても，費用は高くなってしまい，他の不適正処理ルートがある限り経済的に無理のあることがわかる。

---

4) これは逆有償のモノ，すなわちバッズの基本的な特徴である。この点は，細田（1999）に詳しく述べられている。

3　大量生産は悪か

　現代経済のもう一つの特徴は大量生産・大量消費社会という側面である。大量生産・大量消費は，結果として大量廃棄につながる。したがってこの側面は分断型社会のあり方と深く関わっていることになる。この点について説明しよう。

　20世紀は先進国において資本主義経済が成熟化した世紀である。特に石油・石炭を中心とする化石燃料が大量に用いられ，それによって鉄や銅などの基礎的素材が大量に生産されるようになった。また基礎的素材の大量生産に支えられて，自動車や機械などをつくる加工組み立て産業が大きく発展した。物質的に豊かな時代の到来である。

　農業生産も大量生産の時代に入り，先進国では飢えからの解放が実現した。農業の生産性の上昇で忘れてならないのは，化学肥料や農薬の貢献である。化学工業が発展する以前は，土壌の質を保つには自然に頼るほかはなかった。自然のもたらす肥料（堆肥など）や休耕などによって地味を回復させることによって，土地の生産性を保持したのである。こうした方法によって穀物生産を増大させるには限界がある。生産量を増加させるためには，農耕地の拡大が必要だった。

　化学肥料や農薬が農業プロセスに投入されるようになると，状況は一転する。農耕地の拡大なしに，生産性を上昇させることができるようになった。人工的に地味を保つことが可能になり，一方害虫や病害に悩まされることも少なくなった。こうした技術進歩とあいまって資本主義的な生産方法が導入されるようになると，より効率的な生産が可能になった。

　20世紀は，それ以前の時代と比べて，人間の生活が物質面で格段に豊かになった世紀である。物質的な豊かさの恩恵は強調してもし過ぎることはない。これは否定できない事実だろう。

　しかし，大量生産のメリットはデメリットと裏腹の関係にある。生産プロセスや消費プロセスから排出される残余物が環境負荷をもたらし，これが自

然破壊や人間の生活の破壊を引き起こすようになったのである。公害，地球環境破壊，廃棄物問題，こうしたことは部分的には歴史のなかでしばしばみられたが，これほど差し迫った形で現象しているのは20世紀以外にはない。環境破壊は，大量生産・大量消費の一側面ともいえるのである。

　こうした認識から大量生産を罪悪視する見方がある。とりわけ廃棄物問題を考えるとき，大量廃棄の原因は大量生産・大量消費であり，こうした現代の経済システムを変えない限り廃棄物問題を解決できないと考えるのも当然であろう。また大量生産・大量廃棄を前提とした大量リサイクルにも疑問の声が上がっている。

　確かに発生・排出抑制のメカニズムが組み込まれないままの大量生産方式に問題があることは明らかである。なぜなら，どんなに適正処理・リサイクルしても処理残さは必ず排出されるからである。残さを埋め立てるための最終処分場の容量には限界があり，やがて残さの処理ができなくなるだろう。

　しかし，だからといって大量生産のメリットまで否定するのは飛躍である。大量生産のメリットを否定するということは，例えば，より高い価格で消費財を購入しなければならないことを意味する。たとえ長期使用によって単位期間あたりの費用を小さくするにしても，購入当初に支払う費用は高くなるわけであり，所得の高い層はこうした事態に対応できるかもしれないが，所得の低い層は対応に困難を覚えるだろう。

　例をあげて考えてみよう。テレビは今ほとんどの家庭が最低1台はもっている。1台当たりの価格が比較的小さいので，多くの世帯が購入できるのである。テレビによる害悪もないわけではないが，誰もがリアルタイムの情報を得られるという点では大きな便益をもたらしている。もしテレビを少量生産にすると，生産量にもよるが，価格上昇によって保有できる世帯の層は限られてくるだろう。

　逆の例を考えてみるとわかる。DVD装置は，従来型のオーディオ製品と比較すると高い。したがってDVDの普及率はまだまだ低い。世界でみても，DVDの消費量の大きい国は米国などの先進国であり，しかも消費世帯は比較

的富裕な層に限られている。すなわち，大量生産を活かしていないことからくる価格の高さのゆえに，限られた層しかDVDの恩恵を被ることができないのである。しかし，より大量生産が効くようになると，価格が下がり，多くの家庭がDVDの便益を享受できるようになる。

それでは今までの大量生産・大量消費がこのままでよいかというと，そうではないことは明らかである。このままでは廃棄物の処理で経済が破綻するといっても言い過ぎではない。問題となるのは大量生産・大量消費の度合いであり，大量生産のメリットを活かしつつそのデメリットをそぎ落とすことこそが重要なのである。

限られた層（富裕層）の人間しか車に乗れなかったり，ITの便益を享受できなかったりする社会は，やはり歪んだ社会といわざるを得ないだろう。多くの人々が平等にこうした技術進歩の恩恵を受けるためには，大量生産方式は必要である。しかし，廃棄されるときのことを考えずに大量生産を行うことは，いたずらに廃棄物問題を引き起こすだけのことである。

ここで見逃してならない点は，既に述べたように現在では先進国のGDPの70～80％は，第三次産業の付加価値から成っているということである。大量生産方式といえども，単なる物質的なモノの大量生産ではない。見えないモノの大量生産と結びついているのである。例えば，日本で生産される鉄は知識集約的で高品質の鉄が多い。携帯電話も重さが勝負なのではない。機能によって便益が得られる。つまり人間に効用を与えるのはマスとしてのモノなのではなく，効用を与えるモノなのである。

この点に注目するならば，発生抑制・排出抑制メカニズムを生産のより上流部分に組み込むことによって大量生産のメリットを活かしながら廃棄物の流れを制御することが可能になるように思われる。どのようにしてこれを実現可能なものにするかについては，おって述べることにする。特に拡大生産者責任という政策概念が重要になることがわかるであろう。

4　動脈経済と静脈経済のバランス

　以上に述べたことからわかるのは，環境問題ないし廃棄物問題の根本原因は大量生産そのものというよりも，大量生産の度合いや生産の中身であるということである。それと同時に重要なポイントは，経済の動脈部分と静脈部分のバランスが行き届いているかどうかということである。この動脈―静脈のバランスという考え方は循環型社会の基本であるので，ここで簡単に説明しておこう。

　万人が経済発展の恩恵を受け，豊かで健康な生活を営むには，上に述べたとおり，ある程度大量生産の特長を活かす必要がある。しかし無制約な市場に任せたままの大量生産方式には，廃棄物の発生・排出抑制のメカニズムが組み込まれておらず，このため早晩廃棄物問題を引き起こすことになる。

　法律や行政措置などで生産物が廃棄物になりにくい仕組み，すなわち発生抑制が経済社会に組み込まれていれば，廃棄物問題は生じにくい。しかしモノによっては発生抑制には膨大な費用がかかるため，排出抑制の方が適していることもある。そのような場合，再利用や再資源化によって廃棄物の発生抑制を実施する方が効率的であり，経済と環境の調和を容易に図ることができるだろう。

　排出抑制を行うには，そのための受け皿，すなわち経済的な仕組みが必要である。それを担うのが静脈産業である。静脈産業とは動脈産業の対になる言葉であり，動脈産業が資源投入――設計・生産――物流――販売――消費に関わる産業を指す一方，静脈産業とは残余物の回収・収集――再利用・再資源化・中間処理――適正処理――最終処分に関わる産業を指す。この二つの産業のバランスをいかに保つことができるかについては以降の諸節で展開するが，ここではバランスの重要性だけを述べよう。

　先ほど，現在の経済は分断化経済であり，一般廃棄物にしろ産業廃棄物にしろ，発生・排出抑制のメカニズムが組み込まれていないということを述べた。一般廃棄物の場合多くが税金による処理であり，産業廃棄物の場合取り

引きの市場はあるものの，廃棄物に「逃げ道」があるため市場が健全に発展していない。仮に廃棄物自体の環境負荷および廃棄物処理の環境負荷をも取り入れた真の費用（これを社会的費用と呼ぶ）が実現される市場，すなわち健全な静脈市場があるならば，市場経済のなかで廃棄物の発生・排出抑制が行われるだろう。

　循環型社会の構築には，動脈市場だけではなく静脈市場が健全に発達する必要があるということなのだ。ただ次のような問題がある。価格調整機構の備わった動脈経済の場合，あえて法的・行政的・自主的な規制を課さずとも，真の費用－便益が市場で実現する。しかし静脈経済の場合は，真の費用－便益が無制約な市場では実現しにくいため人為的に静脈経済を発展させる必要がある。ただひたすら待っていても健全な静脈市場はできない。

　この点に関するいくつかの例をあげて考えてみよう。かつてアスファルト・コンクリート塊（道路工事などで発生する残余物）は，産業廃棄物の安定型処分場（管理の最も緩やかな処分場）に埋め立てられていた。しかし，安定型処分場が枯渇し始めたため，埋め立て処分が困難になったのである。そこで国はアスファルト・コンクリート塊をリサイクルするためのリサイクル・プラント（クラッシャー・プラント）を全国に3000か所以上つくり，残余物として発生したアスファルト・コンクリート塊のリサイクルを進めた。

　この効果は絶大で，現在アスファルト・コンクリート塊は重量比で約98％のリサイクルが達成されている。それだけではない。かつては川から砂利をパワーシャベルで採り，トラックで長距離輸送して工事現場に輸送して道路工事に使っていたが，リサイクルされた再生砂利が用いられるようになったため，川砂利の投入が少なくなったのである。すなわちアスファルト・コンクリート塊のリサイクルによって最終処分場を節約しただけではなく，川砂利という天然資源の投入量を節約することができた。

　国などの公共機関が介入しなくても動脈と静脈のバランスの取れた分野も存在する。例えば鉄がそうである。鉄は大量生産の象徴であり，また基礎素材の象徴でもある。鉄がなければ私たちは健康で豊かな生活を営めない。し

かし，鉄が大量に生産され，経済のなかにストックとして蓄積されてくると，必然的に老廃物としてのスクラップが排出される。鉄スクラップは再び鉄の生産のための資源として投入される（主に電炉に投入される）のだが，こうした取り引きは市場によって行われてきた。

　鉄スクラップは有価物であり，相場はもちろん変動するが，他の天然資源と同様に取り引きされてきたのである。むしろ経済が発展する時期には鉄スクラップは必需品であり，日本もかつて大量に輸入していた。鉄に関しては比較的動脈と静脈のバランスがよかったのである。しかし，経済が一定の発展段階に到達すると，鉄スクラップの需給バランスが崩れてくる。一国内では資源として需給を調整するのが難しくなり，これまで資源であったものが廃棄物化するおそれさえあるのである。

　このことは紙についても当てはまる。紙は，これまで比較的動脈—静脈のバランスがよく，古紙は市場のなかでリサイクルされてきた。しかし，需給バランスが崩れると，無制約な市場で滞りのないリサイクルを行うのは難しくなる。1997（平成9）年の春先，古紙の需給バランスが崩れたため，それまで資源として回っていた古紙の一部が逆有償化したのである。逆有償ということは，古紙が資源というより廃棄物の性格が強くなったことを意味する。

　しかしその後製紙会社が脱墨技術（古紙からインクを取り除く技術）を発展させ，古紙パルプ投入用のプラントを導入したため，今度は古紙への需要が拡大することになった。現在では古紙の需給バランスが逼迫したため，古紙の相場が上がっている。製紙会社が古紙の獲得に困難を覚えているという新聞記事もみられるほどである。

　このように動脈経済と静脈経済のバランスを保つのは容易なことではない。特に動脈市場の規模に比べて静脈市場の規模は小さいため，動脈経済の影響をまともに受け，相場の変動が著しいのである。この不安定な要因が大きいので，静脈ビジネスはなかなか難しいといわれている。静脈経済を充実させて動脈と静脈のバランスを保つには，的確な静脈産業政策が必要だろう。

第 2 節　循環型社会構築のための方法

　本節では，以上に述べたことを踏まえて循環型社会構築のための方法について検討する。ここで重要になるキーワードが，レジームという概念である。レジームとは，法律，行政制度，行動規範，慣行などの人間行動を規制する枠組みのことである。体制というと政治的なにおいがするし，制度というと固い仕組みをイメージしやすいので，あえてレジームという表現を用いる。レジームのあり方は，経済システムのあり方と深く関連する。すなわち，循環型社会レジームは，動脈経済と静脈経済のバランスに大きな影響を与えるのである。

I　循環型社会レジームの現状と問題点

　現在，循環型社会形成推進基本法などをはじめとするさまざまな法律づくりによって，循環型社会レジームの構築が模索されている。第 2 章で，循環型社会レジームの法的な側面について詳しく論じたので，ここで繰り返し説明することはしない。簡単に現行のレジームの問題点についてのみ触れることにする。

　まずはじめに，法的な側面のみがレジームすべてではないということに十分注意する必要がある。法律はレジームの中核となるものであり，日本が法治国家である以上人間の行動は法律によって規定されるのが当然である。しかし，法律は人間の行動，あるいはより特定化していえば経済主体の行動のすべてを規定できない。法律は，広い枠組みを与えるのみなのである。したがって全く同じ法律のもとでも，当然経済主体の行動は違ったものにもなり得る。社会制度や慣行・風習，モラルや行動規範が異なれば，経済主体の行動も異なるだろう。また法律（政省令を含めて）の解釈が行政区域によって異なることも十分ある。

次に重要なことは，技術や経済は常に進化するものだが，それに比べてレジームの進化は遅く，進化の程度にアンバランスが生じるということである。マルクス流にいえば，上部構造と下部構造との間に矛盾が生じるということになる。やがてこの矛盾は拡大し，経済主体の間に軋轢が生じ，変革の動きが表面化する。循環型社会レジームについてまさにこのことが起きているのである。

レジームに関する以上の二つの点は相互に連関しており，今後循環型社会を構築するに際して留意しなければならない。この点について少し説明しよう。

これまでの廃棄物レジームの考え方は，出てきたごみをいかに衛生的に処理するかということを中心にして展開してきた。1900（明治33）年に成立した汚物掃除法，1954（昭和29）年に成立した清掃法，1970（昭和45）年に成立し現在も改正が重ねられている廃棄物の処理及び清掃に関する法律（廃棄物処理法ないし廃掃法），これらすべて「廃棄物の処理」に関する法律であって，廃棄物レジームに関わる法律なのであった。

このレジームの考え方は，実は経済構造を色濃く反映したものであった。出てきたごみを処理する経済システムは近世より成立しており，保健衛生上の視点を付け加えれば既得権益の保護の観点からしてもそれで十分であったのである。むしろ従来型の処理システムを利用する方が効率的だったとさえいえる。

近代資本主義が成立しても廃棄物レジームの構造は基本的に従来型のままであった。排出されたごみを従来の処理システムのなかで衛生的に処理するという考え方が踏襲されてきたのである。しかし動脈経済は，静脈経済と比べてはるかに進化してしまった。化学的に合成された素材や製品，複雑な加工組立型の製品，そして処理や扱いに困る有害物質などが市場に行き渡るようになった。

豊かな資本や先進的な技術，そして優れた人材は，ほとんど一部の動脈経済に投入された。そうした経済状況の中で従来型の廃棄物レジームは有効に

機能するはずがない。単に，出てきたごみを処理するという発想では，まず量的な面で追いつかなくなる。現在一般廃棄物の排出量が年間約5000万トン，産業廃棄物の排出量が年間約4億トン，これを従来型の発想のもと，未成熟な静脈産業で処理することは難しい。

だからといって，従来型の廃棄物レジームは発生・排出抑制を促進するようにできていないのである。すなわち，適正処理の観点からも，また発生・排出抑制の観点からも手詰まりの感が否めなかった。実際，最終処分場は枯渇し始め，埋め立て処分料金は上昇の一途をたどっている。一方，中間処理のための費用も高騰を続けている。産業界も行政もそして市民も，現行の廃棄物処理の概念に困難を覚えている。すなわち，経済のあり方と廃棄物レジームのあり方の矛盾が，さまざまな場所で感じられるようになったのである。

2000（平成12）年という年に循環型社会形成推進基本法という法律ができ，資源循環をうたい上げたのも，こうした矛盾を克服し，廃棄物レジームを循環型社会レジームに進化させるためといえよう。基本法に加えて，各種個別リサイクル法も成立し，循環型社会レジームを構築するための法律的な側面はかなり充実したのである。

しかし前述したように，レジーム構築にとって法律は必要条件ではあるが十分条件ではない。つまり循環型社会形成推進基本法をはじめとする各種リサイクル法は，循環型社会をつくるための最低限の措置なのであって，その他のレジーム構築要因を整えなければ真の意味での循環型社会は構築し得ないのである。

この点を直感的に説明すれば，次のようになる。市町村が，出てきたごみ（一般廃棄物）はいつでも速やかに，しかもタダで処理する限り，市民の行動様式は変わらないだろう。ごみを捨てるという負担感は生じないから，以前と同じようにごみを出し続けるだろう。

同じことは産業廃棄物にも当てはまる。従来どおり産業廃棄物処理のルートに逃げ道があり，しかも処理業者がダンピングしてまでも廃棄物処理を請け負うような慣行がある限り，発生抑制・排出抑制は促進されない。いくら

法体系を整えても，その他のレジーム構成要因に変化がなければ，法律の効果はそがれてしまうのである。

レジームのあり方は経済構造と深く関わっている。とりわけレジームは，所得分配構造，あるいは既得権益構造によって制約を受けている。他方レジームは，経済の進化には制約要因として作用する。お互いが影響を与えながら進化するのが経済とそれを支えるレジームなのである。両者が調和的であるならば問題はないが，循環型社会の構築という点に関しては，レジームは経済の進化に遅れているのでる。

経済構造と循環型社会レジームは相互に深く連関しているため，急激にレジームを変革するのは容易ではないだろう。さまざまな措置を経済構造とレジームに組み込むことによってはじめて両者を調和的に進化させることが可能になる。

2　経済的手法とその有効性

循環型社会レジーム構築のための有力な手法とみられているのが，いわゆる経済的手法である。経済的な動機づけを利用しながら廃棄物の発生・排出抑制を促し，資源効率性を高めようとするのが経済的手法の基本概念である。既に繰り返し述べたとおり，廃棄物の発生・排出抑制がうまく機能しないのは動脈経済と静脈経済のバランスが悪いためである。現代経済では静脈市場が未発達であるからアンバランスが生じるのも当然なのである。

それならば市場による価格機構の代わりに人為的な価格を用いて費用－便益を取り引きに反映させれば，静脈経済が活性化し発展すると考えるのは自然なことであろう。廃棄物問題に限らず環境問題の根本にある問題は，経済の取り引きに真の環境費用が反映されていないということなのである。現在，環境問題解決の有力な手段として経済的手法が議論の話題になるのは，こうした理由からである。

例えば家庭系の廃棄物を有料化するという手法がよく話題になる。上水や

下水にも料金制が適用されているのだから，廃棄物処理にも料金制を適用するのは理に反したことではない。何よりも，ごみの減量に努力した人も，ごみをいくらでも排出する人との間で費用負担に差がないということは奇妙である。確かに昔はほとんどの家庭でのごみの排出に大きな差はなかったようで，そうした場合市町村が税金によってごみ処理費用を賄っても不合理なことではない。

しかし現代の経済は状況が異なる。単身世帯と4人家族世帯では1人当たりのごみ排出量は大きく異なる。当然後者の方が1人当たりのごみ排出量は少ない（表7-1）。ペットボトルを使う人と使わない人との差も大きいだろう。環境問題に意識の高い市民は集団回収などにも積極的に参加し，ごみ減量の努力をする。このような違いは，税金によるごみ処理には一切反映しない。このように考えるとごみ処理の有料化は自然な流れである。

表7-1　東京都区部における一般廃棄物の排出原単位

世帯構成	排出原単位（g/人/日）
単身世帯	918.7
2人世帯	705.7
3人世帯	579.9
4人世帯	511.5
5人世帯	462.3
6人以上	416.2

注　この量には，資源ごみ収集や集団回収量は含まれない。
出典　東京都清掃局「排出源等ごみ量性状調査」（平成10年3月）

しかしごみ処理を有料化すると必ずごみの排出量が減るかというと，必ずしもそうでないようである。植田・喜多川（2001）には，ごみ処理有料化に関するこれまでの研究が簡潔にまとめられている[5]。それによると，ごみの排

---

5)　植田・喜多川（2001）pp.47-50参照。

出量は処理料金に対して必ずしも弾力的ではなく，社会構造や所得の伸びに大きく依存するということである。ごみ処理を有料化した当初は排出量も下がるものの，またもとの水準に戻ってしまうというようなことも見受けられる。

　一般廃棄物の場合と同じように産業廃棄物に課税するという考え方が最近自治体に広まっている。産業廃棄物の排出量がなかなか減少せず，最終処分場が枯渇する事態に業を煮やした自治体が課税政策をとり始めたのである。しかし，実際にこの制度が導入された自治体でも1トン当たり1000円程度と小さな額しか課されておらず，産業廃棄物税によってどれほど産業廃棄物の減量効果があるか疑問視する声もある。

　しかし産業廃棄物には「逃げ道」があり真の費用が経済社会に伝わりにくいことを考えると，なるべく真の費用に「近い」費用を実現しようとすることは意味のあることかもしれない。また課税による収入で発生・排出抑制のための措置が講じられるのであれば，税収の大きさにもよるが，ある程度の効果は見込めるであろう。

　そのほか天然資源の投入を抑制し再生資源の投入を促進するために，天然資源の投入に課税するという考え方もある。再生資源市場で再生資源への需要がなかなか伸びず，再資源化が滞ってしまうのは天然資源の価格が相対的に安いということが大きな理由となっている。よって，仮に人為的な方法で相対価格を変化させれば，再生資源にも十分な需要が出てくる可能性がある。

　もちろん天然資源に課税することは，GATT-WTOのルールに違反するおそれが大きいので，無条件に天然資源課税を行うことはできないだろう。しかし，投入資源の相対価格を何らかの方法で人為的に変化させて再生資源の需要を喚起させるのは一つの方法に違いない。

　ただ経済的手法には，先ほどごみ処理有料化について述べたような問題点のほかに，いくつかの問題がある。例えば一般廃棄物にせよ産業廃棄物にせよ，排出の段階で処理費用を徴収しようとすると費用負担を逃れて，不適正処理や不法投棄のルートに廃棄物が流出する可能性がある。

家電リサイクル法では，排出時にリサイクル料金を支払うことになっている。このため特にテレビなど，個人で持ち運びが可能な使用済み製品の場合，不法投棄につながりやすい。確かに日本の場合，排出時支払いにも関わらずテレビの不法投棄率（排出台数に対する不法投棄台数の比率）が2％程度にとどまっているのは驚きだとの見方もある。

しかし目に見える不法投棄だけではなく，目に見えない流れ，例えば発展途上国への不適正輸出の可能性を考えると，廃棄物の排出段階での費用徴収には問題が残るだろう。実際，使用済み家電製品や電子製品，いわゆるE-Wasteの処理問題は，現在世界で深刻な問題となっている。先進国のE-Wasteが適正処理・リサイクルが行われにくいような発展途上国に大量に流れ込み，途上国での汚染問題を引き起こしているとみられている。

後述するように，発生・排出抑制を促し，かつ不適正なルートに廃棄物が流出しないようにするためには，生産物連鎖のより上流部分での対応が必要になる。この点については第4節で述べることにする。

3 自主的取り組みとその有効性

循環型社会レジームを構築するためには，法的規制や法律によって裏づけられた経済的手法も重要であるが，一方経済主体の自主的な取り組みにも大きな効果があるということを忘れてはならない。むしろ法律的規制や経済的手法よりも自主的取り組みの方が望ましい場合さえある。

法律的規制や経済的手法は的確な形で設計され実施されれば強い効果をもち，発生・排出抑制に大きく貢献し得る。しかし，法律をつくるということは，官僚組織に権威を委ねることを意味する。もとより日本の官僚は優秀であることは否定できないが，官僚組織となるとこの点留保が必要である。法律策定の過程では組織の論理が働き，また縦割り行政が悪い影響をもつおそれが大きい。また官僚組織は政治の力に弱く，必ずしも民意を反映した形で政策が実行されない。

この意味で，無条件に法的規制や法に裏づけられた経済的手法に頼るのは危険である。むしろ，自由な裁量を活かしながら経済主体が伸び伸びと循環型社会づくりに参加し，貢献する方が問題が少ないかもしれない。もちろん，全く無制約に「自主的取り組み」を行っても，そこには約束したことを実行するための動機がなく，実現性に乏しいであろう。せめて業界による相互監視のもとに発生・排出抑制をすることが必要だろう。

この点，日本経済団体連合会（2003）の「産業廃棄物最終処分量削減目標の達成状況について」には，自主的取り組みに関する興味深い結果が載っている。一部その結果は図7-1として掲載した。2001（平成13）年度，日本経済団体連合会参加32業種の産業廃棄物最終処分量は，1990（平成2）年度と比べて約3分の1の1920万トンにまで削減されている。この削減の大きさは実に驚くべきものがある。経済的手法や法的規制のみによってこれだけの削減を行うことは容易ではないだろう。自主的取り組みのメリットが最大限発揮されたのである。

ただ，すべての側面で自主的取り組みが他の手法より優れているかとい

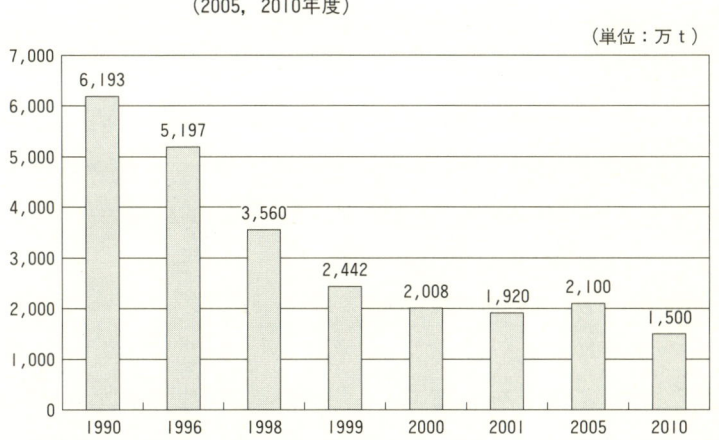

図7-1 　主要産業の産業廃棄物排出量実績（2001年度まで）と目標値
　　　　　（2005，2010年度）

（単位：万t）

年度	排出量
1990	6,193
1996	5,197
1998	3,560
1999	2,442
2000	2,008
2001	1,920
2005	2,100
2010	1,500

注　2001年までは実績値，2005年，2010年は目標値。
出典　日本経済団体連合会（2003）

とそうではない。自主的取り組みにはおのずと限界があるのである。自主的取り組みは、文字通り経済主体の裁量のなかで本来収益増加に貢献しないようにみえる活動（この場合発生・排出抑制）を行うことである。しかし廃棄物の発生・排出抑制を行う場合、とりわけ再利用や再資源化を行う場合、廃棄物処理法などの法律の制約を受けざるを得ない。しかし行動はあくまでも「自主的」なのだから、法律の適用の柔軟性を要求し、この制約を交わすことは困難である。

　具体的に言えば、廃棄物とみなされる残余物を扱う場合、廃棄物処理法に基づく業や施設の許可が必要となる。いくら残余物が資源として投入されても、市場ではマイナスの価格しか付与されない場合（つまり逆有償の場合）当該残余物は廃棄物とみなされる。廃棄物を運搬したり、それをプラントで処理したりする場合、前者には業の許可が、後者には施設の許可が必要になるのである。

　しかし、実際業の許可や施設の許可を得るのは難しい。仮にこうした許可を得たとしても、県境を越えて運搬したり処理したりする場合には、それぞれの県（ないし保健所設置市）で許可を得なければならない。それに加えて、許可を有していても、県境を越えて廃棄物を運搬する場合、ほとんどの県で事前協議を要請している。廃棄物を広域リサイクルしたくとも、事前協議で許可されないことも十分ある。

　このように、自主的取り組みにはメリットもあるがデメリットもあるのである。法律的な支えが全くない場合、自主的取り組みには大きな限界が現れるといってよい。この限界を乗り越えないと、自主的取り組みによる循環型社会レジームの構築は難しいだろう。

　法的な規制にも、また自主的取り組みにもそれぞれメリット、デメリットがある。それぞれのメリットを活かしデメリットをなくすような形での施策が必要である。その一つの方向は、ゆるい形での法的規制と自主的取り組み

---

6) 短期的には収益増加に貢献しないようにみえる活動が長期的には収益増加に結びつくということは十分にあり得る。

を組み合わせることである。例えば資源の有効な利用の促進に関する法律(資源有効利用促進法)という法律は，家電リサイクル法や容器包装リサイクル法のように，リサイクルシステムを構築するための法律ではない。同法では，「3R」（Reduce＝減量，Reuse＝再使用，Recycle＝再生利用）を促進するために特定の業種と特定の製品が指定されているが，具体的なシステムづくりはそれぞれの経済主体（産業）に委ねられている。

特定業種と定められた産業は，ガイドラインにしたがって3Rのための措置を講じることが要求されている。産業の自由度は大きいので，半ば自主的取り組みが求められていると考えることができる。古紙の例を取り上げてみよう。同法のガイドラインによれば，2001（平成13）年末に58.7％であった古紙利用率は，2005（平成17）年には60％にまで引き上げられることが要請されている(経済産業省2003)。この目標をどのように達成するかは，当該産業および関連主体の裁量に任されているのである。

資源有効利用促進法には，廃棄物処理法の配慮規定がある。規制法である廃棄物処理法は，廃棄物の動きに強い制約を課す側面があるので，3Rの促進を阻害する恐れがある。この場合，企業が3Rを実際に行うためにはその制約を緩めて行動しやすくするような措置が必要である。資源有効利用促進法のもとでは，こうした配慮が行われる。自主的取り組みだけでは循環しなかった資源（残余物）も，同法のもとで循環しやすくなるのである。

しかしながら，実際にはこの配慮規定はあまり強いものではなく，廃棄物処理法とのインターフェースでは，実効力があまり強くない。資源循環を滞りなく進めるためには，もう少し実際的な配慮を行うことが必要である。経済主体の自由度と法的な規制が矛盾することなく，しかもそれぞれのメリットが活かされなければならないのである。規制と自由度のバランスは，循環型レジーム構築の根本問題である。

第3節　拡大生産者責任

本節では循環型レジーム構築に際して重要となるもう一つの概念を検討する。それはOECDで発案された拡大生産者責任[7](Extended Producer Responsibility：EPR) という概念である。

1　拡大生産者責任とは何か

拡大生産者責任とは，生産物連鎖の上流部分で，生産者が使用後の生産物に対して一定の責任を負うという政策概念である。生産物連鎖は，動脈連鎖と静脈連鎖とから成る。動脈経済と静脈経済がバランスをとり，二つの連鎖がうまく接合されたときにはじめて循環型社会の構築は可能になる。この結び役を果たす政策概念が拡大生産者責任である。

拡大生産者責任の主要目的は以下のとおりである。
① 資源効率性の向上，すなわち天然資源の節約的利用
② 廃棄物の発生抑制・排出抑制，また廃棄物の適正管理
③ 持続可能な発展を促すための原材料使用の循環利用
④ 環境配慮設計（DfE）の実現
（OECD2001，邦訳p.20を一部改変。）

以上の目的は，すべて循環型社会の目的と重なっていることがわかる。拡大生産者責任は循環型社会構築の基本原理ともいうべきものなのである。

だが以上の①〜③までの性格は，循環型社会の直接的な目的なのでわかりやすいが，④は拡大生産者責任の目的である一方，それ自体が①〜③の目的を追求する手段ともなっており，いわば入れ子のようになっている。この点について若干説明しよう。

---

7) 拡大生産者責任についての詳しい解説は細田（2003）を参照。

①〜③までの目的要素は，それぞれが相互連関している。まず①と②の関係を見てみよう。天然資源の投入量を節約して資源効率性を向上させるためには，製品や素材の長期使用や長寿命化を実現しなければならない。製品や素材の耐用年数が長期化するということは，残余物が廃棄物として発生することを抑制することを意味する。また天然資源の節約は，再生資源の循環利用によって可能になるから，排出抑制が促進されることになる。

　次に①と③の関係を見ると，ここにも深い関わりがあることが見てとれる。持続的な資源利用とは，なるべく枯渇性資源を節約し，再生可能資源を長期的に維持しながら利用することである。当然これは天然資源の節約的利用を意味する。逆に天然資源の節約的利用が持続的な資源利用を意味することも明白だろう。

　このように①〜③までの目的要因は，相互に関連していることが理解できる。言い換えれば，三つの要因は，循環型社会の特徴を異なった側面からとらえているということなのである。しかし論理的な水準では同等なように見えても，実際の経済のなかでは意味合いは異なる。個々の主体が天然資源の節約的利用に努力しても，それが廃棄物の発生・排出抑制につながらない場合もあるのである。

　個々の主体が天然資源を節約的に利用しても，生産物連鎖が迂回的になることによって，逆に廃棄物の発生を促してしまうこともあり得る。例えば，天然資源の節約のために多量の再生資源を投入したため，逆に廃棄物の発生抑制が効かなくなるということも考えられる。例えば，古紙のリサイクルを推進することによって天然パルプの投入は節約されても，全体として紙の生産が拡大し，結局残余物が増加してしまうこともあるのである。したがって①〜③までの目的要因を並列することは，それなりに意味のあることと考えられる。

　一方④の目的要因は，①〜③までの要因とは次元を異にする。なぜなら，環境配慮ということ自体が，配慮すべき目的要因を有していることを示すからである。環境配慮の目的は，天然資源の節約的利用であり，また廃棄物の

発生・排出抑制であり，そしてまた持続的な資源利用である。もちろんこれ以外の環境負荷の低減もDfEの目的になるから，DfEはより広範な環境負荷の低減に間接的に貢献するといえるのである。

要約すると，DfEはそれ自体が拡大生産者責任の目的であるとともに，拡大生産者責任の他の目的およびそれ以外の環境負荷低減という目的を間接的に達成する手段でもあるのである。拡大生産者責任ガイダンス・マニュアル (OECD 2001) にはこのことが明確に記されていないが，それは論理的に当然の帰結といえよう。

次に，拡大生産者責任のもう一つの側面にふれよう。それは拡大生産者責任の，「責任」ということの意味合いである。ガイダンス・マニュアルによれば，責任の内容は，物理的な責任および／もしくは財政的な責任である。前者は，実質的に使用後の生産物の再利用，再生利用，適正処理について当該生産物の生産主体が責任を果たすということである。後者は，生産者が直接物理的な責任を果たす必要はないが，再利用，再生利用，適正処理のための第一次的な支払いをすることによって財政的な意味で責任を果たすことを要求している。

もちろん，当該生産者が物理的な責任および財政的な責任の双方を果たすことも考えられる。双方の責任を果たすとなると，生産者は相当重い責任を負うことになるが，それだけに発生・排出抑制の効果は大きくなる。

ただ問題は，そうすることによってかえって社会的費用が増加してしまうようであると拡大生産者責任の意義は薄れてしまう。拡大生産者責任はいたずらに費用を増加させることを求めていない。費用の増加は，資源の浪費を意味するからである。

したがってある場合には，責任の分担，適正な配分が必要になる。生産物連鎖のより上流に責任を課すといっても，上流には多くの経済主体が存在する。素材生産者もいれば，加工組み立て業者もいる。流通業も生産物連鎖のなかで重要な役割を担っている。さらに言えば，静脈連鎖の主体も大きな影響力をもつ。

仮に，加工組み立て業種で拡大生産者責任が果たされても，その効果が上流の素材産業まで波及しなければ発生・排出抑制効果もそがれてしまうだろう。またいくらDfEを動脈連鎖の上流で行っても，静脈連鎖のなかの主体がDfEを活かすように行動しなければ，DfEは実現しない。

このように拡大生産者責任を真に実現するためには，生産物連鎖上にある経済主体の連携・協力が必須となる。またそのような連携・協力を循環型社会レジームに組み込むことによって，より小さな費用で発生・排出抑制を実現できるのである。

2　なぜ拡大生産者責任なのか

それでは循環型社会の構築のためになぜ拡大生産者責任という政策概念が必要となるか述べることにしよう。このことは，これまで述べてきたことのまとめにもなる。

循環型社会の構築のためには，動脈経済と静脈経済のインターフェースがうまく接続されることが必要であると述べた。それによって動脈経済と静脈経済のバランスが保たれ，真の費用－便益が信号として経済に送られることになる。それでは，どのような方法によってスムーズなインターフェースの接続が可能になるのだろうか。

この点を検討するために，OECDが拡大生産者責任をどのように特徴づけているか見てみるのがよい。「OECDではEPRを，製品に対する，製造業者の物理的および（もしくは）財政的責任が，製品ライフサイクルの使用後の段階にまで拡大される環境政策アプローチと定義する。EPR政策には以下の二つの関連する特徴がある。(1)地方自治体から上流の生産者に（物理的および（または）財政的に，全体的にまたは部分的に）責任を転嫁する。(2)製品の設計において環境に対する配慮を組み込む誘因を生産者に与えること。」（OECDガイダンス・マニュアル邦訳p.11）

最初の特徴づけは，自治体から生産者へ廃棄物管理責任の一部または全部

の移行という点である。家庭系の廃棄物を中心とするいわゆる「都市ごみ」は，先進国で1980年代以降増加の一途をたどり，現在高止まりしている[8]。その大きな原因は，都市ごみの処理責任が排出者（すなわち市民）あるいは排出者に委託された市町村などの自治体にあるという点である。都市ごみにしろ産業活動から排出される廃棄物にしろ，多かれ少なかれ動脈連鎖の最終段階での責任，すなわち排出者責任が原則であった。

しかしとりわけ都市ごみの場合，このような動脈連鎖の最終段階における処理責任は，廃棄物の排出量を減少させる力をもたず，一方で処理費用を増加させる方向に作用することが明らかになってきた。図7-2は1989（平成元）年以降の日本における1人当たりの一般廃棄物処理費用の推移である。ここ10年にわたって費用が上昇し続け，現在高止まりしていることが見てとれる。

市町村などの自治体が税金を使って廃棄物を処理する限り，排出者（市民）にも生産者にも発生・排出抑制の動機は生じにくい。現に容器包装などは多

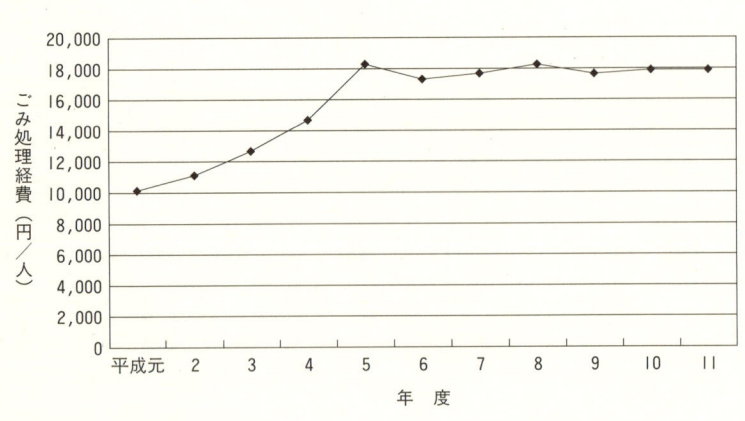

図7-2　1人当たりのごみ処理事業経費

出典　環境省総合環境政策局（2002）

---

8) ちなみに日本でいうところの一般廃棄物には，事業系の廃棄物や道路・空港の剪定ごみ，また粉末状の農薬などが含まれることがあり，都市ごみという概念とは異なっていることに注意すべきである。

様化，多素材化が進んだため，リターナブル容器にみられるような再利用可能性はほとんどなくなり，使い捨て容器が多用されるようになった。税金負担であるから，こうした動きに歯止めのかかるわけもない。税金で廃棄物を処理するということは，廃棄物になりやすい製品に補助金を与えるのと同じ効果をもつ。こうしたことが一因となって廃棄物の処理費用が上昇したと思われる。

　それでは前節で述べたように経済的手法をとればよい，という考え方が出るかもしれない。確かに，ごみの発生・排出抑制に協力し，積極的にリサイクルを行う市民と，そうでない市民との間に，費用負担の面で全く相違がないのはおかしい。ごみ処理の有料化は，循環型社会レジームを構成する一つの手法である。

　しかしごみ処理の有料化も動脈連鎖の最終段階で実施される手法であり，これが本格的に廃棄物の発生・排出抑制を促すかどうかは微妙な側面がある。仮に排出段階での課金が「廃棄の費用」の信号として，そのまま動脈連鎖の上流まで伝われば発生・排出抑制の役割を果たすだろう。だが，ごみ処理の正確な費用を料金として課すことは，実際上は難しい。自治体などの公共主体の会計は，民間企業のものとは本質的に異なるからである。

　またごみの組成によって処理費用・リサイクル費用は異なるはずであるが，組成別に料金を課すことも不可能である。結局費用は「丸めて」計算され，正確な料金が課せられることはなくなるのである。

　動脈連鎖の下流における経済的手法にはこのような限界があるのだが，さらに前に述べた拡大生産者責任を特徴づける2番目の性格となると，従来型の経済的手法はほとんど達成不可能ということになる。DfEを促すことによって，真に環境負荷の小さい製品づくりができるわけだが，これまでの観察によると，DfEを経済システムに組み込むことは容易なことではない。[9]

　少なくとも従来型の廃棄物政策を続けている限り，都市ごみを生み出すよ

---

9) 2002年12月，東京で開催されたOECDのEPRのワークショップでもこのことが話題になった。

うな生産物に関してDfEを促進することは難しい。生産者が使用後の製品の適正処理・リサイクルに責任をもつことによって初めて，設計段階からの環境配慮の必要性を感じるのである。

極めて興味深いことに，家電リサイクル法や資源有効利用促進法が施行されることによって，徐々にではあるが日本でDfEが進展している。例えば，最近では家電メーカーの設計者は家電リサイクルプラントをつぶさに観察し，どのように設計すれば廃棄物を削減できるのか，リサイクルを容易にできるのか検討し，既にDfEを始めている。同じことはパーソナルコンピュータにも当てはまる。

自動車についてもDfEが進んでいるように思われる。解体容易設計は既に一部の自動車について行われている。また重要なことは，素材メーカーとも連携しながらプラスチック樹脂の種類の減少（種類が少なくなればそれだけリサイクルも容易になる）や再資源化が容易な樹脂の開発などを行っている。

日本では理想的な形でEPRが実施されたとは言い難いが，それでもEPRのアイデアを部分的に反映した個別リサイクル法が実施されている。生産者は，こうした法制化にすばやく反応してDfEを取り入れ始めているのである。まさにEPRの目的が達成されつつあるといえよう。

ただどれくらいDfEが進展したのか，評価をするための客観的な指標が必要である。これまでの経済は，市場で測られる費用－便益が関心のほとんどすべてであったといっても言い過ぎではない。EPRが浸透した経済では，DfEが指標化されて従来型の費用－便益計算が環境保全的な観点から保管される必要があるように思われる。

3　拡大生産者責任の実施と問題点

拡大生産者責任は循環型社会レジームのための有力な武器となることが理解されたと思う。しかしEPRの実施には固有の難しさもある。理想的な形でEPRを導入するのは大変困難なのである。

拡大生産者責任は「政策概念」であるといった。すなわちEPRは定型化された一つのモデルがあるというわけではないのである。産業構造，生産物，法律や商慣行などの既存のレジームのあり方によって，具体的に採用される手法が異なるところに，EPR実施の難しさがある。日本とEU（ヨーロッパ連合）で同じ製品を対象としてEPRを実施するにしても，具体的に採用される個別手法ないし手法の束は違い得るのである。

各国の個別事情を考慮しながらEPRを導入する必要がある。しかも生産物は世界を回るため，国際的なレジームのインターフェースをも考慮しなければならない。一つに国にとって望ましいEPRの政策手法が他の国にとっても望ましいとは限らないのである。後述するようにEUはこの面で極めて戦略的に振る舞っているようにみえる。

もう一つ重要なことは，EPRは一つの手法によって実施するのが難しいということである。多くの場合，いくつかの手法を組み合わせることによって実施されている。ガイダンス・マニュアルによれば，EPR実施のための政策手法として次の三つが挙げられている。すなわち，

① 製品回収要求
② 経済的手法
③ パフォーマンス基準

である。また経済的手法もさらに細かく分類される。パフォーマンス基準も一通りではない。これらを組み合わせることによってEPRが実施されるのである。

ここで一つのことを注意しておこう。よく，EPRは価格上乗せによる処理・リサイクル費用徴収のことだという意見を耳にするが，これは正しくない。もちろん使用済み製品の適正処理・リサイクル費用を製品に上乗せする方法はEPRを実現するための経済的手法の一つであり，また重要な手法である。しかし，それは一つの方法にしか過ぎないのである。また価格上乗せによってEPRが即座に実現されるわけでもない。

次のような例をもって，この点を考えてみる。独占的な企業が非弾力的な

需要に直面しているとしよう[10]。ここでEPRイコール価格上乗せだとして，単に財政的責任のみを当該独占企業に課したとしよう。この独占企業はどのように振る舞うであろうか。単に製品の価格を上昇させるだけである。需要量も変化することなく，また独占企業の利潤も変化しない。単に処理・リサイクル費用は，製品に転嫁されただけである。物理的責任を負わないのであれば，結局この企業は価格転嫁だけを行ったことになり，EPRのどの目標も達成しないことになる。

以上の例は抽象的で非現実的な例に見えるかもしれない。そこで次のような，より現実的な例を考えよう。寡占市場だが，企業の入れ替わりの激しいような市場である。しかも製品の耐用年数が非常に長いような製品を例にとって考える。これは例えばFRP（ガラス繊維強化プラスチック）の小型プレジャーボートに当てはまる。さてこの製品に適正処理・リサイクルの価格を上乗せすることによってEPRを実施しようとしたとする。実態からすると，多くの生産者が上乗せによって徴収した料金をもって業界から撤退してしまうであろう。すなわち前取りされた料金がなくなってしまうのである。

企業が撤退する時点で国や業界がその費用を取り返せばよいという議論があるかもしれないが，それは不可能である。企業の動向を逐一監視することは市場経済では不可能であり，監視費用が膨大になってしまう。仮に監視することができても，当該企業が破産などによって撤退する場合，料金を取り戻すこともできない。訴訟を行うことも考えられるが，それこそその費用の方が大きくなってしまうだろう。

こうしたことへの対応として資金管理法人を設けることも考えられるが，実際その運営にも膨大な費用がかかる。耐用年数の長い製品に価格を上乗せして徴収した費用は長い間資金管理法人に蓄積されるから，この法人には極めて大きな責任が生まれる。自動車の場合のように，登録制度があり，新車と廃車との１対１の対応の確認が容易な場合は，比較的費用を小さく抑えら

---

[10] 大雑把にいうと，需要が価格に対して非弾力的ということは，価格の変化率に対して需要の変化率が極めて小さい状態のことである。

れるであろうが，一般的に応用できる方法とはいえない。

　製品に上乗せして徴収した費用を現在排出される使用済み製品の処理・リサイクルに使えば，今述べた問題点は解決される。しかしここにも問題がある。企業によって過去の販売量と現在の販売量に大きな差がある。かつて大量に販売した企業が現在少量しか販売しない場合，現在の製品に上乗せした価格で過去の製品の処理をするので，新製品1台当たりの料金が相対的に高くつく。逆に過去の販売量は少ないが現在は多く販売する企業は，新製品1台当たりの料金は低くなる。特に新規参入企業は，ほとんど負担がゼロになる。こうして，静脈費用を製品価格に反映させることによって，動脈側の競争条件が変わってしまうのである。

　今述べたことは，決して製品価格の上乗せがふさわしくないということを意味しているのではない。価格の上乗せだけでEPRが実施されるのではないということを言いたいだけである。繰り返し述べるが，拡大生産者責任は政策概念なのであって，それを実現する手法はさまざまであり，また各手法を組み合わせて用いることが重要なのである。

　実際，使用済自動車の再資源化等に関する法律（自動車リサイクル法）のように財政的な責任と物理的な責任を組み合わせる場合もあるであろうし，家電リサイクル法のように物理的責任のみを企業に課す場合もある。またEPRを実施するのに，法律的な枠組みを用意する場合もあるし，また自主的取り組みによる場合もある。小形二次電池の場合は，業界の自主的取り組みによって製品回収を行っており，財政的責任のみならず物理的責任も一部果たそうとしている。

　さてこの項の最後に，既に述べた自由度と法的規制のバランスがEPRの実施でも問題になるということにふれよう。現在，日本の少なからずの企業が環境貢献に前向きになり，EPRにも積極的になってきている。例えば使用済み製品の回収をも自主的に行う企業も今後増えてくるかもしれない。しかし，廃棄物処理法という事前規制法がここで大きな障害になるおそれがある。

　企業がEPRを実施するために，自ら費用を負担し，かつ物理的責任を果た

そうとしても，業の許可や施設の許可，さらには各自治体の事前協議などのさまざまな障害によってそうした動きが妨げられてしまうのである。責任と自由度は対（つい）の関係にある。EPRという責任を企業に課すならば，企業がその責任を遂行しやすいような環境をつくらなくてはならない。一方で規制によってがんじがらめに縛り，企業の自由度を妨げておきながら，EPRという責任を課すというのは，社会的に非効率的であり，環境先進的な企業の協力を得られないであろう。

EPR自体が循環型社会レジームの重要な構成要素なのだが，一方EPRを実施するために，従来のレジームを考え直す必要があるという点に難しさがある。すなわち従来型の廃棄物処理レジームとEPRは必ずしもうまく接続しない面があるのであって，従来型のレジームを相当修正しつつEPRを導入しなければ，循環型レジームの構築は難しいであろう。

4　今後の展開

拡大生産者責任は今後，廃棄物フローを制御し，廃棄物の発生抑制・排出抑制を行うための基本概念としてますます受け入れられるだろう。今のところEPR以上に効果的な循環型レジーム構築のための概念は見当たらない。EPRが受け入れられなければ，従来型の廃棄物処理レジームのもとでしか製品・使用済み製品の管理を行えないわけであり，廃棄物の発生・排出抑制は困難になるであろう。

しかし，前述したように，EPRが直ちに理想的な姿で現在の経済社会に導入できるというわけでもない。それではどうしたらよいのだろうか。第一に考えるべきことは，EPR導入に際しての時間軸の設定である。短期，中期，長期でEPRをより充実させるようにレジームの進化をさせるべきだろう。

例えば，ドイツの使用済み自動車のリサイクル制度では，解体業者に登録制度が導入された。解体業者は一定の構造基準（施設の構造上の基準）と性能基準もしくは技能基準（パフォーマンスに関する基準）を満たさなければ，

解体業者として登録できない。こうした制度によって静脈市場におおむね優れた解体業者が残ることになった。この制度が成熟するまでに7年以上かかったということである。

　一つの政策概念が実際の経済のなかで実現するのには時間がかかる。そして制度が当初意図した通りに機能し、また周辺状況の変化に合わせて変化するのにも時間がかかる。だとすると、EPRを実現するためには、時間の流れのなかでどのように発展させるのかを考えながら導入すべきである。容器包装リサイクル法も今後見直しを迫られるであろう。このままでは自治体の負担が過剰であり、生産者に廃棄の費用という信号が届かない。

　第二に重要なことは、EPRの評価を行うということである。ともすると日本人は客観的なデータを基にしないで、情緒的に行動しがちである。繰り返しになるが、EPRといえども、社会的費用の最小化を基本としている。費用をいくらでもかけてよいのであれば、EPRに頼らずとも製品・使用済み製品のフローを制御し、発生・排出抑制を実現することは可能であろう。しかし、それでは意味がない。EPRがいかに他の方法よりも費用が小さく、廃棄物の発生・排出抑制を達成したかという評価が必要である。

　もちろんその評価は難しい。もともと市場経済の貨幣評価になじまないものを評価することになるからである。家電リサイクル法のもと、冷蔵庫やエアコンの冷媒フロンの適正処理がメーカーに義務づけられた。今後は冷蔵庫の断熱材フロンの適正処理も義務づけられる。これによって成層圏オゾンの保護に大きく貢献するはずである。ただ、その評価は難しい。従来成層圏に到達したであろうフロンガスの量が減少するのでオゾン層が保護され、それによって有害紫外線の地表への到達量が減少する。がんのリスクも小さくなる。しかしこの貨幣評価がなされるにしても、実感しにくい。

　第三に、EPR導入のためには、従来の廃棄物処理レジームを支えていた他の要因を循環型レジームに合わせるように、修正することである。レジームとは法律・行政制度・行動規範・商慣行・風習など複合的な要因からなることに注意しよう。EPRは極めて新しい政策概念であるから、今、急に導入し

ても，他の要因と不調和を起こしてしまう。したがってEPRを導入する際には，徐々にEPRの阻害要因を排除しなければならない。

　企業がEPRを果たすべく，回収プログラムをつくり，自ら東京の湾岸地域にリサイクルプラントをつくろうとしたとする。全国からの回収プログラムを成功させるには，全国の3300の市町村から運搬の業の許可を取らなければならない。そしてリサイクルプラントをつくるには廃棄物処理法の許可，建築基準法上の許可，都市計画法上の要請と何重もの障害を乗り越えなければならない。これは中小企業にはほとんど不可能な要求である。

　現在，廃棄物処理法の改正が進められており，企業のイニシアティブによる広域でのリサイクルが容易になるような配慮（広域指定制度や再生利用認定制度の柔軟的な運用）が織り込まれようとしている。これまでどちらかというと，例外規定的であった制度をより伸縮的に利用しようというのである。こうした配慮は，より一層進めるべきものと思われる。

　最後に，企業も法律によって規定される以前に自主的努力によって自らEPRを実行することが望まれる。企業の生産する製品も日進月歩の勢いで新しくなり，産業構造も進化する。製品や産業が変わるたびに法律を改正したり新たにつくったりするのでは，社会的に費用が大きくなりすぎる。これまでに導入された個別リサイクル法のもとでのリサイクルシステムなどを参考にしつつ，自主的に製品回収プログラムやリサイクルプログラムを構築すべきであろう。もちろん，こうした自主的なEPRをしやすくするために法や行政制度の改革が必要なことは，先に述べた通りである。

第4節　循環型社会システムの国際的側面

　今や動脈経済は世界のすべての地域がつながっている。動脈経済が国際化しているのに，静脈経済の部分を世界から孤立させるのは無理がある。静脈側の資源循環も国際的な枠組みのなかで行う必要がある。しかしながら一国

内でしっかりとした循環型社会レジームが構築できていないのに、いきなり国際的な循環型社会レジームを云々するのは非現実的である。国際的な循環型社会レジームはどのようにして構築されるのか、まずEUを参考にして考えることにしよう。

1 ヨーロッパ連合（EU）の動き

　循環型社会レジームの構築という面では、ヨーロッパの国々とEUの対応は戦略的で極めて興味深い。今後の日本の対応の参考になるであろう。ここではスペースも限られているので、ヨーロッパにおける個別リサイクルの動きの解説に関しては他書に譲り、循環型社会レジームの構築に関するいくつかの側面のみを取り上げることにする。[11]

　環境先進国としてよく取り上げられるのはドイツである。確かにフライブルクなどの都市は環境都市としてマスコミでもよく取り上げられ紹介される。廃棄物処理の対応も進んでおり、いち早く循環経済・廃棄物法を成立させた。経済循環のなかで廃棄物の発生を回避するという概念をつくり上げたのはドイツであろう。

　とりわけ容器包装廃棄物の処理・リサイクルは政策概念として重要なだけではなく、困難なうちにも発展を遂げているという点で学ぶべき点が多い。OECDがEPR概念の発展のために第1段階のケース・スタディとして選んだのは容器包装であるが、特にドイツのDSD（第2章第8節参照）を中心とした容器包装リサイクルは格好の研究材料となった。一般廃棄物収集・処理のルートに加えて、DSDという組織を用いた容器包装回収ルートは、まさに市町村以外に都市ごみの回収・処理をする方法があるということを世界に示した。しかもその費用は当該使用済み容器包装の生産者によって支払われるのである。

---

11) この点についての解説は、例えば植田・喜多川 (2001) などを参照。

ドイツはその他，使用済み自動車のリサイクルシステムをつくり上げ，循環型社会レジームの面での先進性を示した。しかしながらすべての領域でドイツが先進的というわけではない。例えば家電リサイクルのシステム構築はオランダの方が早く，ドイツは日本よりも遅れてしまった。

　さらに，EU全体がドイツやオランダのように循環型社会レジームに適合した動きを見せているかというとそうでもない。ここで注意すべきなのは，EUはヨーロッパ各国の連合体であるという当たり前の事実である。経済の発展の度合いも著しく異なる。従来からあった廃棄物処理レジームもそれぞれの国々でかなり異なっている。したがって，EUで個別リサイクルの指令がつくられてもそれがそのまま各国で実施されるかどうか微妙な問題を残している。

　例えば今般ようやくEUの廃電気・電子機器リサイクル（WEEE）指令案の第四次案が作成され，指令として欧州議会を通る見込みである。この法律はEPRを体現した指令であり，企業の責任範囲の重い指令であるが，本当にEU全体でこの指令が法律として実現されるかどうかかなり疑問である。概念は立派だが，実施には不安が残る。ただし，こうしたやり方はヨーロッパらしいやり方で，何年かかかってもしっかり実施できればよいということなのであろう。ただし，概念設定だけは的確なものをつくる，それがヨーロッパ的な導入方法なのである。

　WEEEが概念として優れているのは，単に廃棄物の発生・排出抑制を目指しているだけではなく，同時に有害廃棄物の制御を実施しようとしていることである。電気・電子機器の有害廃棄物に関する規制は，WEEEそのものによってではなく，並行的につくられたRoHS指令という法律によってなされる。日本で有害廃棄物に対する規制が緩いのに比較すると，こうした動きは一歩先を行った動きと評価してよいだろう。

　EUの循環型社会レジーム構築のやり方は，まず概念設定を行い，次に試行錯誤の上での実施をするのだが，実施の面に関して日本にはない優れた点がある。それは戦略的にレジーム構築を考えているという点である。EUは，あ

る場合には一国であり，ある場合には諸国の連合体である。このメリットをEUは十分にうまく利用している。

　廃棄物の発生・排出抑制を進め，滞りのない資源循環，節約的な天然資源の利用を行うためには，各国の広域連携が必要である。例えば，オランダという国は実質的に自動車メーカーが存在しない。したがっていくら効率的な使用済み自動車の解体を行っても，オランダ一国で部品の再利用，素材の再資源化が達成できるわけではない。静脈資源も広域で流通させなければ資源として実現しないのである。

　少し異なった例ではあるが，スイスにしても同じようなことが当てはまる。スイスはデンマークと並んでヨーロッパでは珍しく焼却率の高い国である。最終処分場がほとんどないスイスとしては，焼却が効率的な廃棄物減量・減容の手段なのである。しかし焼却残さは必ず排出される。この焼却残さの一部がドイツの最終処分場で埋め立てられているのである。EUは一国である以上，こうしたことが許されるのである。

　動脈経済においてEUの各国は分業がなされており，それぞれの国で産業構造が著しく異なる。生産地と使用済み製品の発生地も当然異なってくる。使用済み製品を発生地に留めておく限り，静脈資源の適正利用は不可能だろう。EU域内で広域に静脈資源を流通させれば，動脈経済と静脈経済がうまく接続され，資源循環が進む。

　例えば使用済みCRT（ブラウン管）のガラスは，再びCRTの生産に資源として投入するのが自然で，かつ経済的に効率的でもある。しかしCRTの生産地と使用済みCRTの発生地は異なっているのが普通であり，国境を隔てていることさえある。したがって使用済みCRTは，広域で流通させなければ，資源として使うことができず，最終処分場に埋め立てられることになる。

　しかしこうした広域的なリサイクルや廃棄物処理は，全くブラックボックスのなかで行われているのではない。優れて透明なシステムのもとで製品・使用済み製品のフロー制御がなされているところにEUの方法の特長がある。

　もう一つEUの循環型社会レジーム構築の優れた点を述べよう。それはEU

が陰に陽に、環境政策と経済政策とを間接的に結びつけようとしている点である。これは何も循環型社会レジームに限ったことではないのだが、EUは、環境保全という誰もが否定できない課題を経済政策に引きつける形で行っているように思われる。循環的な資源利用をしない限り取り引きに制限を加えるというような、いわゆるグリーン調達はヨーロッパ的な概念である。今は日本の環境先進企業はこのような取り引きを行っているが、環境と経済を結合させたのはEUが初めてであろう。

またEUが使用済み自動車のリサイクル指令を策定するという情報が日本の自動車メーカーならびに政府を慌てさせ、日本もそれに合わせた形でリサイクル法の整備に走ったという見方もある。さらに自動車生産における鉛の使用制限も、完全にEUのペースに巻き込まれた感がある。EUは環境、特に廃棄物を経済的なイニシアティブ獲得の武器にしているという印象が否定できない。

2 バーゼル条約と廃棄物政策

こうした側面は、バーゼル条約への対応という点一つをとっても明らかである。バーゼル条約とは、有害廃棄物の越境移動に制限を加えた国際的取り決めである。有害廃棄物ないし有害廃棄物を含む恐れのある再生資源等を輸出ないし輸入する場合、許可や相手国の同意を求めることが義務づけられている。またバーゼル条約に対応する国内法も整備されている（特定有害廃棄物等の輸出入等の規制に関する法律（バーゼル法））。

さてバーゼル法を遵守する限り、国をまたいだ広域における再生資源の循環は事実上難しくなる。例えば異物が含まれていない鉄スクラップの場合は、バーゼル条約の対象外であり、通常通りの輸出入が可能である。しかし鉄スクラップの中に鉄以外の金属やプラスチックなどの異物が混入している場合は、バーゼル条約の対象となる。したがって経済産業大臣の許可から始まり、相手国への通告と同意書の受領に至る、一定の制約が課せられるのである。

第7章 循環型社会システムへの課題

　さらに最近ではバーゼル条約に，非OECD諸国への有害廃棄物の輸出は一切禁止という修正条項が加わっている。こうすると事実上発展途上国への再生資源の輸出は大幅に制約を受けることになる。ちなみに日本はまだこの修正条項を批准しておらず，修正条項の適用を受けない。

　もしバーゼル修正条項を批准したら，無条件で非OECD諸国への有害廃棄物を含み得る再生資源の輸出は一切禁じられるため，日本にとってはアジア圏域での広域リサイクルは不可能になる。先にも触れたCRT（ブラウン管）は現在，日本でほとんど生産しておらず，海外（とりわけ発展途上国）で生産されている。日本で発生した使用済みCRTを再生資源化しようとしても，資源として利用できる産業が限られており，事実上CRTは資源として利用できないことになってしまうのである。

　今述べたのはテレビの例であるが，家電製品の多くが現在では発展途上国で生産されているため，同じようなことが生じるのである。生産地と，使用済み製品の発生地を何らかの線で結ばない限り，資源の有効利用は覚束ない。最終処分場に埋め立てるしかないということにもなってしまう。

　この点EUは一つの国とみなされているから，そもそもバーゼル条約の適用を受けない。有害廃棄物ないし有害廃棄物を含んだ再生資源がオランダからドイツに移動しようが，ドイツからイタリアに移動しようが，移動の自由を妨げる国際的な制約はないのである。今後EU加盟国は増えるであろうから，事実上発展途上国と思われる国々もEUの加盟国となり得る。それにも関わらず，バーゼル条約は適用されない。

　EUの域内においては広域的な再生資源の移動の自由が保障されているという点は，循環型社会レジームの観点から実に興味深い。なぜなら，動脈経済と静脈経済のスムーズな接続がEU域内で可能になるからである。動脈と静脈とに関わらず滞りのない資源循環を保証し，廃棄物の発生・排出抑制を実現するためには，広域での連携が必要である。EUはまさにこの点を見据えて，経済戦略なり環境戦略をとっているといえよう。アジアの国々では考えられないコーディネーションである。

もう一つEUには日本にない特徴がある。それは，局地的には問題があるものの，EU全体では最終処分場に余裕があるということである。日本は国土の約67％が森林であり，残されたわずかな沖積平野で産業活動を行い，生活し，そこで廃棄物を処理している。おのずと埋め立てる場所にも制約がある。他方，ヨーロッパは洪積台地であり，しかも11世紀以来森林をほとんど伐採してしまったため，空間的に余裕がある。しかもヨーロッパの廃鉱は水が地下に浸透しにくく，最終処分場として使えるものが十分あるという。

　筆者がかつての東ドイツの地域の最終処分場を見学した際にも，予想より埋め立てる廃棄物が集まらず困っているという話を聞いた。もとより，埋め立てる廃棄物が集まらないということは発生・排出抑制が行き届いているという一つの証拠であり，喜ばしいことではある。だが，EU域内での廃棄物の移動は自由なのだから，このことは他国（この場合EU域内の他国という意味）の廃棄物を受け入れることもある，ということを意味する。すでに述べたことであるが，実際筆者がスイスの焼却場を視察した際に聞いた話では，そこの焼却残さはドイツの廃鉱で埋め立てられているとのことであった。

　日本では，廃棄物が県境を越えるのにも事前協議が必要で，広域的な処理・リサイクルが難しくなっているのに，環境先進国といわれているEUでこのような広域循環が行われているということは対比として興味深い。あえて廃棄物の動きを規制で封じようとすると，逆にブラックボックスに追いやることになるということは，経済的には当然の事柄である。EUはこうした経済合理的な人間行動を冷静にみつつ，先進的な環境戦略，循環型社会戦略をとっているという見方は，なにも筆者だけのものではないだろう。

3　歪んだ現状

　EUの極めて冷静で合理的な経済・環境戦略と比べると，日本の戦略は貧困と言わざるを得ない。極めて短期的な視野で目の前の対応に追われており，かえって問題を深刻化させている感さえある。今述べてきた脈絡でいえば，

東アジアにおける広域リサイクルの問題を国家的な見地から考えなければ，逆に深刻な汚染問題を引き起こす恐れさえあるのである。

　日本国内では，循環型社会形成推進基本法が成立し，さらには個別リサイクルが整備され，それなりにリサイクルも進んでいる。例えば使用済み家電製品についていえば，家電リサイクル法のもと，2001（平成13）年度には約860万台の使用済み製品が集まった。指定4品目の排出量は年間1800万台程度とみられているから，50％強の使用済み製品が集まった計算になる。2002（平成12）年度には1000万台以上の使用済み製品が集まった。

　確かにテレビに関しては国内での不法投棄もみられるが，同法施行以後極端に不法投棄が増加したようにはみえない。しかし，国内で不法投棄が急増しないからといって問題がないのではない。発展途上国へスクラップ品の形で大量に流出している可能性がある。テレビだけではなく，パソコンや携帯電話など使用済み電子機器のスクラップ品としての流出も大量にあると言われている。

　実際，筆者は中国の諸都市を回ったとき，日本・米国などの先進国から流入した大量の使用済み電気・電子機器（E-Waste）をみている。本来，エアコンやテレビは家電リサイクル法のもと，国内でリサイクルされるはずである。もちろんそこから取り出された有価物としての部品や素材は，バーゼル条約に抵触しない限り発展途上国にも輸出され得る。しかし，スクラップ化したエアコンやテレビは，家電リサイクル法のルートから逃れ出たものであり，違法行為であろう。

　また日本から途上国に輸出されるスクラップ品といわれるものの多くが，実は鉄以外の金属やプラスチックなどの異物を含むものであり，本来バーゼル条約の対象物である。しかしながら，こうしたスクラップ品がバーゼル条約の制約に従いながら輸出されているとは思えない。事実，筆者の観察では，日本から陸揚げされたE-Wasteを含むスクラップ品が，地元の業者によって引き取られ，環境配慮がなされることなくリサイクルされていた。こうした形でのリサイクルは，土壌汚染や水汚染を引き起こす可能性が大変大きい。

日本ではリサイクルが経済的に難しくなった廃コンデンサや廃バッテリーなども途上国に輸出されている。製品という形で輸出されているのだろうが，その処理・リサイクルには不安が残る。

　発展途上国では，アルミニウムや銅などの非鉄金属は，大変貴重な資源である。こうした非鉄金属や，少しでも金・白金・パラジウム・銀などの希少金属を含むE-Wasteは，発展途上国では有価物として取り扱われるのである。日本では逆有償物でも，発展途上国では立派な有価物なのだから，モノの流れがどうなるかはおのずと明らかである。

　例えば携帯電話はよい例である。日本では1台50～100円くらいの回収費用さえ確保すれば，使用済み携帯電話は有価物として流通する。しかも日本で処理・リサイクルすれば，公害を起こさずに貴金属を回収することができる。問題はいかに回収するかである。適正な回収ルートに乗ってこなくては話にならない。

　日本の携帯電話の場合，回収されているのは全体の数十パーセントに過ぎないと言われている。その他の使用済み携帯電話は，おそらくそのほとんどが中国などの発展途上国に流出しているものと思われる。個別リサイクル法が整えられた製品さえも，海外に流出するのであるから，携帯電話のようにリサイクル制度の整備されていない製品は海外に流出して当然なのである。

　それでは使用済み製品の発展途上国への流出についてどのような対応をすべきであろうか。一つはまず日本国内の回収ルートを整備するということである。できれば，適正なルートに流れ込んだ方が経済的に合理的になるようにするのがよい。理論的にはデポジット制度を導入し，預託金を発展途上国における使用済み製品の買値より高く設定する限り，発展途上国への流出は抑えられるであろう。正しいルートは，シンクのように使用済み製品を吸い取る。

　しかしデポジット制度の実施は，場所の確保や資金の管理など，いわゆる取り引き費用を発生させる。計算することは難しいが，この費用は高くつくかもしれない。また一部の経済主体の負担を重くする可能性もあり，実際的

ではないかもしれない。

　次善の策としては，製品購入時の価格上乗せ方法が考えられる。こうすれば，使用済み製品の発生段階でユーザーが課金されることはないため，適正ルートに回収されやすくなる。この点に関してもEUは合理的である。EUの個別リサイクル指令は基本的に製品購入時の費用徴収になっている。適正な回収を考えているためである。

　残念ながら日本の企業は，なぜか製品購入時のリサイクル費用徴収方式を嫌がる。理由はいろいろとあるであろうが，排出時の費用徴収が回収を難しくすることは自明である。負担逃れのための逃げ道はどこにでもあるからである。その一部は確実に発展途上国につながっている。個別リサイクル法が日本では完備される一方，東アジア圏域で健全なリサイクルシステムが育たないとしたら，その責任の一端は日本にもあるのではないかと思われる。

4　広域連携の可能性

　東アジア圏域で健全な広域リサイクルを進めるにはどうしたらよいのであろうか。基本的な論点をいくつかあげることにしよう。

　第一に，国内で発生する使用済み製品のフローをできるだけ正確に把握することが必要である。またその上で，海外に流出する使用済み製品の統計を完備することである。ともすれば見えにくくなる静脈経済のフローを健全化するためには，なるべく透明性を確保することが求められる。そのためには，使用済み製品のフローに何が起きているのか，どこに流れているのか事実を把握することが必要である。

　加えて，現在発展途上国で行われているリサイクルの実態を知る必要があるであろう。特に先進国から輸入された使用済み製品，E-Wasteなどの処理・リサイクルの実態は明らかにされるべきだと思われる。日本人は，隣の庭を汚しながら自分の庭をきれいにしていると考えられても仕方がない。

　第二に，政府間で使用済み製品の広域リサイクルのあり方について協議す

べきである。製品の生産地と使用済み製品の発生地に地理的乖離(かいり)がある以上，資源の有効利用を実現するためには，再資源化した使用済み製品を生産地まで運搬しなければならない。もちろんそのようにしなくとも，再生資源の有効利用が可能であるならば，あえてそのような方法をとることもない。しかし，モノは一方的にある地域に流れ込むことはできないので，各地域が間接的にではあるにせよ結ばれ，間接的に双方向のモノのやり取りが行われる必要がある。このフローを健全なものにするためには，行政（国）の一定の関与が必須の条件となる。

　もちろん実際にビジネスを行うのは，民間主体でなければならない。行政はあくまでも，枠組みの設定と監視役に徹するべきである。そして既存の企業・業者のなかで優良なものは，率先して広域循環の主体として参加させるべきである。できればある品目を限定してパイロット・プログラムを策定し，基本モデルを提示するとよい。

　第三に中古品として使用済み製品を海外に輸出する事業者にも，EPRを適用すべきである。中古品もいつかは使用済み製品となるのであり，これを適正に処理・リサイクルするのは中古品輸出事業者の役割である。新製品を輸出する事業者にEPRが適用されるのと同じように，中古品にもEPRが課せられるべきだろう。そうしなければ，広域での透明な資源循環は保証されない。

　第四に，日本の優良静脈業者は発展途上国で資源循環に関わる事業を行うべきであろう。日本の静脈業者のなかには極めて能力が高く，海外でも立派に通用するものがいる。こうした優良業者が発展途上国で健全なビジネスを行えば，静脈モデルを途上国に輸出することにもなる。やがては途上国にもしっかりした静脈ビジネスが展開されるであろうから，そのための道しるべをつくるとよい。

　特に第二番目の論点との関わりでいえば，東アジアでの広域リサイクルのパイロット・プログラムに日本の静脈業者が積極的に参加するというのは，現実的な考え方である。ヨーロッパや米国の静脈業者が足踏みしている現在，日本の静脈業者が東アジアで積極的に循環型社会の構築に資するビジネスを

展開するチャンスが来ている。

　最後に，東アジアで生じた廃棄物の一部を日本に持ち込んで処理・リサイクルするということも考えるべきであろう。例えば，使用済みの電子基板などのリサイクル技術は，日本の非鉄製錬企業でほぼ完璧な形で行われている。E-Wasteのリサイクル技術に関しては，日本が先進国といってよいのである。回収ルートが的確に定められていないがゆえに，発展途上国にE-Wasteが流れ込み，汚染問題を生じさせているとしたら極めておかしなことである。もともと日本で最も適正に処理・リサイクルできる残余物だからである。

　日本が率先してこの仕組みをつくれば，バーゼル条約を遵守しながら広域リサイクルを確立することができる。そしてそれはEUの戦略的対応に比するものになり得る。静脈経済では，すでに世界有数の技術をもつ日本が今こそ新しい広域資源循環のモデルをつくり上げるべきときが来たのである。

第5節　おわりに

　20世紀の市場経済は，大量生産の特長を活かしつつひたすら生産して人々の生活を豊かにすることに貢献してきた。そのよい面を否定してはならない。人間だれにでも「衣食足りて礼節を知る」という側面があるのであって，物質的に豊かになって初めて自然環境の有り難さを実感できるのである。

　しかし，今やそうした従来型の経済のメリットにはデメリットがあることが多くの人々に感じられている。大量廃棄の限界は明らかであり，特に先進国では廃棄物の適正処理・リサイクルの必要性は日に日に高まっている。廃棄物に埋もれるような生活は誰も欲しないはずである。

　廃棄物で埋もれないために，21世紀の市場経済は廃棄物の発生・排出抑制の行き届いた経済であるしかない。動脈経済と静脈経済のバランスが取れているだけではなく，動脈経済が静脈化し，動脈経済が静脈化するような形が近い将来実現されなければならない。そうすることによって初めて循環型社

会の構築が可能になるのである。

（細田衛士）

参考文献
- 植田和弘：廃棄物とリサイクルの経済学，有斐閣（1992）
- 植田和弘・喜多川進監：循環型社会ハンドブック－日本の現状と課題－，有斐閣(2001)
- 環境省総合環境政策局：環境統計集 平成14年版，㈱ぎょうせい（2002）
- 経済産業省：産業構造審議会廃棄物処理リサイクルガイドライン（業種別編）（2003）
- 日本経済団体連合会：産業廃棄物最終処分量削減目標の達成状況について－日本経団連環境自主行動計画 第5回フォローアップ結果－（2003）
- 細田衛士：グッズとバッズの経済学，東洋経済新報社（1999）
- 細田衛士・室田武編：循環型社会の制度と政策 岩波環境経済・政策学講座第7巻，岩波書店（2003）
- 細田衛士：拡大生産者責任の経済学，細田・室田（2003）に第5章として所収（2003）
- OECD: *Extended Producer Responsibility–A Guidance Manual for Governments*, Paris, OECD（2001）（邦訳，クリーン・ジャパン・センター：拡大生産者責任－政府向けガイダンスマニュアル（仮訳），クリーン・ジャパン・センター）

あとがき

　ごみ問題は，処理・処分だけでなく，生産や消費に遡った対策が求められるようになり，工学的な領域だけでなく経済学や政治学，行政学，社会学といった社会科学からのアプローチが重要になってきている。『ごみ読本』は，こうした観点から，廃棄物学会に所属するさまざまな専門家が，ごみ問題の全体をわかりやすく解説するとともに，先端の情報や研究成果を市民に提供しようという意図で企画された。行政マンやごみ問題に関心のある市民の入門書，学生の教科書をめざしたものである。

　初版『ごみ読本』は容器包装リサイクル法の制定された1995（平成7）年に刊行され，1998（平成10）年に改訂版を刊行した。改訂版では法制度について全面的に書き直すとともに，ダイオキシン対策についての解説を書き加えたが，その後も新法の制定など状況の変化が著しいため，構成を全面的に改めて書き直すことになった。したがって『新版 ごみ読本』は第3版になる。

　『新版 ごみ読本』では，ごみ問題の歴史と社会的背景，法制度の概要，処理技術，リサイクルの実態，自治体の施策など，ごみ問題の現状とごみ処理システムを俯瞰的にとらえられるような章立てとした。また，ダイオキシン対策を環境リスクという観点からより幅広くとらえて解説することとし，独立した章を設けたほか，循環型社会に向けた政策課題や経済的手段について体系的に解説する章を設けた。ごみ問題の全体を俯瞰し，基礎的な知識から先端の情報まで盛り込んだ，欲張った内容の本になった。

　本書は入門書として，できるだけ平易に記述することが求められている。しかし一方では，学会としての専門性や先端性が求められるために，平易さという面との両立はなかなか難しい。専門用語については，できるだけ本文中あるいは注釈でわかりやすく説明したつもりであるが，不十分な部分があればご指摘いただければ幸いである。

　本書の編集は廃棄物学会企画委員会が行い，執筆には学会に所属する研

者だけでなく，自治体やメーカー等の現場に熟知する者も加わっている。なお本書の内容は必ずしも廃棄物学会としての統一見解によるものではないことをお断りしておく。意見や評価にかかる部分については個人の見解であることを付記しておく。

2003年6月

廃棄物学会企画委員会幹事
『ごみ読本』編集幹事　山本　耕平

索 引

欧文

CCA木材　284
de novo（デノボ）合成　185
DSD　75
EU　327
E-Waste　310
ISO14000シリーズ　25
NIMBY　237
NPO　246
OECD　314
PCB　136, 137, 206
PCB処理特別措置法　74
PCDD　178
PCDF　179
PFI　249
POPs　192
POPsに関するストックホルム条約　192
Rびん　276
RDF　146
RPF　147
RPS制度　256

あ

青森・岩手県境不法投棄問題　209
アルミ缶　274
委託　224
一升びん　276
一般廃棄物　44, 51, 53
一般廃棄物処理業　54
一般廃棄物処理計画　53

ウエス　259, 271
埋立構造　17
埋立処分　159
埋立地安定化　159
エコセメント　288
エコセメント化　173
エコタウン事業　232, 287
江戸時代のごみ処理　4
エンド-オブ-パイプ型対応　24
汚染者負担原則（PPP）　44, 56
汚物掃除法　1, 5, 41

か

カーブサイド・リサイクリング　88
貝塚　2
回転炉式焼却炉　107
化学物質問題　191
拡大生産者責任　45, 48, 54, 314
ガス化　281
ガス化，油化　145
ガス化溶融，ガス化改質技術　120
活性炭　198
家電リサイクル法（特定家庭用機器再商品化法）　25, 39, 45, 54, 67, 310
加熱脱塩素化法　201
ガラスびん　276
カレット　277
環境影響評価法　238
環境基本法　39
環境教育，環境学習　250
環境配慮設計（DfE）　293, 314

環境物品　73
環境ホルモン　193
環境ラベル　73
環境リスク　211
韓国の法制度　77
感染性廃棄物　136, 137
基準省令　161
逆選択　297
逆有償　312
給水設備　116
空気輸送　97
屑屋さん　259
グリーン購入法（国等による環境物品等の調達の推進等に関する法律）　39, 45, 72
グリューネ・プンクト　75
クローズドシステム処分場　172
クロスメディア移動　211
経済的手法　239, 307
ケミカルリサイクル　255
建設廃棄物　282
建設リサイクル法（建設工事に係る資材の再資源化等に関する法律）　39, 45, 70, 284
広域化　232
広域リサイクル　335
公衆衛生ニ関スル件　11
構造基準　324
高炉還元　256, 281
国際リサイクル　264
国内総生産（GDP）　294
固形燃料化（RDF）　146, 256
古紙　266, 269

故繊維　271
コプラナ―PCB　179
戸別収集　89
ごみ　1
ごみ処理経費　215
ごみ処理に係るダイオキシン類の削減対策について　131
ごみ処理に係るダイオキシン類発生防止等ガイドライン　104, 194
ゴミ戦争　10, 17
ごみ発電　256, 281
ごみ非常事態宣言（名古屋市）　227
混合収集　87

さ

サーマルリサイクル　256, 281
財源　219
最終処分場　33
最終処分の技術　159
再商品化計画　65
再生資源　257
…の輸出　264
再生資源業界　259, 286
再生資源の利用の促進に関する法律（再生資源利用促進法）　20, 25, 39, 44, 229
再生資源利用促進法（再生資源の利用の促進に関する法律）　20, 25, 39, 44, 229
再利用　142
3R　313
産業屑　258
産業廃棄物　44, 51, 55

産業廃棄物処理業　56
産業廃棄物税　244, 309
産業廃棄物税制度　56
産業廃棄物適正処理推進センター　57
残さ　201
酸抽出法　139
3T　104, 194
残留性有機汚染物質　192
産廃特措法　58
市街掃除規制法　5
事業系一般廃棄物　53
資源化技術　142
資源再生保全法（RCRA）　205
資源生産性　49
資源保全再生法（RCRA）　76
資源有効利用促進法（資源の有効な利用の促進に関する法律）　45, 59, 231, 313
自主的取り組み　310
施設整備5か年計画　220
市中屑　258
指定再資源化製品　63
指定再利用促進製品　62
指定省資源化製品　61
指定表示製品　62
指定副産物　64
自動車リサイクル法（使用済自動車の再資源化等に関する法律）　39, 46, 71
市民参加　247
集団回収　260
循環型社会　48, 292
循環型社会元年　45, 231
循環型社会形成推進基本計画　48

循環型社会形成推進基本法　39, 45, 48, 231, 253, 292
循環経済・廃棄物法　76
循環資源　48, 51, 257
循環利用率　49
準好気性埋立　17
焼却残さ溶融技術　130
焼却処理　33, 99
焼却炉　5
焼成処理　139
静脈経済　301
静脈物流　287
上流対応　24
触媒　198
食品循環資源　69
食品廃棄物　284
食品リサイクル法（食品循環資源の再生利用等の促進に関する法律）　39, 45, 69, 284
塵芥　1
塵芥取締規則　1, 41
浸出水　18, 166
スーパーごみ発電　156
スーパーファンド法　77
裾もの　258, 264
スターダスト'80　13
スチール缶　273
ステーション方式　89
ストーカ式焼却炉　104
スラグ　133
スラグ利用技術　148
清掃法　1, 11, 42
性能基準　324

セベソ事件　177
セメント固化方法　138
ゼロ・エミッション　172, 233
潜在的資源　170
戦略的環境アセスメント（SEA）　238

た

ダイオキシン　19
ダイオキシン問題　175
ダイオキシン類縁化合物　188
ダイオキシン類対策特別措置法　73, 178
ダイオキシン類発生防止等ガイドライン　178
堆肥化（コンポスト化）　147
タイムズビーチ事件　178
耐容一日摂取量（TDI）　73, 183
地方分権一括法　243
中間処理　99
中継施設　96
中古衣料　271
ちり紙交換　260
通風設備　114
豊島問題　208
鉄屑　265
デポジット　276
デポジット制度　77, 241, 334
電気計装設備　118
天然資源課税　309
ドイツの取り組み　327
ドイツの法制度　75
毒性等量（TEQ）　181
毒性等量換算係数（TEF）　181
特定建設資材廃棄物　70

特定再利用業種　61
特定産業廃棄物に起因する支障の除去等に関する特別措置法　210
特定省資源業種　60
特定非営利活動促進法（NPO法）　246
特別管理廃棄物　52, 58, 205
都市清掃協会　11
土木建築設備　120

な

2,3,7,8-TCDD　181
熱回収技術　152
燃焼ガス冷却設備　108

は

バーゼル条約　205, 330
バーゼル法　73, 330
排ガス処理設備　110
廃棄物　50
廃棄物学会　21
廃棄物管理票　57
廃棄物最終処分場指針　18
廃棄物処理計画　53
廃棄物処理事業経費　36
廃棄物処理施設整備事業計画　220
廃棄物処理センター　57
廃棄物処理法（廃棄物の処理及び清掃に関する法律）　19, 25, 39, 43, 44, 50, 229, 313
廃棄物洗浄型埋立処理システム　171
廃棄物の処理及び清掃に関する法律（廃棄物処理法）　19, 25, 39, 43, 44, 50, 229, 313

灰出設備 115
排水処理設備 116
バグフィルター 111, 197
破砕技術 140
パッカー車 93
判断基準 60
反毛 271
非鉄屑 267
びん商 259
物質回収 143
不法投棄 207
不法投棄率 310
プラスチック 281
プラスチック屑 267
分別基準適合物 65
分別収集 87, 260
分別収集計画 65
米国の法制度 76
ペットボトル 279
ポリ塩化ビニル 195

ま

マテリアル・バランス（物質収支） 38
マテリアルリサイクル 65, 255
マニフェスト 68
民間活力 248
無害化技術 136
専ら物 257

や

薬剤添加法 138
山元還元 288
有害廃棄物 204

有料化 240, 307
油化 281
夢の島 13
容器包装廃棄物政令 75
容器包装リサイクル法（容器包装に係る分別収集及び再商品化の促進等に関する法律） 25, 45, 64, 229
溶融固化法 138, 202
余熱利用設備 113

ら

ラブカナル事件 178
リサイクル 253
リサイクルポート 288
立地 237
立地問題 35
リユース 255
リユースびん 276
流動床式焼却炉 106
ローカルデポジット制度 241

わ

ワンウェイびん 277

執筆者一覧 (執筆順)

松藤　康司（まつふじ・やすし）――――――――――――――――――― 第1章
1948年，福岡県生まれ。71年，福岡大学薬学部卒業。現在，福岡大学工学部教授。博士（工学），技術士（衛生工学）。廃棄物埋立の処理処分，埋立地の微生物などを専門とする。JICA，文部科学省，国連人間居住センター（ハビタット）関連で途上国での埋立地の技術協力，資源化等の調査研究も行っている。

山本　耕平（やまもと・こうへい）―――――― 第2章，第3章第2節，第6章（編集幹事）
1955年，兵庫県生まれ。77年，早稲田大学政治経済学部卒業。現在，（株）ダイナックス都市環境研究所代表取締役。自治体のごみ処理・リサイクルシステム計画，再生資源の市場問題などを専門とする。

三村　正文（みむら・まさふみ）―――――――――――――― 第3章第1, 3, 4節
1955年，岡山県生まれ。77年，横浜国立大学安全工学科卒業。石川島播磨重工業（株）に入社。廃棄物焼却，ガス化溶融システム，廃水処理，新下水道システム等の環境プラントのエンジニアリングを担当。現在，環境・プラント事業部開発部課長。技術士（総合技術監理部門，衛生工学部門）。

樋口　壯太郎（ひぐち・そうたろう）――――――――――――――――― 第3章第5節
1949年，福岡県生まれ。72年，福岡大学工学部卒業。現在，福岡大学大学院工学研究科教授。博士（工学），技術士（衛生工学）。廃棄物埋立処分工学，廃棄物管理計画などを専門とする。著書に『最終処分場の計画と建設』（日報），『浸出水処理技術ガイドブック』（環境産業新聞社）など多数。

川本　克也（かわもと・かつや）―――――――――――――――――――― 第4章
1956年，愛知県生まれ。89年，横浜国立大学大学院博士後期課程修了。工学博士。（株）クボタ勤務，関東学院大学工学部教授などを経て，現在，（独）国立環境研究所循環型社会形成推進・廃棄物研究センター適正処理技術研究開発室長。専門は環境化学，環境工学。化学物質と廃棄物・環境との接点で研究を行っている。

大澤　太郎（おおさわ・たろう）――――――――――――――――――――― 第5章
1960年，神奈川県生まれ。79年，神奈川県立川崎高校卒業。現在，川崎市環境局勤務。ごみ行政に関わる総合調整，企画立案等の業務を担当。

細田　衛士（ほそだ・えいじ）――――――――――――――――――――― 第7章
1953年，東京都生まれ。77年，慶應義塾大学経済学部卒業。現在，慶應義塾大学経済学部教授。環境経済学専攻。著書に『グッズとバッズの経済学』（東洋経済新報社）などがある。

廃棄物の適正な管理・資源化の実現を目指して──

廃棄物学会のご案内

　廃棄物は，発生する量的な増大に加え質的な多様性のために，その処理や資源化を一層困難にしています。そのため，都市問題としての解決の急務に加えて，公衆衛生の向上や地球的な規模まで考えた環境保全，あるいは資源保護の立場からも，廃棄物に対する長期的対応・対策が強く求められています。

　そうした時代の要請に応えるため，廃棄物学会は，廃棄物に関する学術的調査及び知識の普及を図り，廃棄物の適正な管理並びに再資源化の実現に貢献する国際性のある学会を目指して，1990年3月に設立されました。

　学会員の会員構成も，全国各地の教育，研究，行政，製造，流通，消費，処理にかかわっている個人や団体と多岐にわたっています。学術分野で見ても，科学，経済，行政などの広範な分野の人々が加入しています。これまで研究発表会や機関誌により会員間の情報交換を図る一方，関連学協会との連携をとりながら，セミナーや現地研修等幅広い活動を行ってきました。

　深刻さを増している廃棄物問題の解決のため，廃棄物学会は廃棄物の縦断的・横断的な研究活動を一層促進していかなければなりません。皆様のご参加を心からお待ちしています。

入会お申込み・お問合せ先
廃棄物学会（THE JAPAN SOCIETY OF WASTE MANAGEMENT EXPERTS）
〒108-0014　東京都港区芝5-1-9豊前屋ビル5F
TEL：03-3769-5099　FAX：03-3769-1492　URL：http://www.jswme.gr.jp/

新版　ごみ読本

2003年7月20日　発行

編　　集　廃棄物学会
発行者　　荘村多加志
発行所　　中央法規出版株式会社
　　　　　〒151-0053　東京都渋谷区代々木2-27-4
　　　　　販　売　TEL03-3379-3861　FAX03-5358-3719
　　　　　編　集　TEL03-3379-3865
　　　　　http://www.chuohoki.co.jp/
　　　　　営業所　札幌―仙台―東京―名古屋―大阪―広島―福岡
印刷・製本　サンメッセ株式会社
装　　丁　タクトデザイン
定価はカバーに表示してあります。

ISBN4—8058—4479—5
落丁本・乱丁本はお取替えいたします。再生紙使用。